얄리3D와 함께하는

멀티컬러 3D 프린터 활용백서

3D

얄리3D 김병각 · 박영민 · 김태리 · 박정윤 공저

머리말

저는 16년차 치과의사입니다. 전공은 치의학이지만 프로그래밍, 전기 제어에 관심이 많아 서툴지만 해당 분야의 책들을 사서 혼자 독학을 하는 등 전기제어, 기계공학에 대한 관심도가 매우 높았습니다. 그러던 중 4차 산업혁명의 한 축으로 각광 받던 DIY 3D프린터를 구입하게 되어 그것을 통해서 또 다른 프린터를 만드는 재미에 빠졌습니다.
자작으로 중형 3D프린터를 만들기도 하였고, 두 색이 출력 가능한 스플릿 방식의 듀얼컬러 3D프린터를 만들어서 사용하는 등 초기의 단순한 조립 프린터의 지식을 벗어난 여러 시도를 해보았습니다.

그러던 중 2019년 가을, 지인을 통해 YM테크사에서 모터 컨트롤 슬롯이 8개가 달린 보드가 개발 상용화되었다는 소식을 듣게 되어 즉시 2개를 구입했습니다. 당시 서투른 실력이라서 YM테크사에 여러 자문도 구하고 질문도 하면서 박영민 대표님을 알게 된 게 제게는 커다란 행운이었습니다. 겨우 보드 2개 사놓고서, 프린터 1대를 세팅하는 양의 질문을 해대는 어찌 보면 귀찮을 수 있는 유저였음에도 하나부터 열까지 세세하게 알려주셨습니다.
이후 2019년 말에 미흡하지만, 5색 출력이 가능한 3D프린터를 만들게 되었고, 문제점들을 하나하나 개선해 나가면서 박영민 대표님의 제안으로 2020년 8월에 멀티컬러 3D프린터 회사인 얄리3D를 아내와 함께 창업했습니다.

전공이 치의학인 사람이 공대생도 제어하기 힘들 수 있는 5색을 넘어선 그 이상의 10색~20색 프린터를 만드는 과정은 너무 힘들었습니다. 아침 8시에 출근해서 진료를 하고 저녁 무렵에 퇴근해서 얄리 사무실로 다시 출근하고 밤 11시에서 1시에 퇴근하는 과정을 계속해왔었습니다. 치대를 진학하기 위해 포기했었던 복수로 합격한 전기전자 제어공학부와 전기전자 컴퓨터 공학부를 졸업했다면 더 수월했을지도 모르겠다는 생각이 들었습니다.
그래서 스스로 '나는 반쪽짜리 개발자다.'라고 생각했었습니다. 치과로 출근해서 진료를 해야 하니 개발에 남들 절반 밖에 시간 투자를 못 하는 반쪽짜리이고, 전공이 공학이 아닌 치의학이다 보니 이 또한 반쪽짜리였습니다. 이 핸디캡을 극복하기 위해 더 치열하게 개발에 임했고, 토요일, 일요일도 없이 일했습니다. 명절 때면 오롯이 개발에 전념할 수 있는 시간이었기에 명절 연휴 내내 사무실에 나와서 수정하고 개선하여 완성도를 높이려고 했습니다.

제품 개발과 동시에 코딩과 설계 등 4차 산업혁명 시대에 필요한 교육에 대해서도 고민을 하게 되었습니다. 이후 멀티컬러 출력에 대한 교육을 진행하기 위해서 초등학생, 중학생을 사무실에서 교육시켜 피드백을 받아 보고, 3D프린터 경험이 전무한 후배 치과 원장님을 초대해서 교육을 진행하는 등 여러 가지로 교육에 대한 시도를 했습니다. 그리고 그것들을 나이별, 연령대별 3D프린터 경험 유무에 따른 데이터로 정리했습니다.
이러한 데이터를 축적하면서 좀 더 체계적으로 교육할 수 있는 교육 자료가 있으면 좋겠다는 생각을 하였고, 그리하여 박영민 대표님과 얄리3D 교육팀이 힘을 합쳐서 3D프린터의 기초 및 멀티컬러 출력 원리, 멀티컬러 출력 시 필요한 큐라와 프루사 슬라이서의 세팅, 간단한 모델링, 코딩 기초에 대한 부분을 넣어 책을 발간하게 되었습니다.

이 책을 보시는 독자분들에게 책 내용에서 얄리3D의 개발 · 교육 · 영업팀의 열정이 느껴지길 바랍니다. 중간에 '두꺼비' 님의 사례를 조금이나마 디테일하게 넣었던 것도, 이러한 창작 활동들이 그것을 전공한 특정한 몇몇만을 위한 것이 아니라, 관심과 호기심, 그리고 열정이 있다면 그 누구나 할 수 있다는 것을 독자분들께 전달하고자 했던 것입니다.

3D프린팅은 단색 출력도 초보자에게는 쉽지 않은 과정일 겁니다. 이 책이 상급 과정인 멀티컬러 출력에 있어서 사용자들이 쉽게 이해할 수 있는 징검다리 역할이 되었으면 좋겠습니다.
마지막으로 아빠를 이해해주고 응원해주는 아들 도훈, 정훈 그리고, 그 열정을 인정해주고 항상 지지해주는 아내 미선 씨에게 감사의 마음을 전합니다.

저자 **김병각**

차 례

PART 01 3D 프린팅이란?

PART 02 3D 프린팅 이해하기

PART 03 3D 프린팅 활용 준비

PART 04 멀티컬러 재미 더하기

PART 05 팅커캐드를 활용한 아두이노 회로 구성하기

PART 06 5색을 넘어선 10색과 20색 3D프린터의 개발

CHAPTER

01

멀티컬러 3D 프린팅 길라잡이

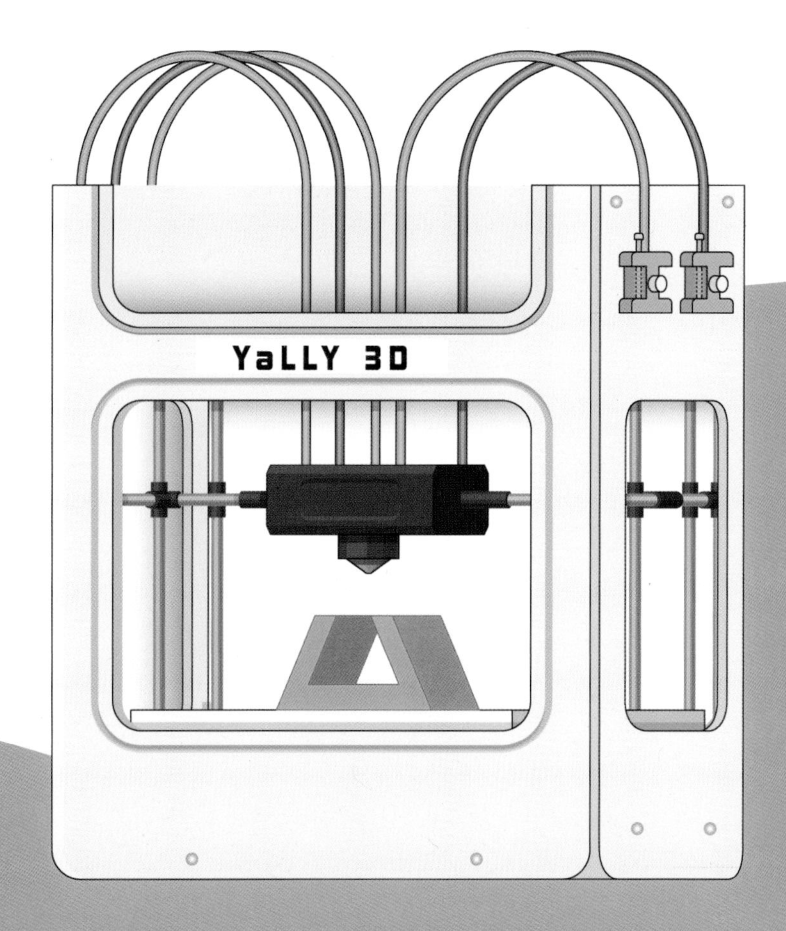
YaLLY 3D

1-1 3D 프린팅이란?

3D 프린팅은 2차원의 물질들을 층층이 쌓아서 3차원 입체로 만들어내는 적층 제조(Additive-Manufacturing) 기술의 하나로써 물체의 설계도나 디지털 이미지 정보로부터 직접 3차원 입체를 제작할 수 있는 기술을 말한다. 대부분의 보급형 프린터들이 사용하는 방식은 고체 소재 기반인 FDM(Fused Deposition Modeling) 방식이며 필라멘트라고 불리는 얇은 플라스틱 실을 녹여서 적층하는 방식이다.

1-2 3D 프린팅 진행 과정

모델링, 슬라이싱, 프린팅, 후처리 네 단계의 과정으로 진행된다.

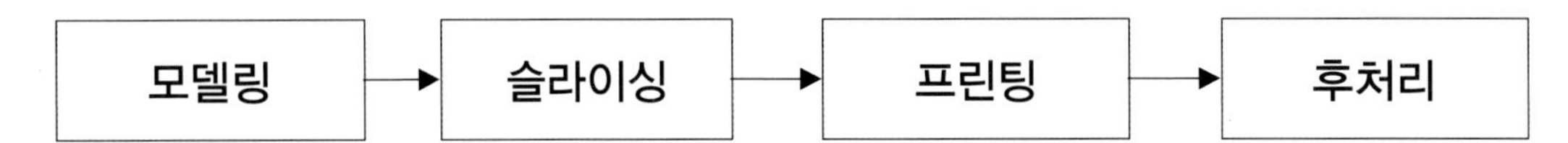

1) 모델링 (Modeling)

모델링은 입체 모형을 디자인하는 과정이다. 3D 모델링을 할 수 있는 프로그램으로는 Tinkercad, Fusion 360, Rhino, AutoCAD, Inventor, Sketch up 등 다양하다. 3D 모델링 된 데이터 파일을 저장하는 포맷은 프로그램마다 다르지만, 보편적으로 STL 파일로 저장한다.

모델링 프로그램들이 각각 특화된 부분이 다르므로 본인의 전문성과 용도에 맞게 모델링 프로그램을 선택하여 모델을 디자인하는 것이 좋다.

직접 모델을 디자인하지 않더라도 thingiverse 싱기버스(http://www.thingiverse.com)나 myminifactory 마이미니팩토리(http://www.myminifactory.com) cults3d(http://www.cults3d.com) 같은 디지털 디자인 파일 공유 웹사이트에서 3D 모델을 다운로드 받을 수도 있다.

2) 슬라이싱 (Slicing)

출력하기 전, 3D 프린터가 형상을 한층 한층 쌓아갈 수 있도록 모델을 절편화하는 작업을 거쳐야 하는데 이 작업이 슬라이싱이다. 슬라이싱 프로그램으로는 오픈소스 기반의 PRUSA Slicer, Ultimaker Cura 등과 유료 프로그램인 simplify3D 등 여러 종류의 프로그램이 존재한다. 각 프린터 제조사별로 자사의 프린터에 맞는 슬라이싱 프로그램을 운용하고 있다. 슬라이싱을 하게 되면 G코드 파일 또는 3D프린터 제조사별 프린터에 맞는 파일이 생성되고, 3D 프린터는 이렇게 변환된 파일을 인식해 프린팅한다. 즉, 덩어리를 얇은 면으로 바꾸고, 각 층의 면을 출력할 선으로 바꾸는 과정이 슬라이싱이다.

3) 프린팅 (Printing)

3D 프린터는 재료를 한 층씩 쌓아서 만들며 온도, 속도, 서포트 유무 등 프린팅 설정에 따라 출력 결과에 많은 영향을 미치기 때문에 출력 전에 프린터의 특성에 따라 최적의 세팅을 해주는 것이 중요하다.

4) 후처리

후처리는 프린팅 후 출력물의 표면처리 및 가공, 도색 등을 추가로 하는 작업이다. 출력 후 서포트(support) – 출력 중 출력물이 무너지지 않도록 세우는 지지대의 명칭 – 제거 및 사포로 면을 부드럽게 하거나 또는 소재에 따른 ABS 출력물의 표면을 매끄럽게 만드는 아세톤 훈증법(환기시설 및 안전도구(보호장구, 마스크 등)를 착용하고 시행해야 한다.) 등 각 소재별 적절한 표면 가공을 하여 출력물의 완성도를 높이는 방법이 있다.

1-3 멀티컬러 3D 프린팅이란?

멀티컬러 3D 프린터는 말 그대로 단색 출력물뿐만 아니라 출력물에 여러 가지 색상을 지정하여 한 번에 여러 색상으로 출력물을 출력할 수 있는 프린터이다.
시중에 있는 대부분의 3D 프린터는 단색 출력 3D 프린터이다. 한 가지 색상으로만 출력이 가능한 것인데 사용하다 보면 단색 출력에 단조로움과 아쉬움을 느끼고 물감이나 페인트 등을 사용해 따로 도색작업을 하는 사용자들도 종종 볼 수 있다. 이러한 아쉬움을 해결해줄 멀티컬러 3D 프린터가 Yally3D사의 [O2], [O3]이다.
프린터를 살펴보면 5색 프린터이기 때문에 필라멘트를 노즐부까지 밀어 올리는 익스트루더 또한 5개이며 노즐부에는 5개의 필라멘트 출납이 가능한 5색 스플리터가 장착되어 있다. 또한 5개의 익스트루더와 모터를 컨트롤 할 수 있는 OSCAR 보드가 장착되어 있다.

[다색 출력물] [단색 출력물]

위 사진은 동일한 모델을, 왼쪽은 3색 멀티컬러로 오른쪽은 단색으로 출력한 모습이다. 형태만을 표현할 수 있는 단색 출력과는 다르게 멀티컬러 3D 프린터로는 형태와 모델 본연의 색감까지 그대로 담아낼 수 있다.

[단색과 달리 먹음직스러운 느낌을 표현해낸 4색 출력물]

1) 멀티컬러 3D프린터 선두기업 Yally3D

AI와 빅데이터 등과 함께 4차 산업혁명의 기본이 되는 3D프린터를 유럽, 미국, 중국에 주도권을 뺏겨 버렸다. 그러나, FFF 방식의 멀티컬러 출력 분야에서는 Yally3D가 대한민국 대표기업으로 앞서 나가고 있다. Yally3D는 현재 O2, O3 5색 3D프린터가 주 모델이지만 O2D 10색 3D프린터가 출시되었고 향후에 더 많은 색의 출력이 가능한 3D프린터도 출시할 예정이다.

Yally3D의 멀티컬러 기술은 단색 3D프린터의 단조로움을 벗어나고자 했던 프로젝트에서부터 시작되었다. 5색을 출력하기 위해 여기에 최적화해서 직접 설계한 국내에서 생산된 보드와 5색 노즐 뭉치(5Kilo)를 개발함으로써 제품화에 성공하였다.
현재도 대부분의 유저들이 사용하고 있는 3D프린터는 한 가지 색으로만 출력이 가능하다. 억대의 장비와 고가의 재료가 소모되는 방식이 아닌, 저렴한 필라멘트 방식을 그대로 이용해서 다색 출력이 가능하게 하고자 했던 도전의 결과물로 '멀티컬러 3D프린터'가 탄생하게 되었다.

1-4 단색 출력과 다른 멀티컬러, 핵심 내용 이해하기

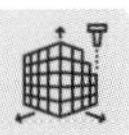

1) Purging과 타워 이해하기

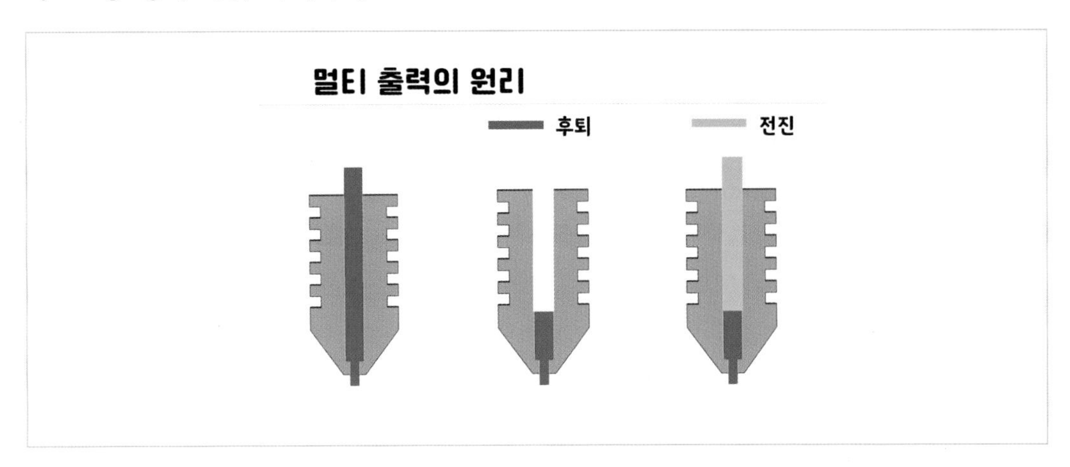

5개의 익스트루더+1개의 노즐 구조의 프린터는 필라멘트가 전진-후퇴하며 색상 체인지를 한다. 즉 1번 익스트루더의 출력이 끝나면 1번 필라멘트가 후퇴한 후 다음 순번의 필라멘트가 전진하며 색상을 바꾼다. 이때 노즐 안에는 1번의 익스트루더의 잔여 필라멘트가 남아있다. 그래서 다음 순번의 필라멘트와 합쳐져 나오게 되고 출력물에 혼색이 발생한다.
출력물의 혼색을 방지하기 위해서는 필라멘트를 충분히 압출해주어야 한다. 이 압출 과정을 Purging이라 하며 출력물과는 별개로 필라멘트를 압출해 쌓을 수 있는 구조물(타워)이 필요하다. 이러한 구조물은 슬라이서마다 부르는 명칭이 다르지만 큐라에서는 '프라임타워'라 하고, 프루사 슬라이서에서는 '와이프타워'라 부른다.

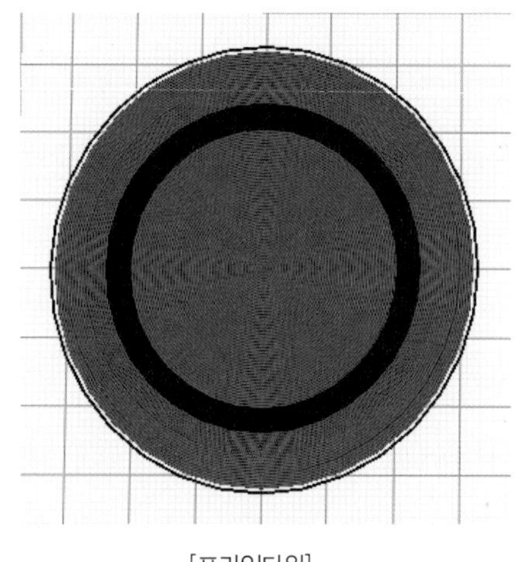

[프라임타워]

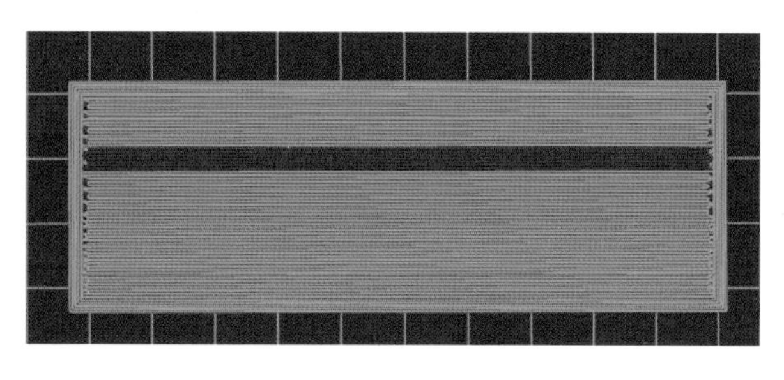

[와이프타워]

[프라임타워]

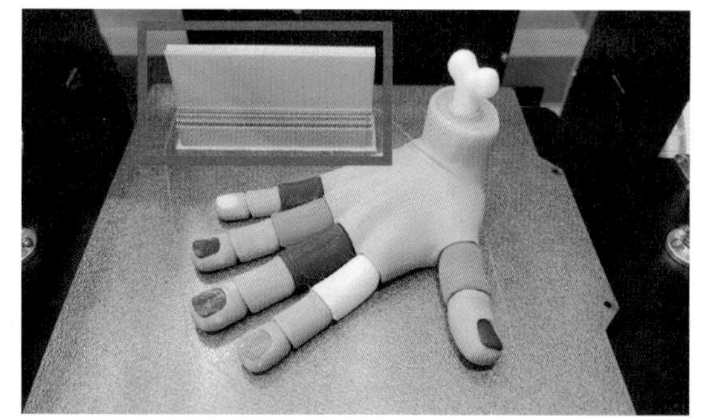

[와이프타워]

2) Purging 양에 따른 혼색

필라멘트 적게 압출 → 혼색 가능성 多 → 필라멘트 소모량 少, 시간 소모 少
필라멘트 많이 압출 → 혼색 가능성 少 → 필라멘트 소모량 多, 시간 소모 多

3) 큐라에서 프라임타워 및 최소 볼륨

멀티컬러 출력을 하기 위해 2개 이상의 익스트루더를 설정하게 되면 출력물과는 별개로 왼쪽 상단에 원형의 [프라임타워]가 생성된다. 필라멘트가 나오다가 다른 색상의 필라멘트로 교체되면 바뀐 필라멘트의 색상이 곧바로 나오는 것이 아니라 노즐에 남아있던 이전 필라멘트의 색상과 섞여서 압출된다. 그래서 출력물의 혼색을 방지하기 위해 미리 프라임타워에 필라멘트를 압출하는 과정이 필요하다.

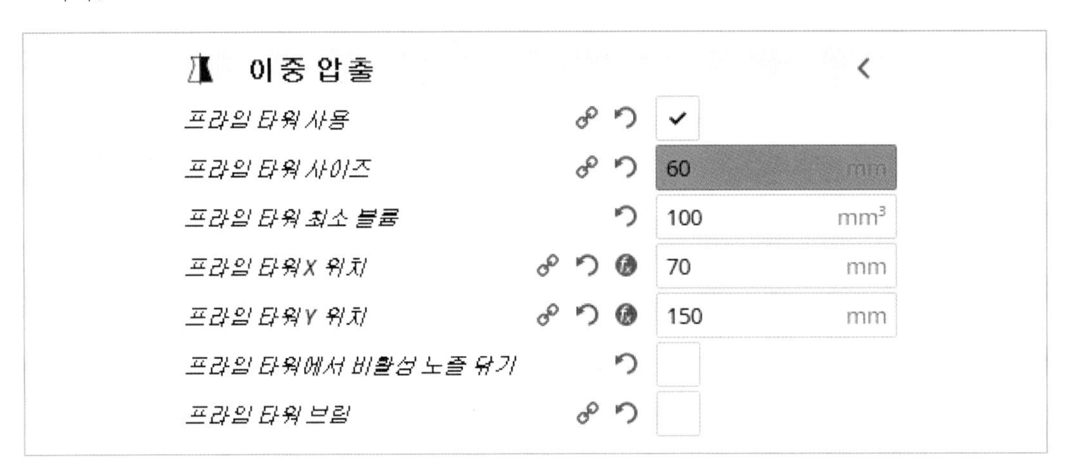

[프라임타워 최소 볼륨]은 프라임타워에 얼마만큼의 필라멘트를 압출할 것인지 그 면적을 수치로 적어 정하는 것이며 보통 50~150 정도의 값을 입력해준다. 검은색이나 갈색과 같은 어두운 색상의 필라멘트는 다른 필라멘트 색상에 영향을 잘 받지 않기 때문에 50에 가깝게 입력하고 흰색이나 노란색 같이 다른 색상의 영향을 잘 받는 밝은 필라멘트는 150 전후로 설정해 충분한 양의 필라멘트를 뽑아주어야 한다.

4) 색깔별로 출력 순서 정하기

큐라는 1번, 2번, 3번, 4번, 5번 익스트루더 순서대로 출력이 진행된다. 여기서 색상의 순서를 적절하게 배치함으로써 프라임타워에 소모되는 재료와 시간을 줄일 수 있다.

5) 메인 색 1번의 특징

큐라의 프라임타워는 원기둥 형태의 타워이고 1번, 2번, 3번, 4번 5번 익스트루더 순서대로 바깥에서 안쪽으로 들어가면서 공간을 차지한다. 이 중 1번 익스트루더에 해당하는 타워의 가장 바깥 영역은 중간에 그 색이 쓰이지 않더라도 레이어마다 프라임타워를 형성한다. 따라서 멀티컬러 모델에서 가장 큰 비중을 차지하는 핵심 필라멘트 색을 1번 익스트루더로 지정해 출력해야 효율적이다. 만약 출력 비중이 적은 필라멘트를 1번 익스트루더로 지정한다면 불필요하게 재료와 시간을 소모할 수밖에 없다.

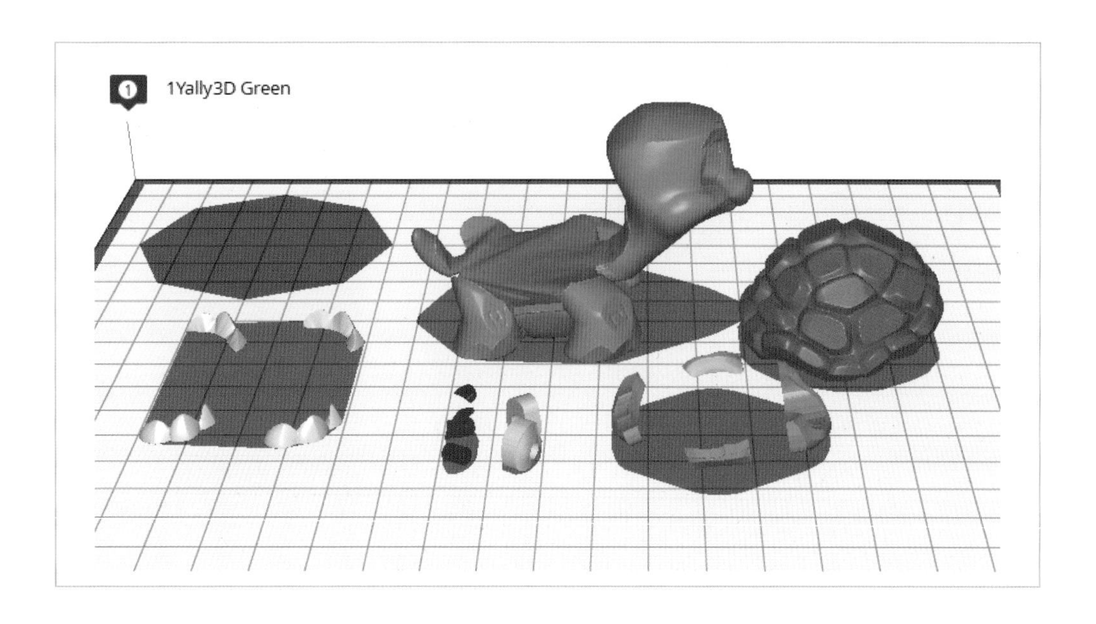

6) 3개의 익스트루더를 사용했을 때 1, 2, 3번 익스트루더의 순서

앞서 언급했듯 큐라에서는 1번, 2번, 3번, 4번, 5번 익스트루더 순서대로 출력된다. 다만 레이어가 올라가면서 그 순서는 조금 변칙적이 된다. 예를 들어 1번, 2번, 3번 익스트루더가 설정된 3색 모델이 있고 총 5레이어가 적층된다고 가정해보자. 큐라는 1번부터 5번까지 순서대로 출력되기 때문에 1－2－3 － 1－2－3 － 1－2－3 － 1－2－3 － 1－2－3 순서대로 출력이 될 거라 여길 수 있지만, 해당 레이어의 가장 마지막 순서 익스트루더가 다음 레이어에서는 첫 번째 순서로 출력된다. 이는 불필요한 필라멘트 교체를 방지해 시간과 재료를 아끼기 위함이다. 그래서 1－2－3 － 3－1－2 － 2－1－3 － 3－1－2 － 2－1－3 이런 방식으로 해당 레이어의 마지막 순번 익스트루더는 그다음 레이어에서 가장 첫 번째 순서로 출력된다.

7) 큐라 프라임타워 / 프루사 와이프타워의 차이점 / 와이프타워의 장점

멀티컬러 출력을 할 경우 필라멘트 교체 이후 노즐에 남아있는 기존 필라멘트의 색을 빼기 위한 타워 설치가 필수이다. 슬라이서마다 부르는 명칭은 조금씩 다르지만 큐라에서는 이를 [프라임타워라]고 하며 프루사 슬라이서에서는 [와이프타워]라고 한다. 큐라의 경우 이 타워가 원형으로 생성되며 위치를 조절할 때 X, Y 좌표값 입력으로만 조절하기 때문에 조금 까다롭다. 와이프타워의 경우 사각형으로 생성되며 넓이를 조절할 수 있고 드래그를 통해 타워를 세우고 싶은 위치에 세우고 자유롭게 이동시킬 수 있다.

큐라의 경우 프라임타워 사이즈가 정해지면 압출할 수 있는 필라멘트의 부피도 한정되기 때문에 5개 익스트루더의 압출량 합이 타워의 부피를 초과하면 후반에 나오는 익스트루더는 압출이 이루어지지 않는 단점이 있다. 이 경우 타워의 크기를 직접 키워주어야 하나 프루사 슬라이서의 경우 압출량이 늘어나면 타워의 면적도 저절로 커지기 때문에 타워의 폭과 위치만 적절하게 조절하면 된다.

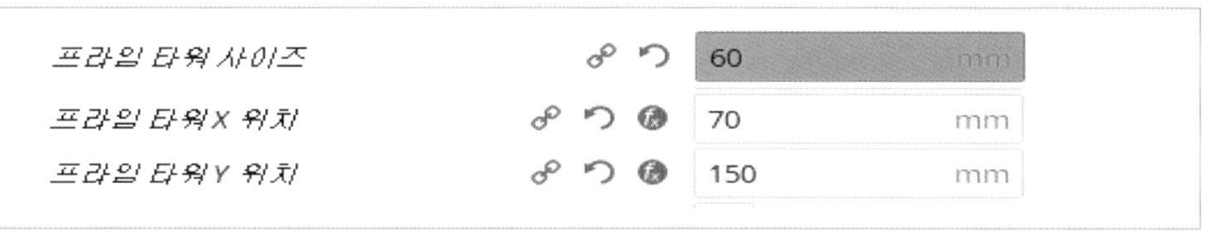

[큐라 프라임타워]

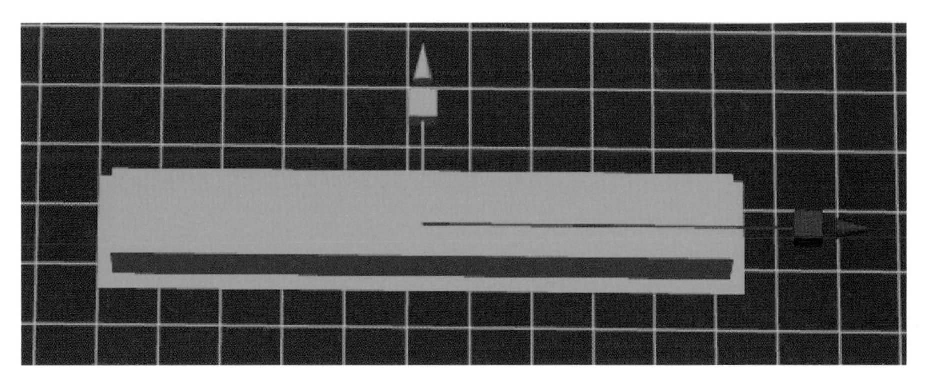

[프루사 와이프타워]

8) 큐라와 비교해서 프루사 슬라이서의 purging 차이점

프루사의 Purging 조절 방법은 큐라 슬라이서와 조금 차이가 있다. 프루사에서는 [볼륨 삭제 – 볼륨 로드/언로드]를 눌러 필라멘트의 Purging 양을 조절할 수 있다. [로드]와 [언로드]를 합친 값이 Purging이 되는 총 양이며 [언로드]는 해당 필라멘트를 사용 후의 Purging 양을 말하고, [로드]는 다음 필라멘트의 사용 전 Purging 양을 말한다.

예 검은색 필라멘트 → 흰색 필라멘트로 전환 = 검은색 언로드 + 흰색 로드 = 80 + 70 = 150mm^2

예 흰색 필라멘트 → 검은색 필라멘트로 전환 = 흰색 언로드 + 검은색 로드 = 20 + 30 = 50mm^2

	언로드 (mm^3)	로드 (mm^3)
검은색 필라멘트	80mm^3	30mm^3
흰색 필라멘트	20mm^3	70mm^3

검은색 필라멘트로 출력하다가 흰색 필라멘트로 넘어갈 때 사용하던 검은색 필라멘트를 빼주는 언로드 값이 80mm^2, 다음에 나올 흰색 필라멘트를 미리 빼주는 로드 값 70mm^{2}를 더해 총 150mm^{2}의 필라멘트가 빠져나오는 것이다.

프루사의 [로드] 값은 큐라의 프라임타워 최소 볼륨 값과 마찬가지로 필라멘트의 색상이 밝을수록 수치를 높게 (예 130~180) 필라멘트의 색상이 어두울수록 수치를 낮게 (예 40~70) 설정한다. 반대로 [언로드] 값은 필라멘트의 색상이 밝으면 수치를 낮게 (예 10~30) 필라멘트의 색상이 어두울수록 수치를 높게 (예 30~50) 설정한다.

1-5 멀티컬러 출력을 위한 슬라이스 프로그램

1) 프루사 슬라이서를 활용한 멀티컬러 출력

(1) 프루사 설치 및 구성

가. Prusa Slicer 설치 방법

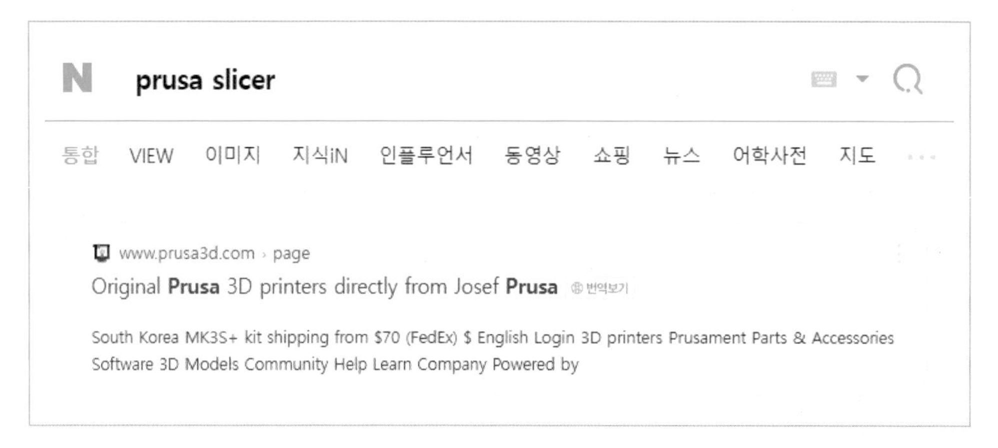

검색창에 [prusa slicer] 검색 후 프루사 홈페이지 접속 또는
주소창에 [http://www.yally3d.com/bbs/board.php?bo_table=modelling&wr_id=33]을 입력한다. ※ 주의 : 2.4.1 이상 버전에서는 에러 발생 〈2.4.0버전 권장〉

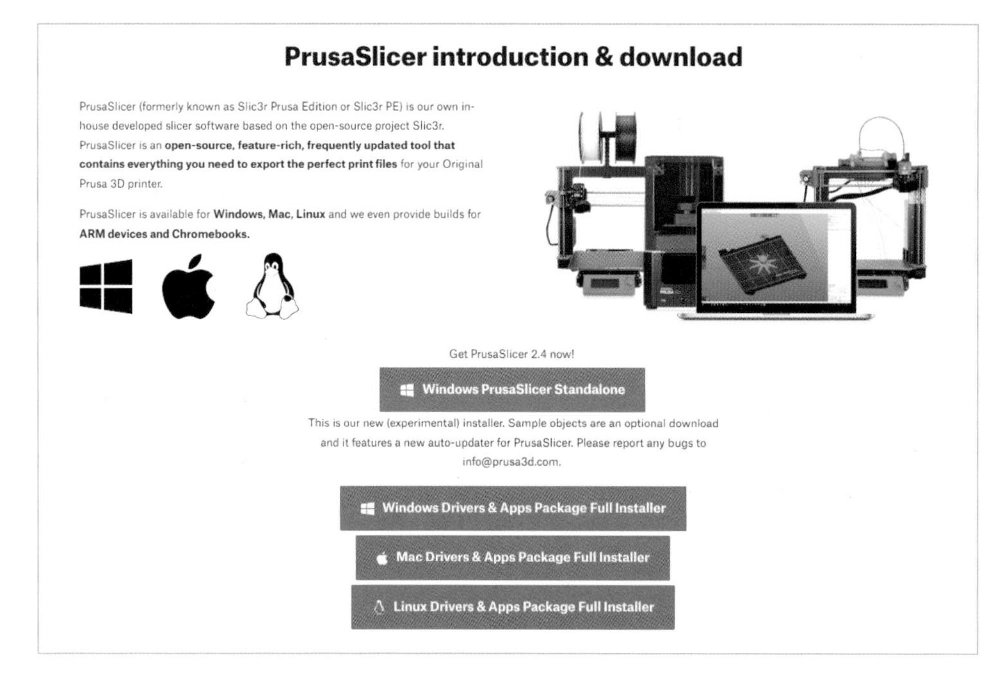

본인이 사용하는 컴퓨터에 맞게 다운로드한다.

나. [02, 03] 구성 가져오기

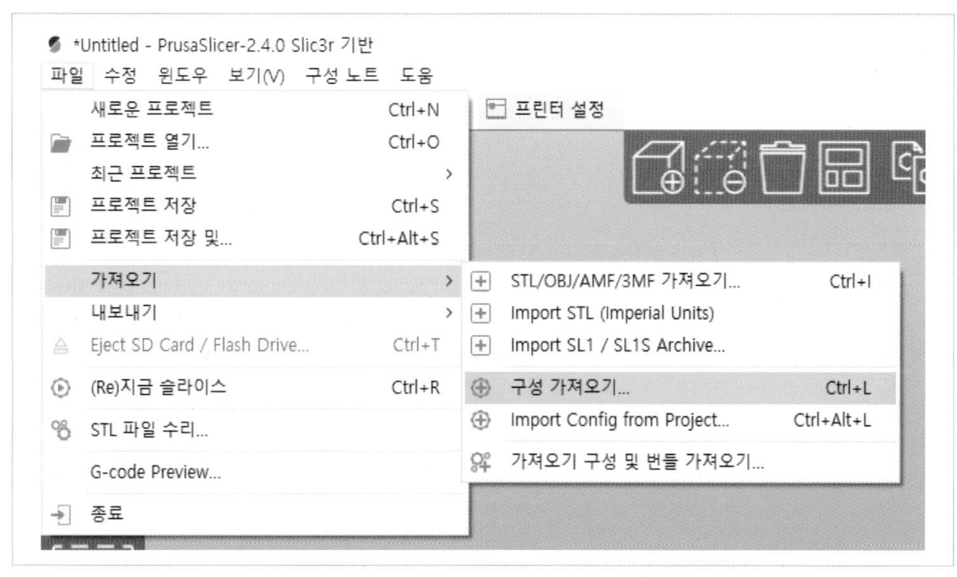

Yally3D 프린터의 세팅 값에 맞게 프루사에서 구성을 가져올 수 있다.
상단 메뉴 [파일] → [가져오기] → [구성 가져오기] → [Yally3D O2] 파일 열기

다. 인터페이스 및 프린팅 설정

구성을 가져오면 작업대 크기가 Yally3D O2의 베드 사이즈와 동일하게 맞춰지며 우측 필라멘트 설정이 5개로 늘어난다. 프루사 슬라이서는 마우스 좌클릭을 통해 화면을 회전시킬 수 있으며 마우스 휠을 올렸다 내렸다 하며 화면의 확대, 축소가 가능하다.
또한 마우스 우클릭이나 휠을 누른 채로 드래그하면 회전 없이 시점 이동을 할 수 있다.
STL 모델 파일을 열면 좌측의 아이콘이 활성화된다.

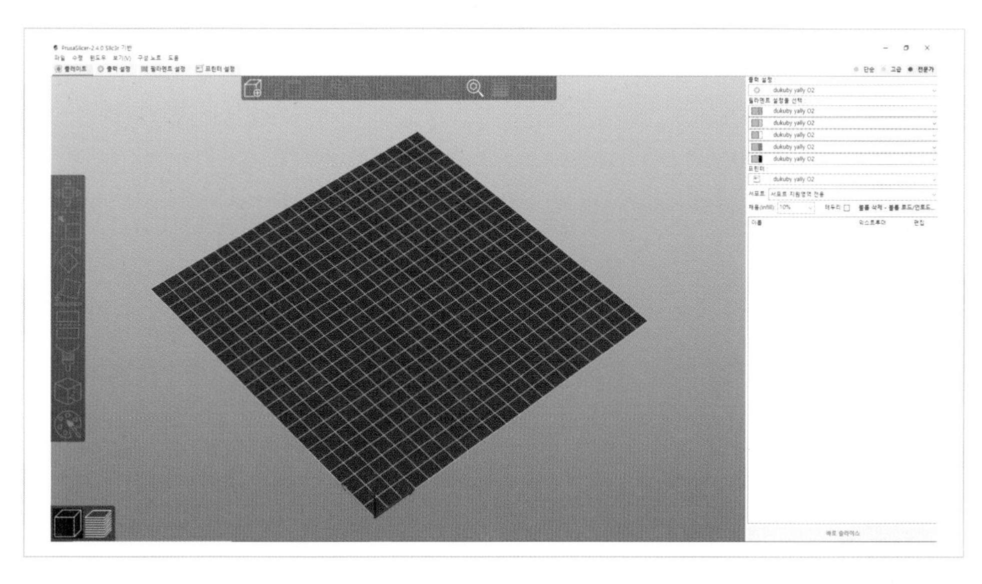

–아이콘 설명은 다음과 같다.

첫 번째 아이콘은 움직임 버튼이다.
불러온 모델을 X, Y, Z 축 방향으로 이동시킬 수 있다.

두 번째 아이콘은 모델의 확대, 축소 설정이다.

세 번째 아이콘은 모델을 상하좌우 원하는 방향으로 회전시킬 수 있는 아이콘이다.

네 번째 아이콘을 통해 빌드 플레이트와 모델의 부착 면을 설정할 수 있다.
모델에서 빌드 플레이트에 붙이고 싶은 면을 클릭하면 자동으로 내가 선택한 면이 빌드 플레이트와 붙는다.

다섯 번째 아이콘은 모델을 나눌 때 유용하다.
절단면 기준으로 하나의 모델을 두 개로 분리할 수도 있고 절단면 기준으로 윗부분이나 아랫부분을 제거할 수 있다.

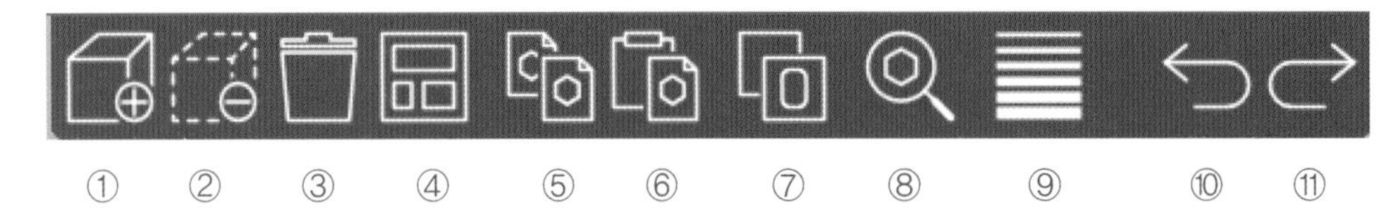

① ② ③ ④ ⑤ ⑥ ⑦ ⑧ ⑨ ⑩ ⑪

① 모델 추가 아이콘 : 모델 파일을 불러올 수 있다.
② 모델 삭제 아이콘 : 모델 파일을 삭제할 수 있다.
③ 휴지통 아이콘 : 작업대 위에 있는 모델을 모두 삭제할 수 있다.
④ 정렬 아이콘 : 베드 위에 있는 모델들이 적절한 간격으로 자동 배치된다.
⑤ 복사 아이콘 : 모델을 복사할 수 있다. [키보드 단축키 Ctrl + C]
⑥ 붙여넣기 아이콘 : 복사한 모델을 붙여넣을 수 있다. [키보드 단축키 Ctrl + V]
⑦ 오브젝트별 분할 아이콘 : 하나의 개체를 다중의 객체로 쪼갤 수 있다.
⑧ 검색 아이콘 : 원하는 프린팅 설정을 검색하면 해당 프린팅 설정 페이지로 바로 이동할 수 있다.
⑨ 가변 레이어 높이 기능 사용 : 레이어마다 높이를 달리 설정할 수 있다.
⑩ 실행 취소 아이콘 : 직전 명령을 되돌린다. [키보드 단축키 Ctrl + Z]
⑪ 다시 실행 아이콘 : 되돌린 명령을 다시 복구할 수 있다. [키보드 단축키 Ctrl + Y]

(2) 5색 프린터 활용하여 출력하기

가. 모델링 파일 불러오기

프루사 슬라이서에서 모델링 파일을 불러오는 방법은 세 가지가 있다.

① 상단 메뉴 [파일] → [가져오기] → [STL/OBJ/AMF/3MF 가져오기]

② 상단 첫 번째 아이콘 클릭

③ 파일 클릭하여 프루사 화면 안으로 드래그

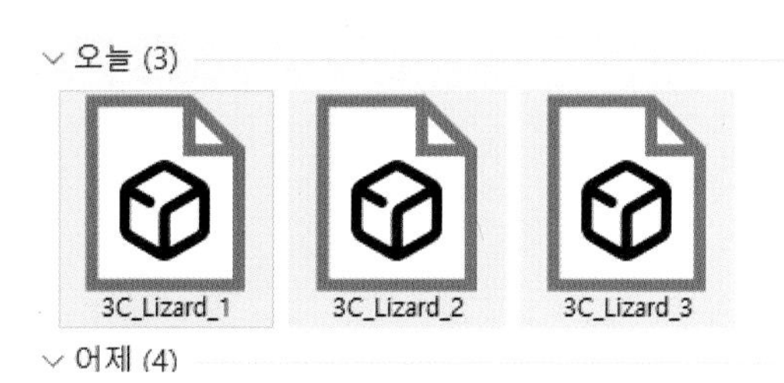

프루사에서 멀티컬러 모델(다중의 STL 파일)을 불러올 때는 해당하는 파일 전체를 선택하여 한 번에 불러온다.

프루사 슬라이서로 다중의 파일을 불러오면 단일 객체를 나타낼 수 있는가에 대한 [Yes] 또는 [No]의 선택 알림이 나오고 이때 [Yes]를 눌러주어야 개체마다 익스트루더를 설정할 수 있다.

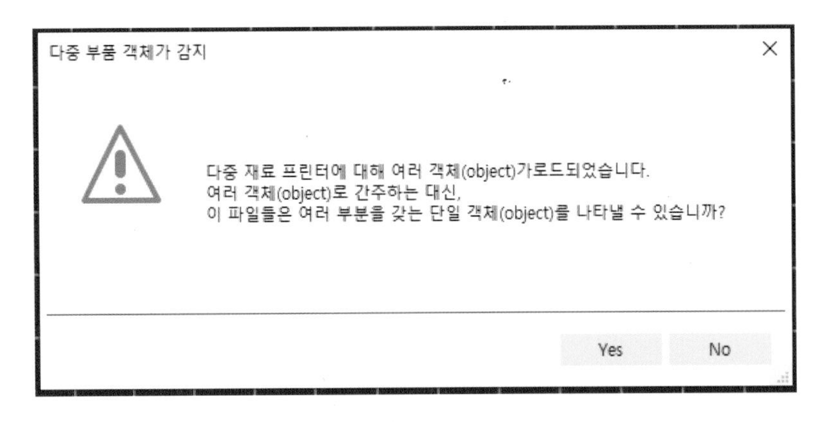

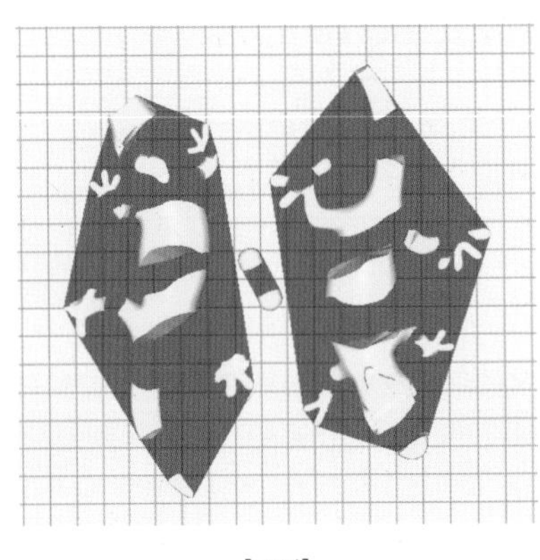

[큐라]

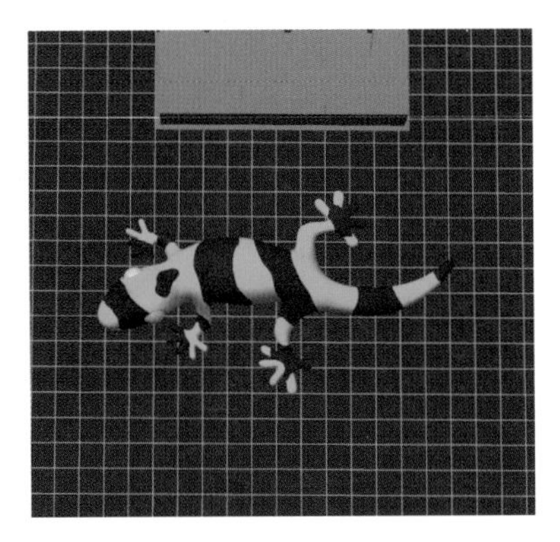

[프루사]

큐라의 경우 멀티모델을 불러오면 모델이 다 분리되어 있고 분리된 모델에 익스트루더를 지정한 후 모델을 합쳐주는 과정을 거친다. 그러나 프루사 슬라이서에서는 멀티모델을 불러오면 처음부터 추출된 좌표 그대로 모델이 합쳐져 그 상태로 우측 메뉴에서 개체별로 익스트루더 설정이 가능하다. 혹은 마우스 우클릭하여 [압출기(익스트루더) 변경]을 한다.

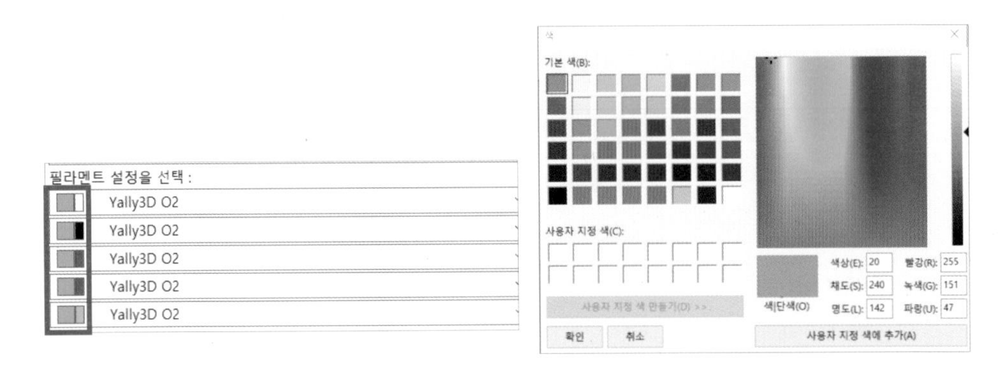

[필라멘트 설정을 선택]에서 컬러칩을 눌러 1번에서 5번 익스트루더에 해당하는 색상을 바꿀 수 있으며 상단부터 익스트루더 1번, 2번, 3번, 4번, 5번에 해당한다.

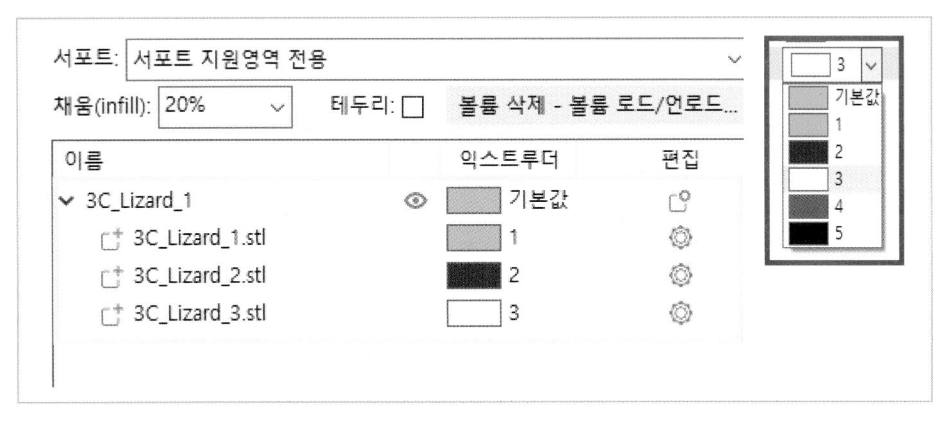

상단 그림 왼쪽을 보면 개체목록에 세 개의 파일이 있다. 개체마다 익스트루더 1번부터 5번까지 지정한다. 그 외에 서포트 유무, 내부 채움 밀도를 알맞게 설정한다.

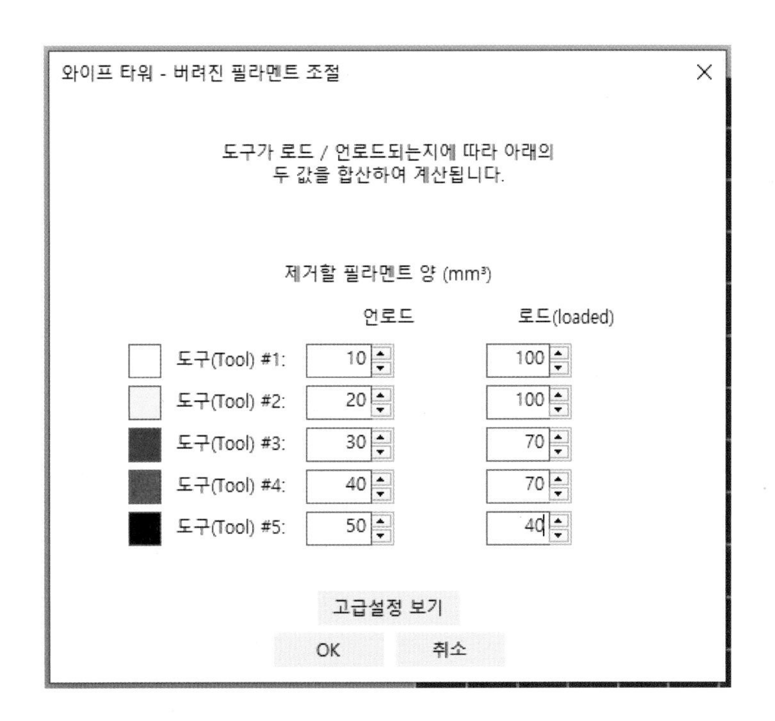

큐라의 프라임타워와 마찬가지로 출력물의 혼색을 방지하기 위해 프루사에서는 [와이프타워]가 생성된다.

[볼륨 삭제 – 볼륨 로드/언로드] = 큐라 프라임타워 최소 볼륨값 설정

프루사 슬라이서에서는 [언로드] 값 + [로드] 값을 더한 양만큼 필라멘트를 압출한다. [언로드]는 필라멘트를 사용 후 해당 필라멘트를 압출하는 것이고 [로드]는 다음 차례의 필라멘트를 압출하는 것이다.

[로드] : 검은색이나 갈색과 같은 어두운 색의 필라멘트는 다른 필라멘트 색상에 영향을 잘 받지 않기 때문에 50에 가깝게 입력하고 흰색이나 노란색 같이 혼색이 잘 되는 밝은 필라멘트는 150 정도로 설정한다.

[언로드] : 로드 값과 반대로 흰색이나 노란색같이 혼색의 영향을 덜 주는 색상은 값을 적게(10~20) 설정하고, 남색이나 검은색같이 혼색 영향을 많이 주는 색상은 값을 높게 (50 정도) 설정한다.

다소 복잡할 수 있어 언로드 값은 설정하지 않아도 무관하나 언로드와 로드 값을 합쳐 색상별로 보다 세밀한 퍼징 조절을 할 수 있다는 것이 장점이다.

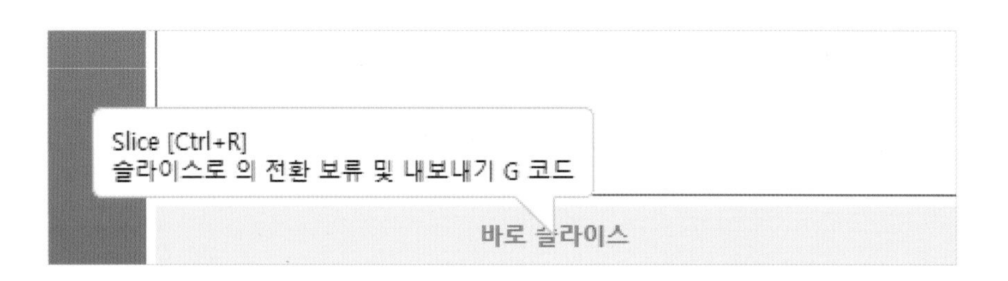

설정을 모두 마쳤으면 하단의 [바로 슬라이스]를 누른 후 [G코드 내보내기]를 눌러 SD카드나 USB에 저장해 3D 프린터로 출력한다.

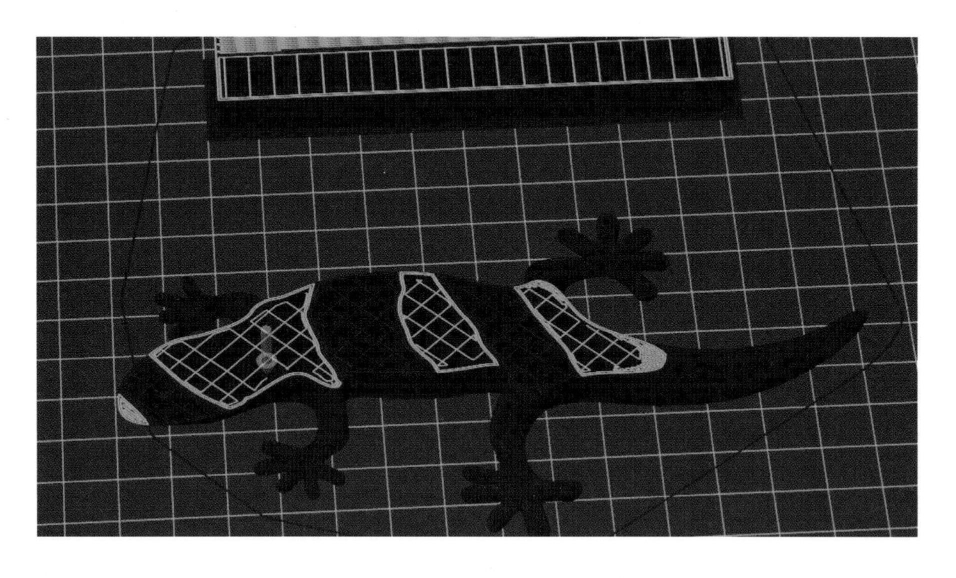

프루사 슬라이서 역시 슬라이싱이 끝난 후 출력 경로를 확인할 수 있다.

나. Multi Material Painting 기능

프루사 슬라이서가 2.4버전으로 업그레이드되면서 슬라이스 과정에서 모델에 물감을 칠하듯 색을 입혀 단색모델을 다색모델로 출력하는 것이 가능해졌다. 왼쪽 상단의 팔레트 모양 아이콘이 바로 Multi material painting 기능이다.

팔레트 모양 아이콘을 누르면 색상과(익스트루더) 색칠 방법을 정할 수 있다.

[익스트루더 지정]

- First color : 마우스 좌클릭
- Second color : 마우스 우클릭

[Tool type]

- Brush : 붓으로 그림을 그리듯 색상 채움. 브러시 모양과 크기 선택 가능
- Smart fill : 자동으로 영역을 나누어 해당 영역에만 색상 채움. [Tool type] 하단의 [Smart fill angle]을 통해 각도 조절이 가능하다. 각도를 크게 설정하면 넓은 영역을 인식하고, 각도를 작게 설정할수록 좁고 세밀한 부분을 인식하기 때문에 각도를 작게 설정할수록 보다 정교한 색상 채움이 가능하다.
- Bucket fill : 덩어리 전체에 색상 채움

[Brush 사용]

[Smart fill 사용]

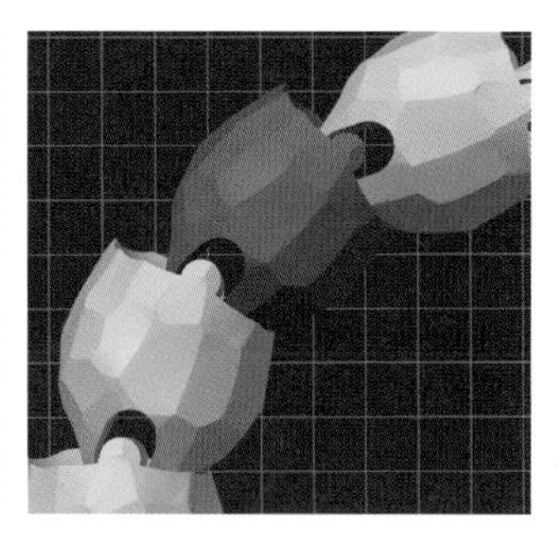

[Bucket fill 사용]

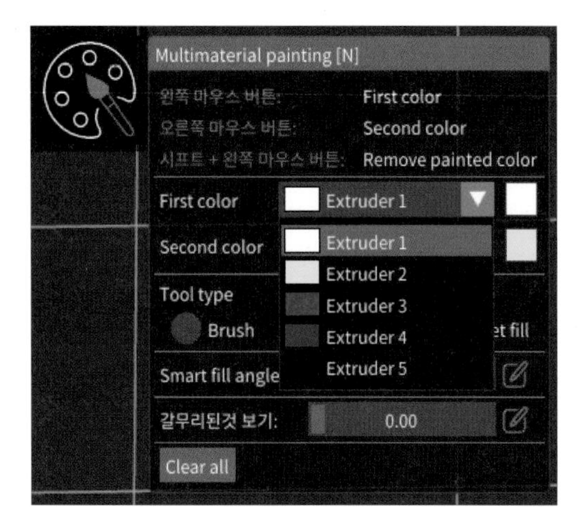

[First color]와 [Second color]의 익스트루더를 지정 후 원하는 영역에 마우스를 대고 클릭하거나 드래그하면 모델에 쉽게 색상을 채울 수 있다.

[컵 케이크 단색 모델을 MMP 실행 후 모습]

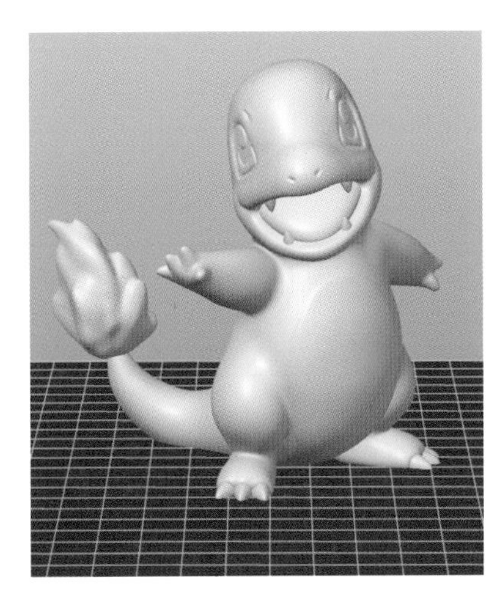

[포켓 몬스터 파이리 단색 모델을 MMP 실행 후 모습]

[강아지 단색 모델을 MMP 실행 후 모습]

2) PVA 필라멘트를 활용한 멀티컬러 출력

(1) PVA 란?

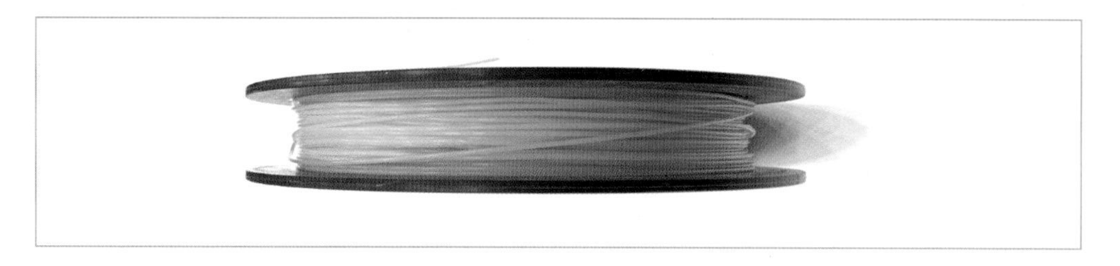

PVA는 Polyvinyl Alcohol의 약자로 고분자 화합물로 폴리아세트산비닐을 가수분해하여 얻어지는 무색 가루이다. PVA 필라멘트는 물에는 녹고 일반 유기용매에는 녹지 않는 특성을 가져 다중 익스트루더를 가진 3D프린터를 사용하는 유저들이 유용하게 사용할 수 있다. 일반 필라멘트를 메인 출력물로, PVA 필라멘트를 서포트로 설정해서 출력하여 완성된 출력물을 물에 넣으면 서포트를 깔끔하게 제거할 수 있다. 다만 일반 필라멘트에 비해 가격이 비싸고 출력 난이도가 높은 편이기 때문에 적절한 프린팅 설정과 숙련도가 중요하다.

(2) PVA 소재를 서포트로 활용하기 위한 프루사 프린팅 설정

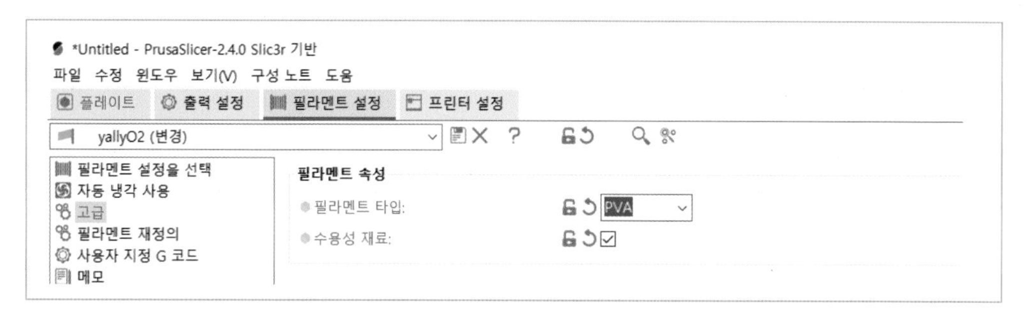

프루사 상단의 [필라멘트 설정] → [고급] → [필라멘트 속성]에서 [필라멘트 타입]을 [PVA]로 바꾸고 [수용성 재료]에 체크한다.

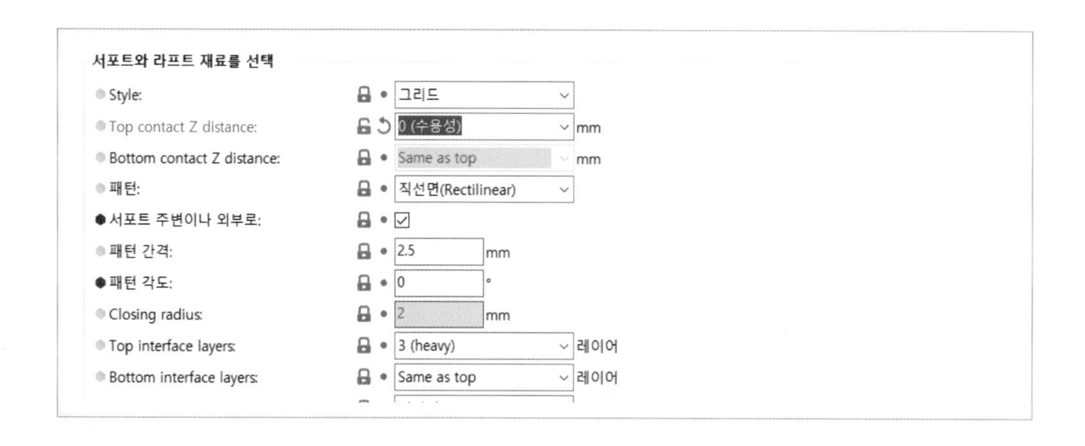

[출력 설정] → [서포트 재료/ 라프트 / 스커트 익스트루더] → [서포트와 라프트 재료를 선택] 메뉴에서 [Top contact Z distance]를 [0 (수용성)]으로 맞춰준다. 일반 재료의 경우 서포트와 모델 사이에 간격을 두어 서포트 제거가 용이하도록 설정하지만, 수용성 재료인 PVA 필라멘트의 경우 모델과 서포트의 간격을 0으로 두어 모델과 서포트가 붙어있어도 물로 녹여서 쉽게 분리할 수 있으므로 위와 같이 설정하여 출력 안정성을 높인다.

〈O2로 출력한 PLA+PVA 출력 모델〉

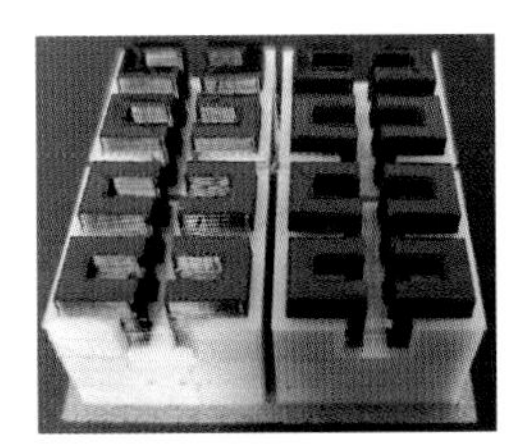

[PVA 서포트 제거 전]

[PVA 서포트 제거 후]

(3) PETG+PLA 출력

가. PETG 필라멘트란?

친환경 소재인 PETG(Poly-ethylene Terephthalate Glycol)는 기존 락앤락 재질인 PLA/ABS에서 변모하고 있는 친환경 소재로 내구성과 내화학성, 가공성 등이 뛰어나 PLA에 이어 3D 프린팅 업계의 새로운 소재로 각광 받고 있으나 내열성이 약해 보관이 용이하지 않다는 단점이 있다.

① 밝은 색상과 우수한 광택
② 큰 사이즈의 모델 출력 시 균열 및 수축 안정성이 ABS, PLA 필라멘트에 비해 우수
③ PLA류 필라멘트 대비 강한 내습성을 가짐(습기 영향이 많은 출력물에 사용 가능함)
④ 후가공이 용이함
⑤ 내화학성으로 산성 및 알칼리성 등의 화학용제를 접촉해도 변형이 적음
⑥ 일반적으로 의약용 패키징 소재, 식품 포장 용기, 고급화장품 용기 등에 사용됨

PLA 필라멘트를 본 출력물에 사용하고 PETG 필라멘트를 서포트로 사용할 시 서로 물성이 다르기 때문에 PLA와 PETG가 서로 붙어있어도 쉽게 분리가 가능하고 보다 깔끔한 출력물을 얻을 수 있다.

[구를 PLA로 출력할 때 하단 서포터를 Petg로 출력하여 분리]

3) 큐라 슬라이서를 활용한 멀티컬러 출력

(1) 멀티컬러 출력을 위한 큐라 슬라이서 설치 및 구성

가. Ultimaker cura 설치

주소창을 통해 http://ultimaker.com/software 를 입력해 다운로드 페이지에 바로 접속하거나 웹사이트에 'ultimaker cura'를 검색하여 얼티메이커 공식 사이트에 접속한다.

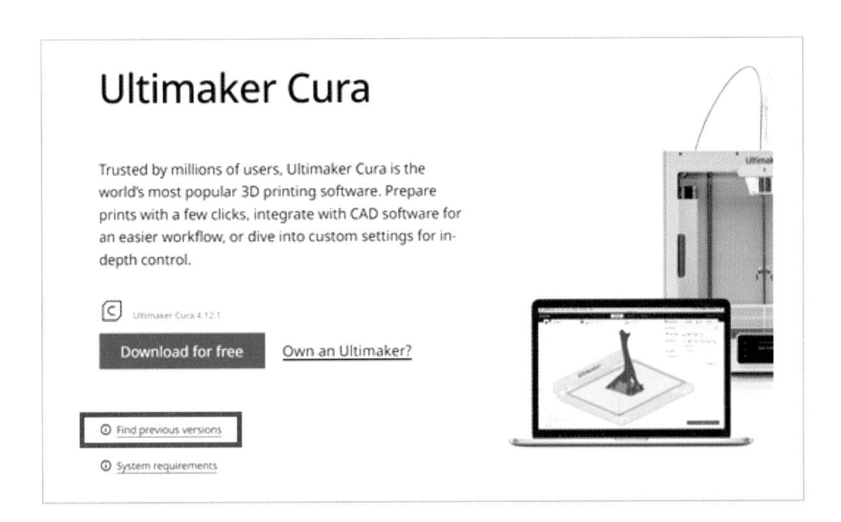

접속하면 가장 최신 버전의 큐라를 다운로드 받을 수 있다. 이전 버전을 다운받고 싶을 경우 하단의 [Find previous versions]를 누르면 이전 버전 다운로드가 가능하다. 사용자의 컴퓨터 사양에 적합한 버전을 다운로드 받을 것을 권장한다.
(4.7ver 권장. 4.10ver 이상을 설치할 경우, PC에 따라 버그 발생)

윈도우, 맥, 리눅스 중 본인 시스템에 해당하는 것을 누르면 다운로드가 진행된다.

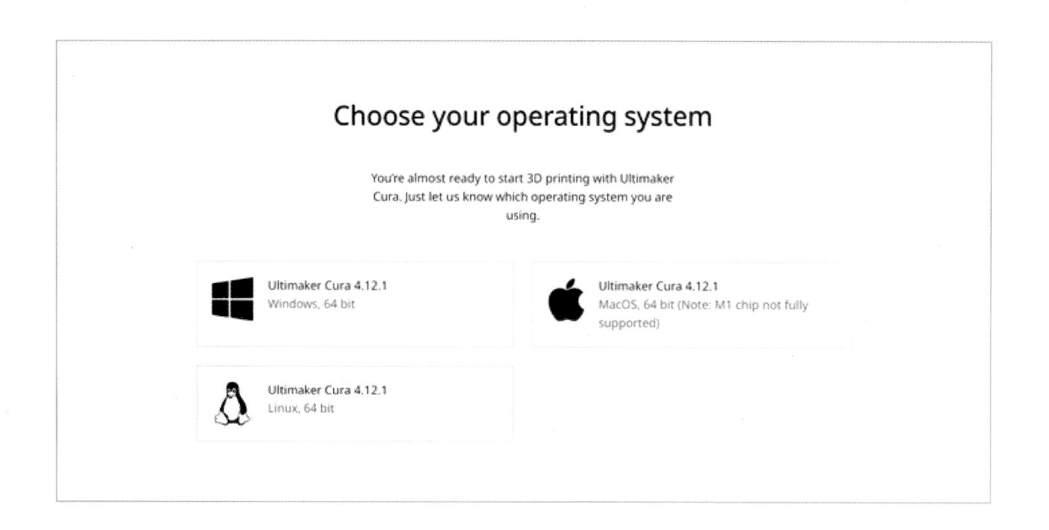

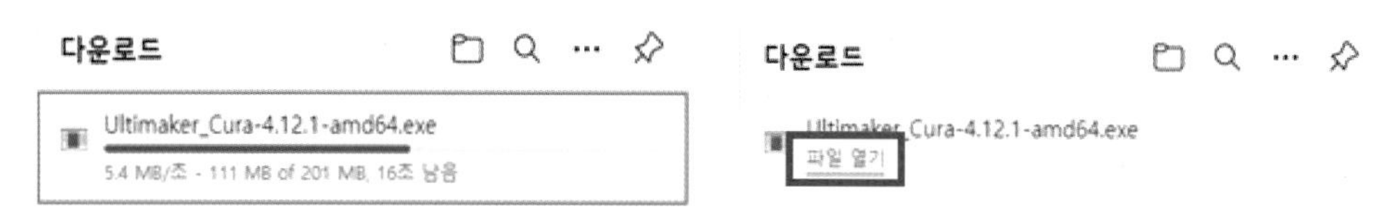

다운로드가 다 진행되면 [파일 열기]를 누른다.

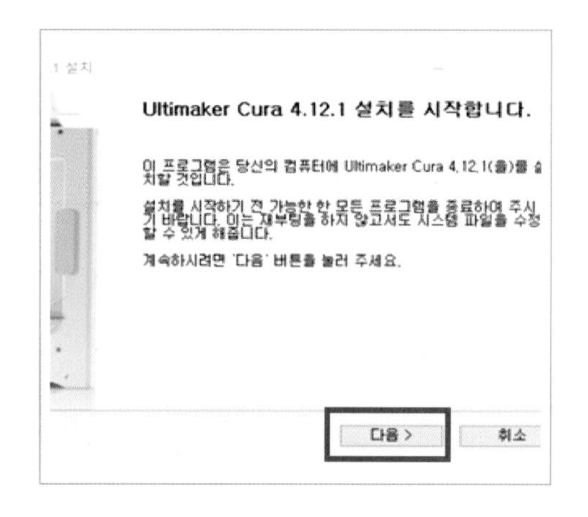

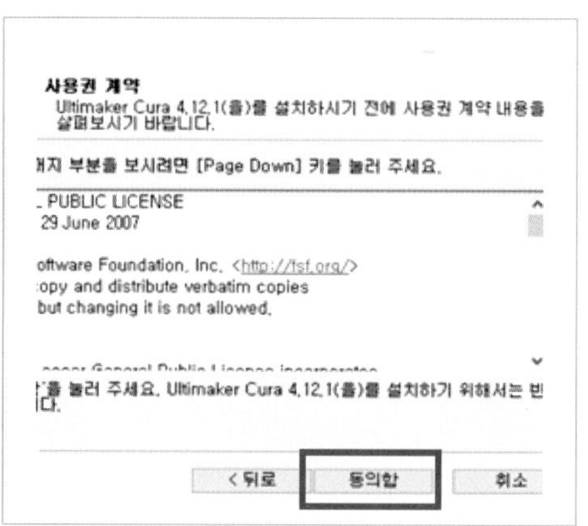

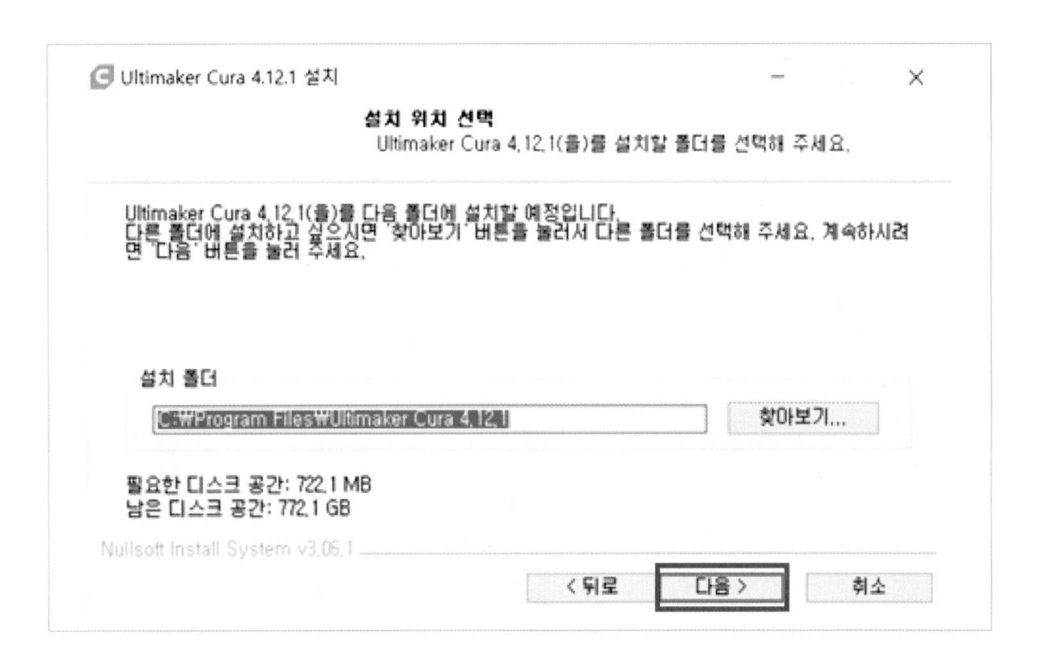

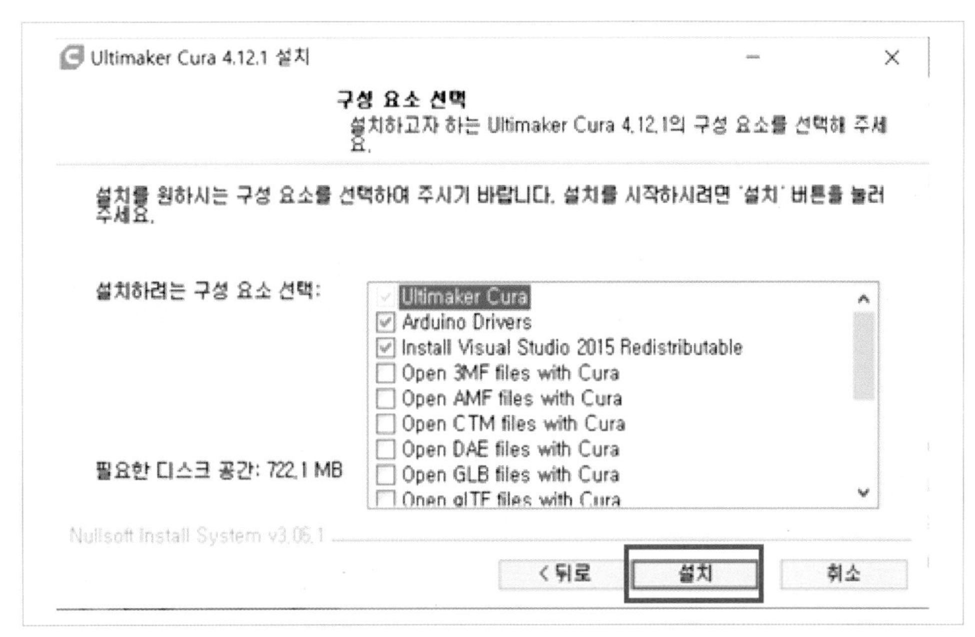

설치할 폴더를 설정한 후 [설치]를 눌러주면 큐라 설치가 완료된다.

큐라를 설치하고 실행하면 사용할 프린터를 추가하는 작업을 해주어야 한다.

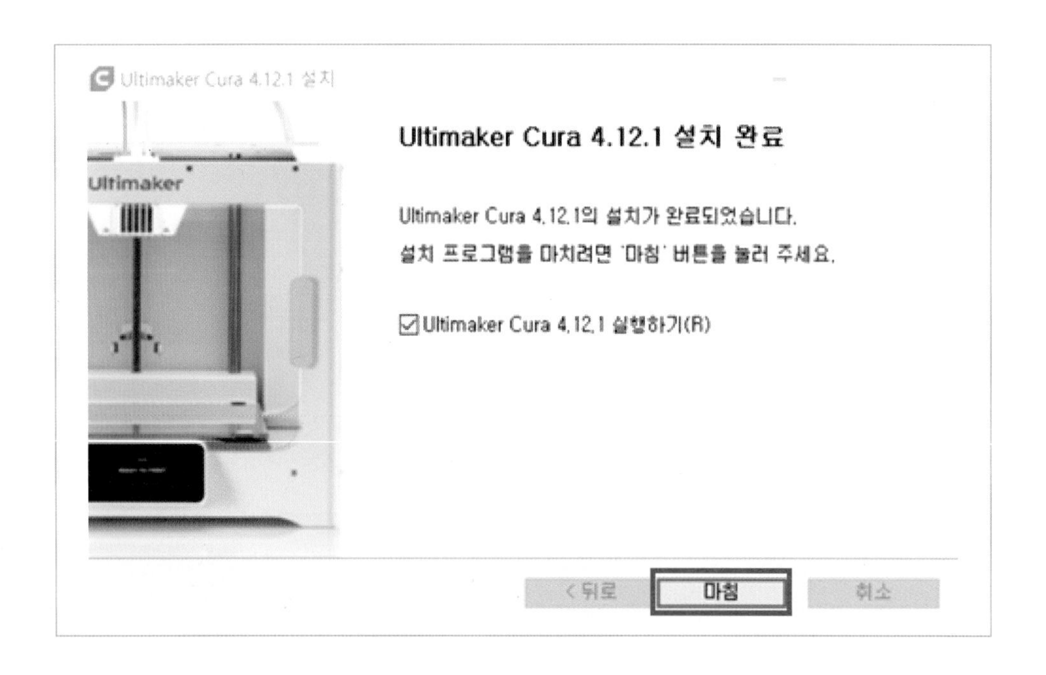

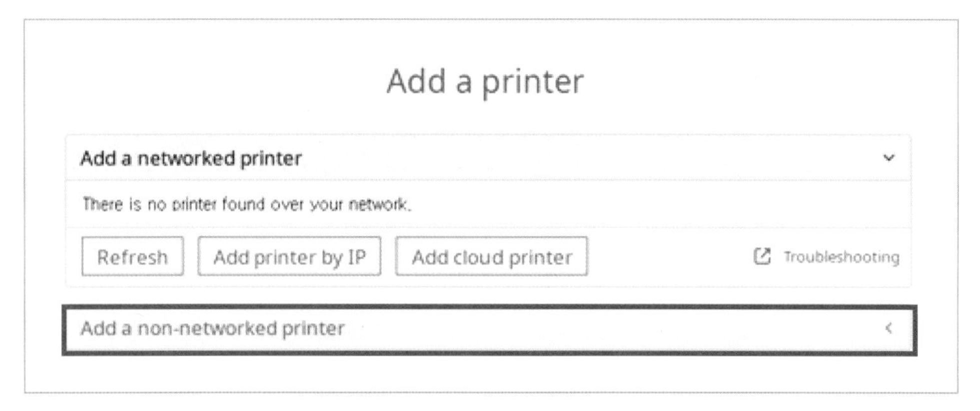

네트워크 프린터를 사용할 것인지 비 네트워크 프린터를 사용할 것인지 선택하는 것인데 O2/O3는 SD카드나 USB를 사용해 출력하기 때문에 [Add a non-networked printer]를 눌러 프린터를 추가한다.

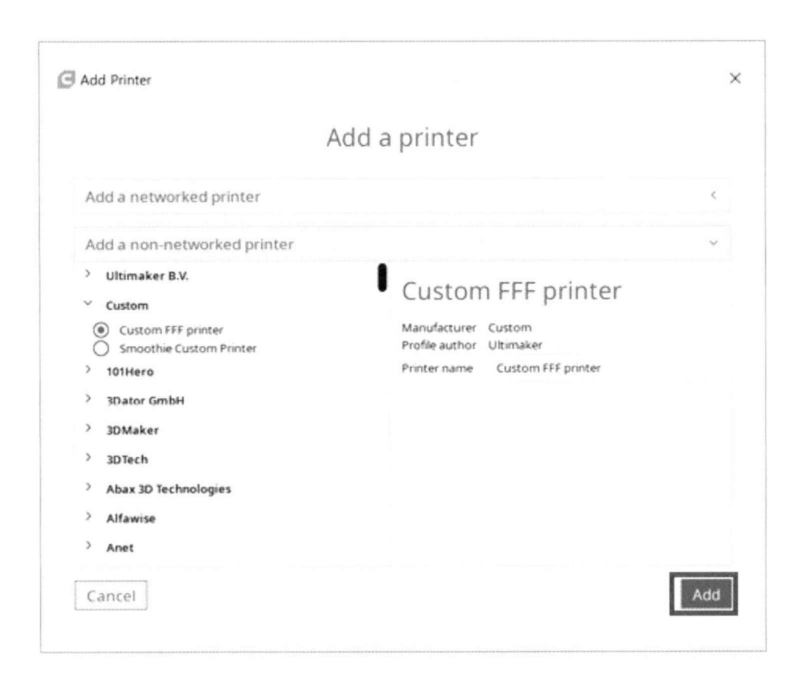

[Custom]의 [Custom FFF printer]를 추가한다. 추후에 02, 03 설정값을 가져올 것이기 때문에 따로 베드 크기나 기기 설정을 할 필요는 없으며 Custom FFF printer가 아닌 다른 제조사의 프린터를 임의로 추가해도 된다.

프린터 추가 작업이 완료되면 모델을 불러와 슬라이싱할 수 있는 작업 평면대가 나타난다. 이 작업대는 3D 프린터의 X, Y, Z축 높이를 반영한다.

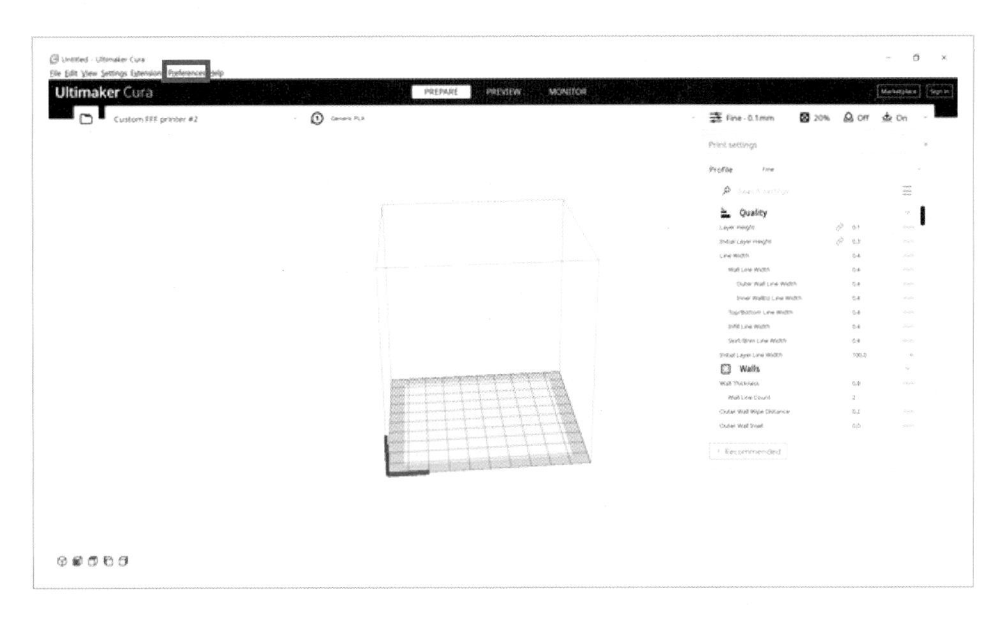

상단 메뉴의 [Preferences]에 들어가면 일반적인 세팅을 할 수 있다.

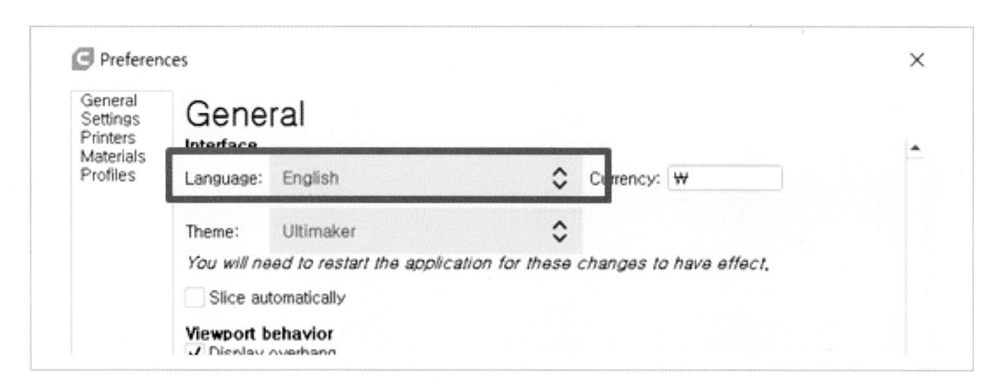

[Language]의 English를 한국어로 바꿀 수 있는데 바로 적용되는 것이 아니라 재실행해야 적용되기 때문에 설정을 바꾸고 나서는 큐라를 종료하고 다시 실행하면 된다.

얄리3D의 O2, O3를 구매하면 O2, O3에 맞는 큐라 세팅 값을 제공한다. 3mf 파일 형식으로 되어 있으므로 파일을 가져와 열어주기만 하면 프린터 크기, 노즐 설정, 재료 설정, 익스트루더 설정 등 모든 세부적인 설정이 O2, O3 프린터에 맞게 자동으로 설정된다.

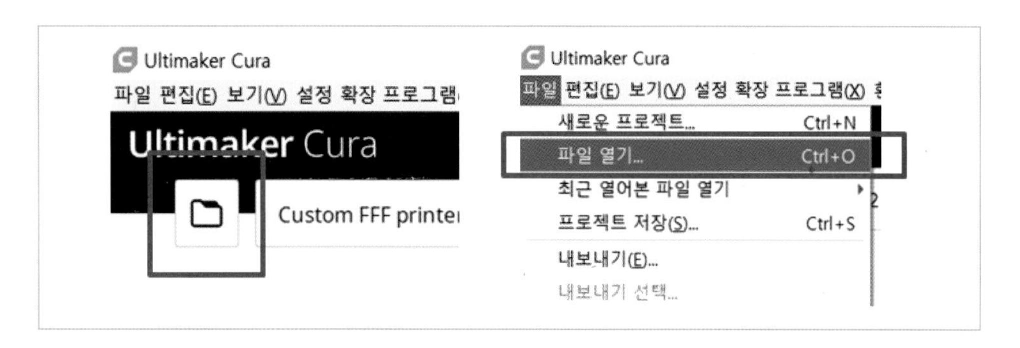

파일을 열 때는 왼쪽 상단의 [폴더모양 아이콘]을 눌러도 되고 상단 메뉴 [파일]의 [파일 열기]를 누르면 지원되는 모든 유형의 파일을 가져올 수 있다.

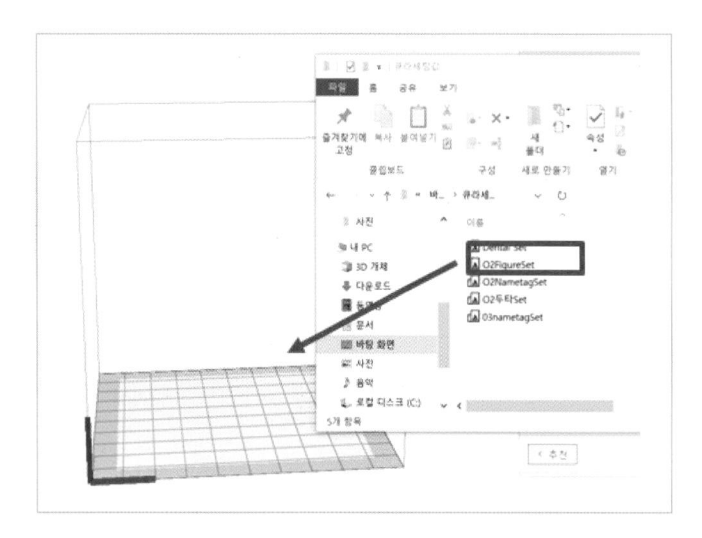

[파일 열기]를 누르지 않고 파일을 큐라로 드래그하여 바로 가져올 수도 있다.

이름	수정한 날짜	유형	크기
03노즐 네임택	2021-09-16 오전 9:58	3D 개체	95KB
O2FigureSet	2021-08-17 오후 12:25	3D 개체	95KB
O2NametagSet	2021-08-17 오후 5:28	3D 개체	94KB
O3FigureSet	2021-08-17 오전 11:25	3D 개체	95KB
O3NametagSet	2021-08-17 오후 5:29	3D 개체	94KB

세팅 파일로는 보통 피규어 세팅 값과 네임텍 세팅 값 두 가지가 제공되며 0.3 노즐일 경우 0.3 노즐 네임텍 세팅 값도 제공된다.

파일명 그대로 네임텍 세팅 값은 네임텍과 같은 정교한 출력물을 뽑을 때 더 적합한 세팅 값이며 피규어 세팅 값은 피규어와 같은 부피감이 있는 일반 출력물을 뽑을 때 더 적합한 세팅 값이다.

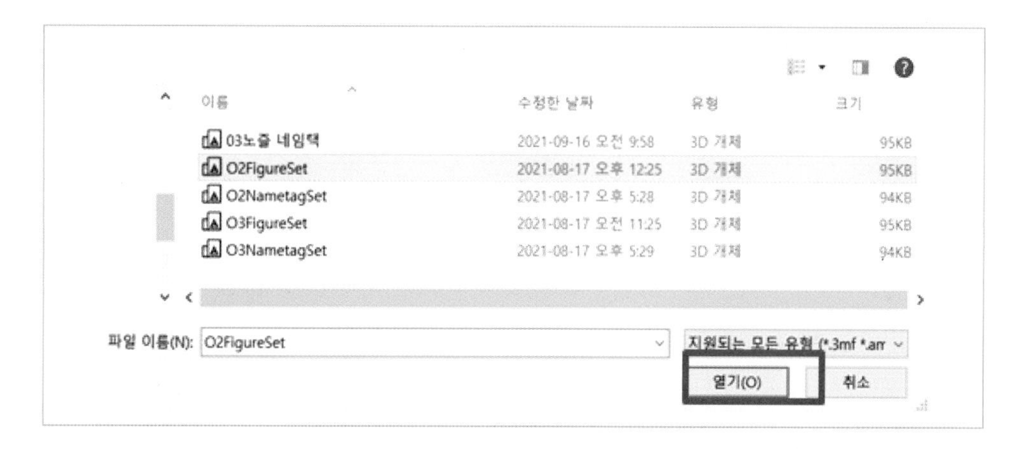

Figure Set나 Nametag Set 파일을 선택하고 [열기]를 눌러준다.

그리고 우측에 있는 프린터 설정을 [Create new]로 선택하고 재료 설정 또한 [새로 만들기]를 선택하고 [열기]를 눌러준다.

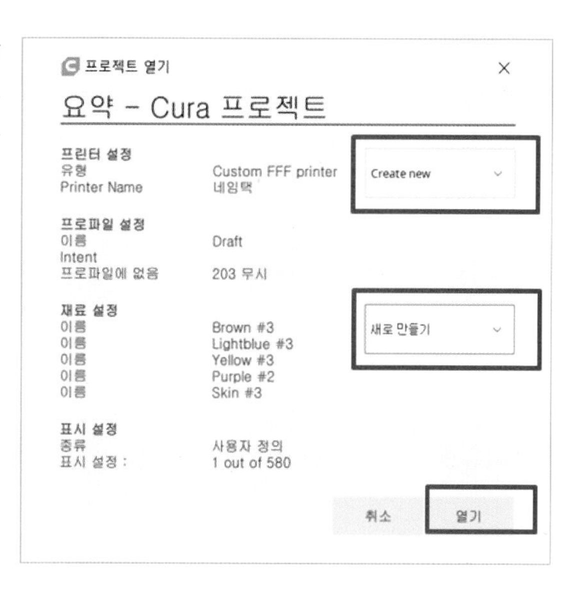

나. 인터페이스 및 프린팅 설정

성공적으로 세팅 값이 맞춰지면 O2, O3 프린터 베드 크기와 작업 평면의 크기가 동일하게 바뀌고 기존에 한 개였던 익스트루더 숫자가 5개로 늘어난 것을 확인할 수 있다. 또한, 여러 개의 세팅 값을 추가하여 출력물에 따라 상단의 프린터 세팅을 바꾸어 슬라이싱할 수 있다.

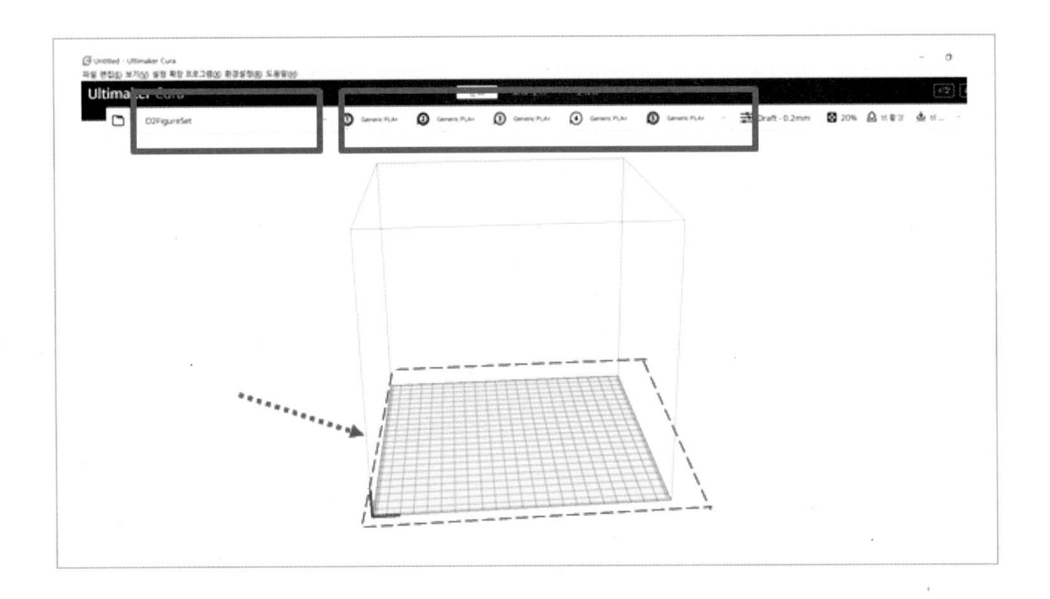

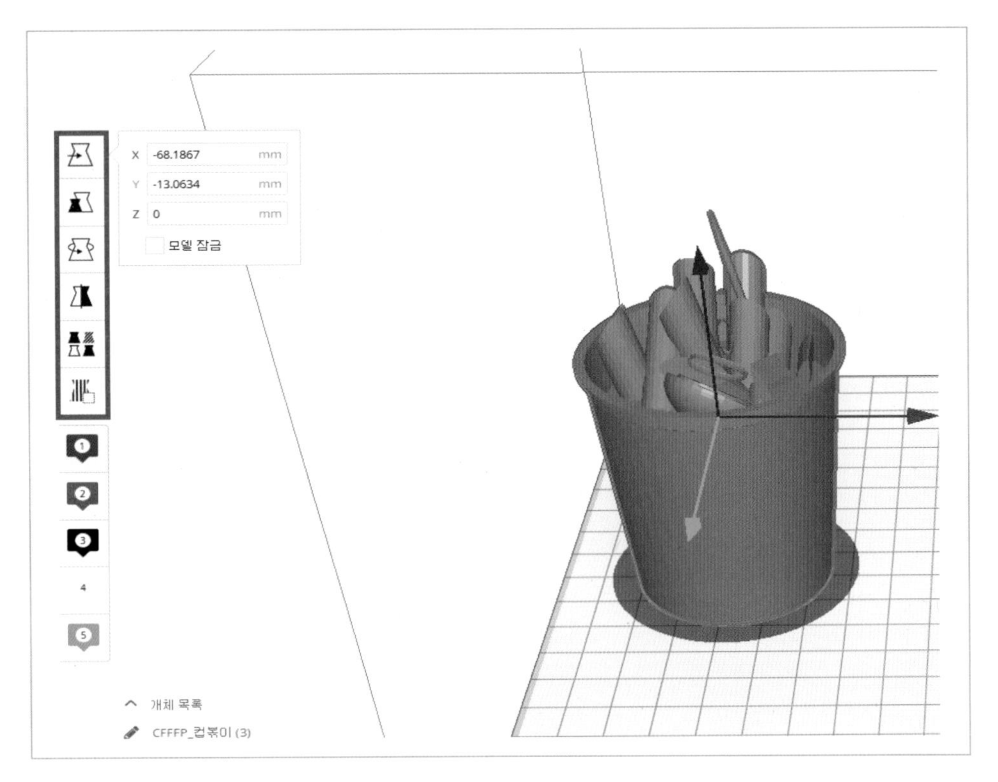

STL 형식의 모델 파일을 불러와 모델을 클릭하면 좌측의 아이콘들이 활성화된다.

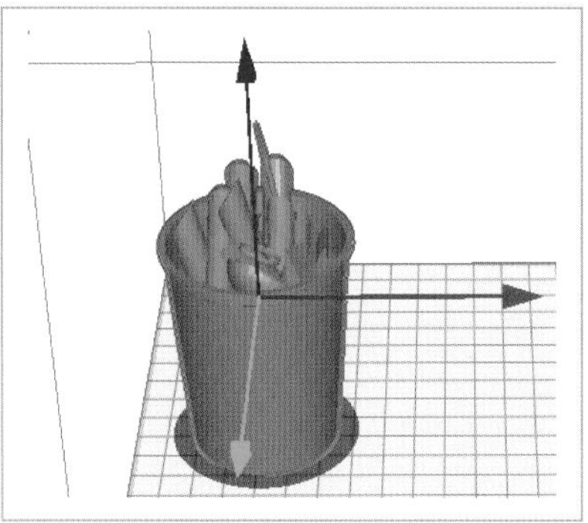

첫 번째 아이콘은 이동 아이콘이며, 모델을 마우스로 드래그해서 상하, 좌우로 움직일 수 있다.

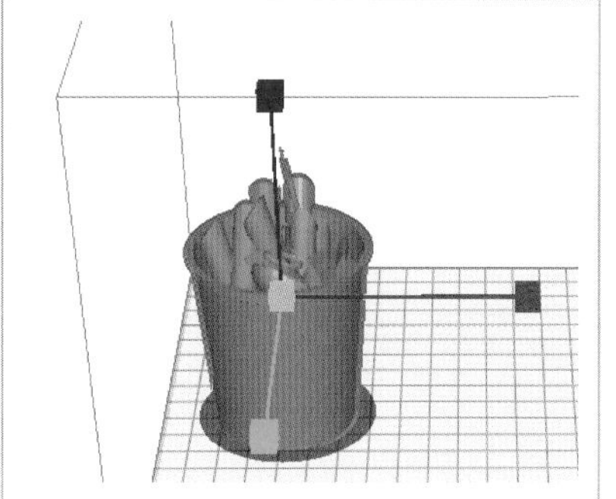

두 번째 아이콘은 확대/축소 메뉴이다. XYZ의 모델 크기 입력을 통해서 확대/ 축소도 가능하고 옆에 있는 %를 입력해 확대/축소가 가능하다.
[균일한 크기 조정]에 체크를 해제하면 모델의 X, Y, Z축 크기를 따로 조절할 수 있다.

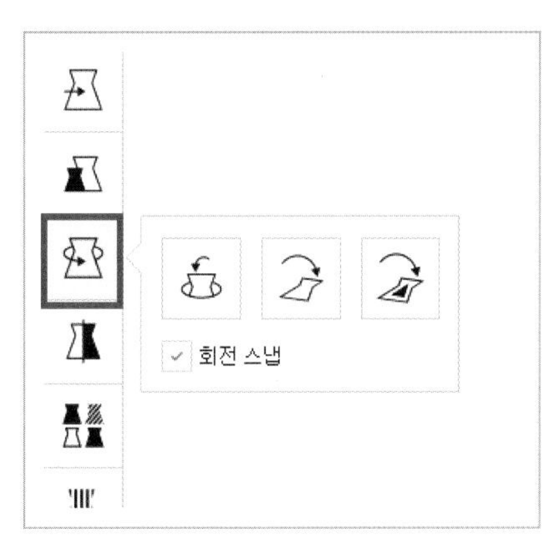

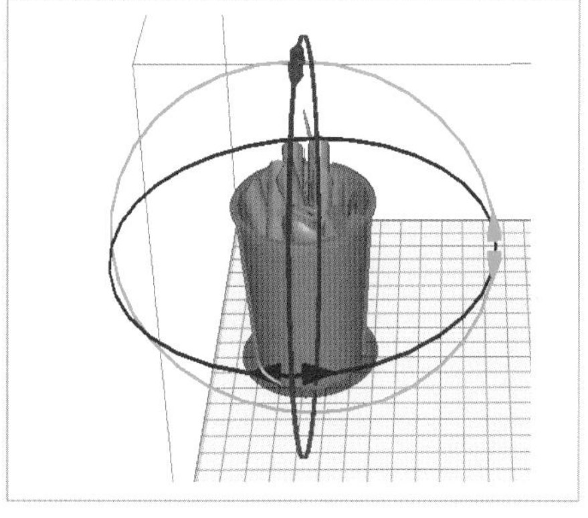

세 번째 아이콘은 객체를 회전시키는 메뉴이다.

첫 번째 아이콘은 리셋 버튼이며 모델을 원래 위치로 복귀시킨다. 두 번째 아이콘은 모델과 바닥이 가장 넓게 접촉되는 위치를 찾아 놓아준다. 세 번째 아이콘은 클릭한 곳이 바닥 면으로 가게 회전시켜주는 기능이다.

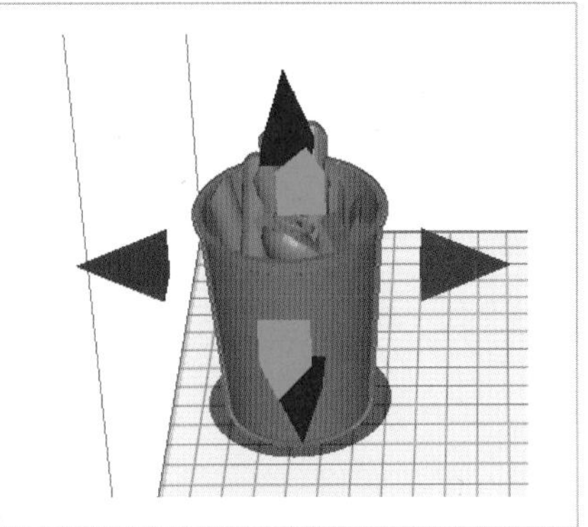

네 번째 아이콘은 대칭 메뉴이며 원하는 방향으로 반전시킬 수 있다.

우측 상단 바를 클릭하면 프린팅 설정 메뉴가 나오고 이곳에서 내부 채움 밀도, 서포트 유무, 빌드 플레이트 부착 유무를 선택하여 간단하게 프린팅 설정을 할 수 있다.

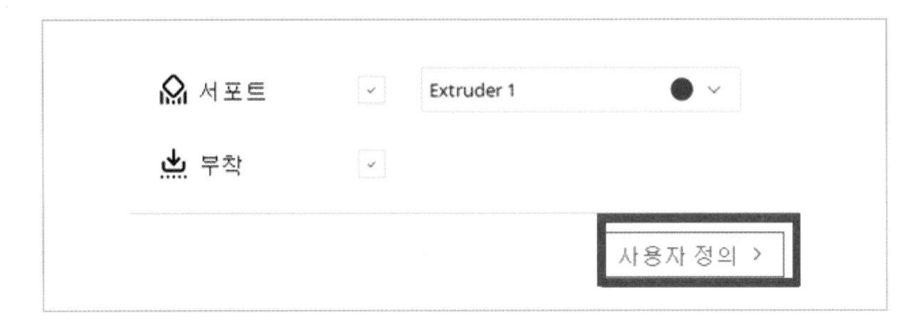

하단의 [사용자 정의] 아이콘을 누르면 항목별로 세부적인 설정이 가능하다.

출력을 성공적으로 하기 위해서는 프린팅 설정을 적절히 맞춘 후 슬라이싱하는 것이 중요하다. 출력하기 위한 최적의 세팅 값이 설정되어 있지만, 출력물에 따라 설정을 달리해야 하는 부분이 있다.

① 내부채움 밀도

출력물 내부를 얼마나 채울 것인지 그 밀도를 정하는 것이며 일반적인 출력물의 밀도는 5~20% 정도로 설정한다. 밀도가 높을수록 출력물의 강도는 올라가고 출력시간이 오래 걸리며 필라멘트 소모도 많아진다. 밀도가 낮으면 출력시간이 단축되고 필라멘트 소모는 적어지나 출력물의 강도는 낮아진다.

내부채움

내부채움 익스트루더	재정의되지 않...
내부채움 밀도	20.0 %
내부채움 선간 거리	4.0 mm
내부채움 패턴	그리드
내부채움 선 연결	✓

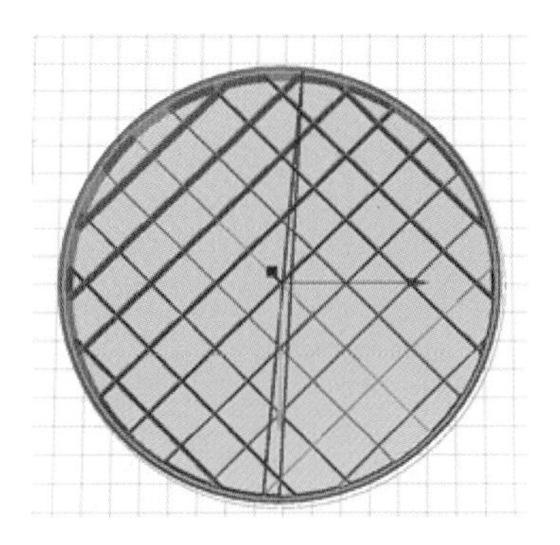

[내부채움 밀도 5% 내부 모습]

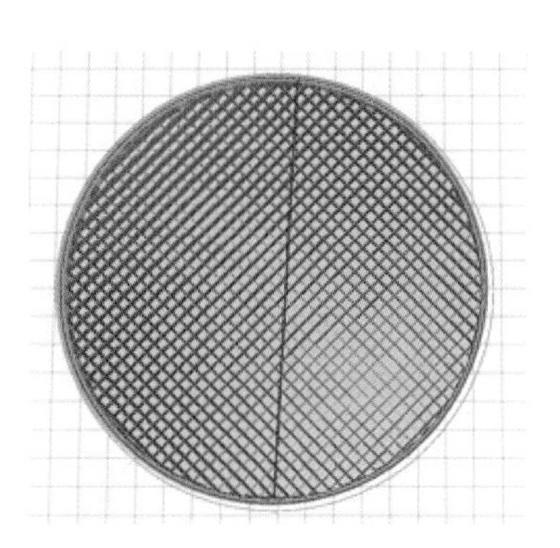

[내부채움 밀도 20% 내부 모습]

② 서포트 유무

모델이 바닥의 구조보다 옆으로 벗어나는 것을 오버행이라고 하는데 그 오버행 부분에서 새로운 출력물을 세워서 모델이 하단으로 처지는 것을 막아주는 구조를 서포트라고 한다. 출력물에 서포트가 필요하다고 판단되는 경우 서포트 생성에 체크하면 오버행 부분에 서포트가 자동으로 생성된다. 오버행 각도를 높게 설정하면 (80° 이상) 서포트가 적게 생성되며 오버행 각도가 낮을수록 (60° 이하) 서포트가 많이 생성된다.

[서포트 無]

[서포트 有]

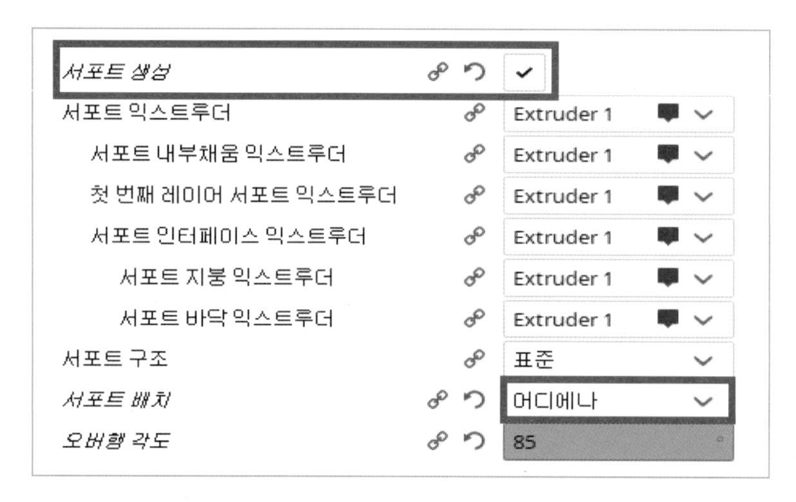

또한 [서포트 배치]를 보면 [빌드 플레이트 위] 옵션과 [어디에나] 옵션이 있는데 [빌드 플레이트 위] 를 선택하면 빌드 플레이트 위에 있는 오버행 부분만 서포트가 설치되고 [어디에나]로 선택하면 빌드 플레이트에 붙어있는 부분뿐만 아니라 모델의 안쪽과 빌드 플레이트와 붙어있지 않은 위쪽 오버행 부분에도 서포트가 자동으로 생성된다. 서포터가 많을 수록 출력시간도 많이 소요되기 때문에 모델에 따라서 어떤 것이 적당할지 판단하고 설정을 달리하면 된다.

③ 빌드 플레이트 고정 유형

빌드 플레이트 고정 유형은 모델을 빌드 플레이트 위에 어떻게 고정시킬지 설정하는 옵션이다. [스커트], [브림], [래프트], [None]이 있다.

- [None] : 출력물 주위 보강을 일체 하지 않는 것이다.
- [스커트] : 모델을 출력하기 전에 모델 주변에 한 바퀴 띠를 둘러 필라멘트를 빼주며 시작한다. 스커트를 설정함으로써 필라멘트가 잘 나오는지 안 나오는지 확인할 수 있으며 면적이 넓은 출력물을 출력할 때는 출력물 주변에 스커트를 둘러 줌으로써 전체적인 베드 레벨링이 잘 맞는지 체크할 수 있다.
- [브림] : 모델이 베드에 닿는 면적을 늘려줌으로써 모델의 수축이나 뒤틀림 현상을 방지

하고 안착력을 높여주는 역할을 한다.

- [래프트] : 모델 아래에 뗏목과 같은 받침대를 생성한다. 그래서 바닥에 닿는 면적이 작은 출력물 같은 경우 래프트를 설정함으로써 출력물이 출력 도중 무너지지 않게 보강한다.

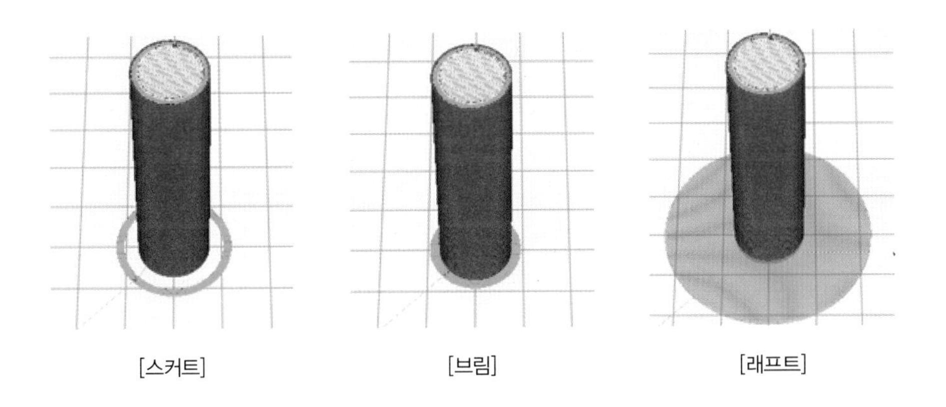

[스커트] [브림] [래프트]

④ 이중 압출

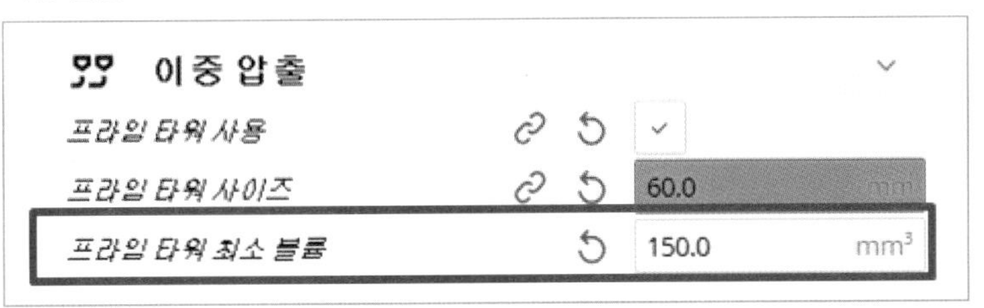

멀티컬러 출력에 있어서 프라임 타워 최소 볼륨 설정은 상당히 중요하다.

멀티컬러 출력을 하기 위해 모델별로 2개 이상의 익스트루더를 설정하게 되면 왼쪽 상단에 원형의 [프라임타워]가 생성된다. 필라멘트 색상 체인지를 하면 바뀐 색상이 곧바로 나오는 것이 아니라 이전 필라멘트의 색상과 섞여서 출력된다. 출력물의 혼색을 방지하기 위해 미리 타워에다가 필라멘트를 빼주게 된다.

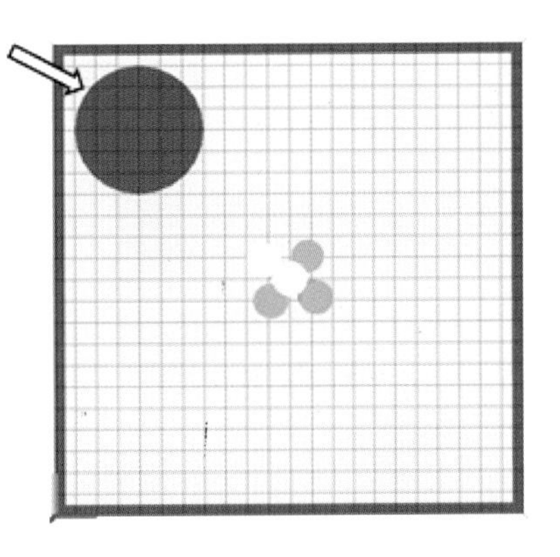

프라임타워 최소 볼륨에 수치를 입력해줌으로써 프라임타워에 필라멘트를 얼마나 빼줄 것인지 정하는 것이며 보통 50~150 정도의 수치를 입력해준다. 검은색이나 갈색과 같은 어두운 색의 필라멘트는 다른 필라멘트 색상에 영향을 잘 받지 않기 때문에 50에 가깝게 입력하고 흰색이나 노란색 같이 혼색이 잘 되는 밝은 필라멘트는 150 정도로 설정한다. 익스트루더별로 프라임타워 최소 볼륨을 적절히 설정해야 혼색 없이 깔끔한 출력물을 얻을 수 있다.

프린팅 설정을 모두 마치면 우측 하단의 [슬라이스] 버튼을 누르면 슬라이싱이 진행되고 G코드 파일이 생성된다.

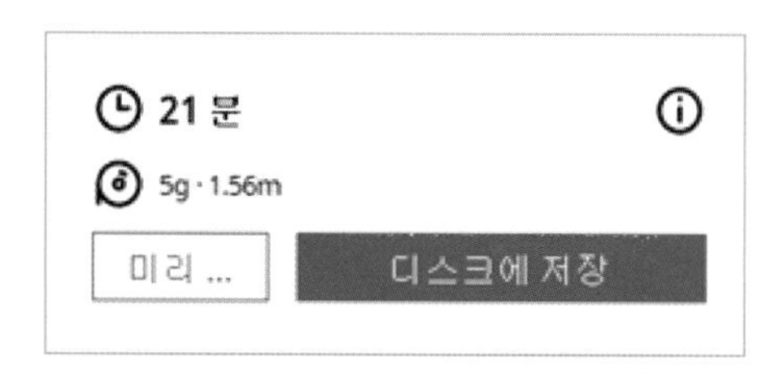

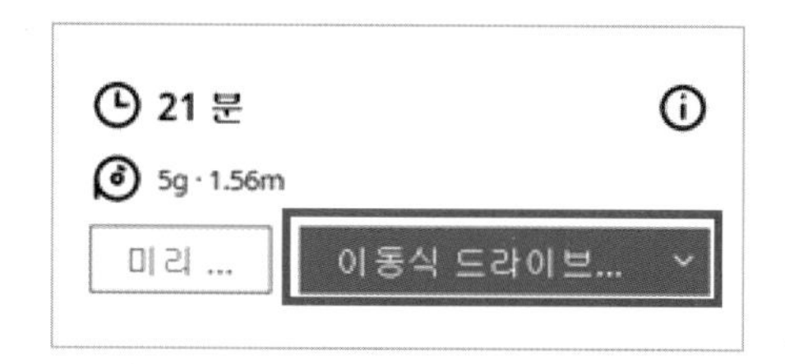

슬라이싱이 완료되면 대략적인 출력 예상 시간이 뜨며 저장 버튼이 나오는데 USB나 SD카드를 통해 프린터 출력을 걸어야 하므로 컴퓨터에 USB나 SD카드를 삽입한 후 이동식 드라이브에 바로 저장하는 것이 좋다. 또한 미리보기를 누르면 레이어마다 어떻게 적층되는지 출력 경로를 확인할 수 있다. 멀티컬러 출력은 슬라이서에서 필라 교체 시간 반영이 정확히 되지 않아 예상 시간보다 20~30% 출력시간이 더 소요됨을 감안해야 한다.

(2) 멀티 출력 따라 하기

가. 멀티컬러 모델 다운로드 후 슬라이싱

전 세계 3D프린터 유저들이 모델링 파일을 공유하는 사이트 [www.thingiverse.com]가 있다. MakerBot이라는 3D프린터 회사에서 운영하는 사이트로 별도의 가입 없이 무료로 3D모델을 다운로드 할 수 있다. 다만 한국어 지원은 되지 않기 때문에 모델을 찾을 때는 영어로 검색해야 한다. 단색모델이 아닌 멀티컬러 모델을 찾고 싶은 경우 'Multi', 'Multi color'을 검색하면 멀티컬러 전용 모델을 찾을 수 있다.

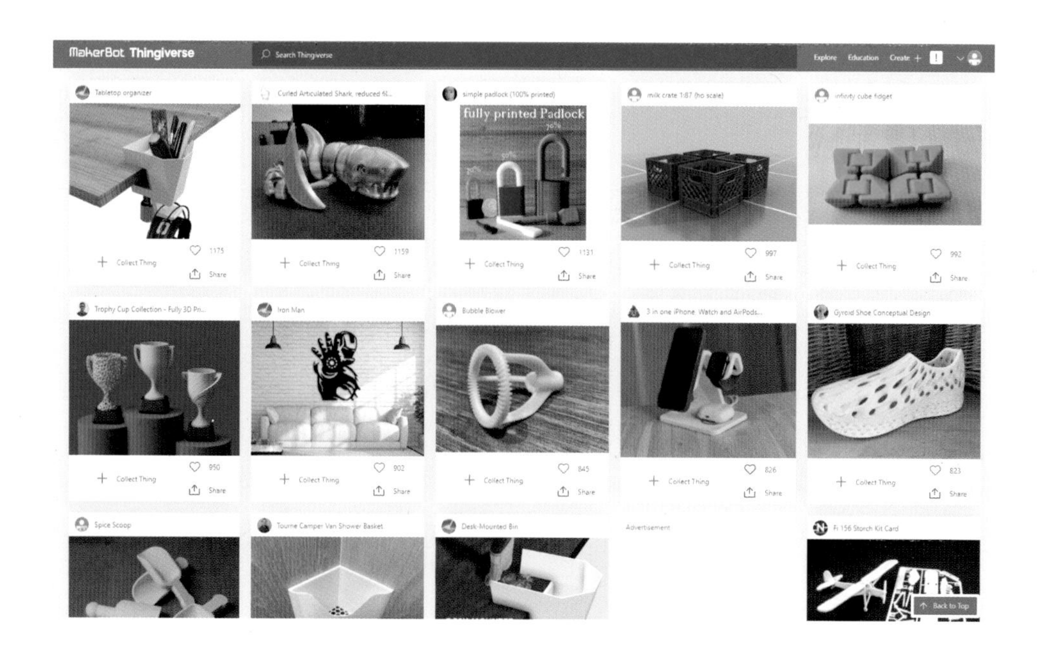

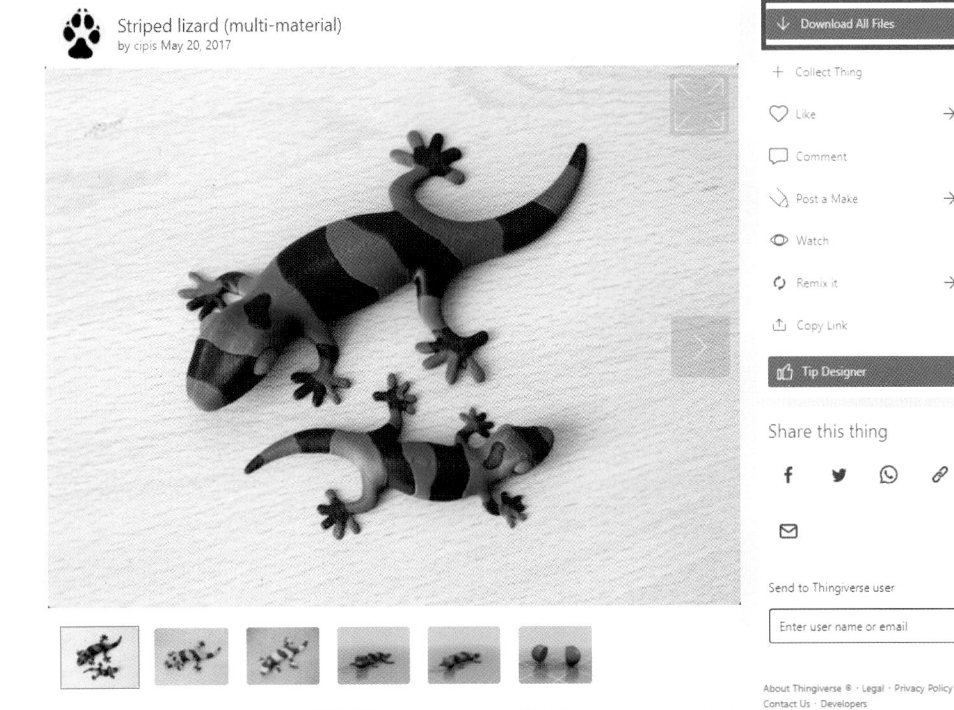

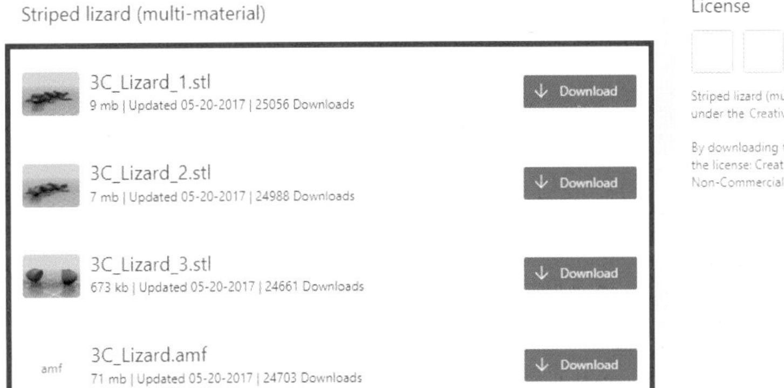

모델을 찾은 후 해당 페이지로 들어가 [Download All Files]를 누르면 웹 하단에 STL 파일 목록이 뜨며 각각의 파일을 모두 다운로드 해야 한다.

사진 속 모델은 줄무늬 도마뱀으로 3색 출력 모델이기 때문에 세 개의 STL 파일이 있다.

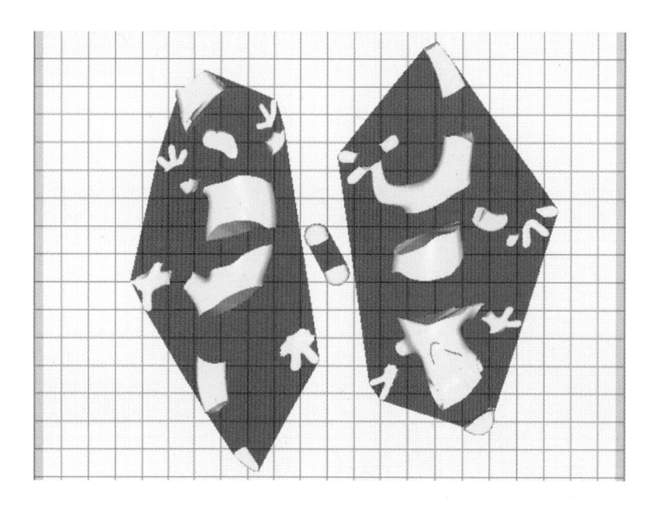

큐라를 실행해서 다운 받은 세 개의 STL 파일을 불러오면 세 개의 모델이 분리된 채로 작업평면대 위에 올려진다.

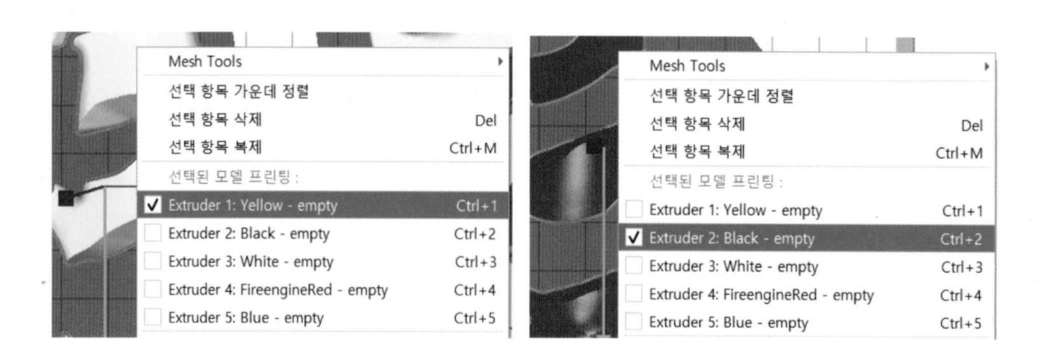

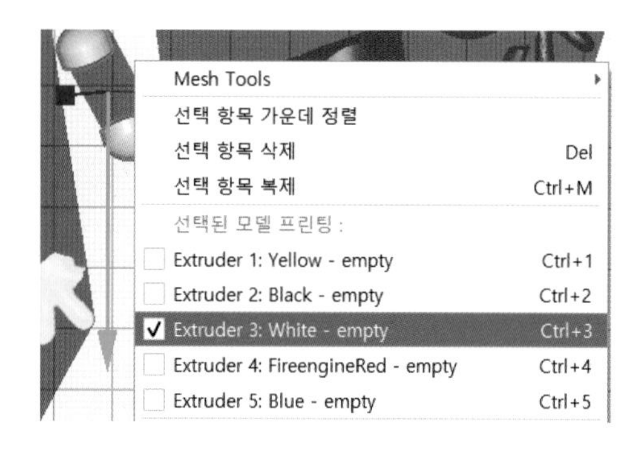

모델에 마우스를 갖다 대고 우클릭을 하면 해당 개체에 익스트루더 1번부터 5번까지 설정할 수 있고 모델마다 익스트루더 설정을 달리하면 멀티컬러 출력이 가능하다.

예 몸통1 : 익스트루더 1번
몸통2 : 익스트루더 2번
눈 : 익스트루더 3번

익스트루더 1번부터 3번까지 설정을 마치면 전체선택 단축키인 Ctrl+A를 누른 후 마우스 우클릭하여 모델 합치기를 누른다.

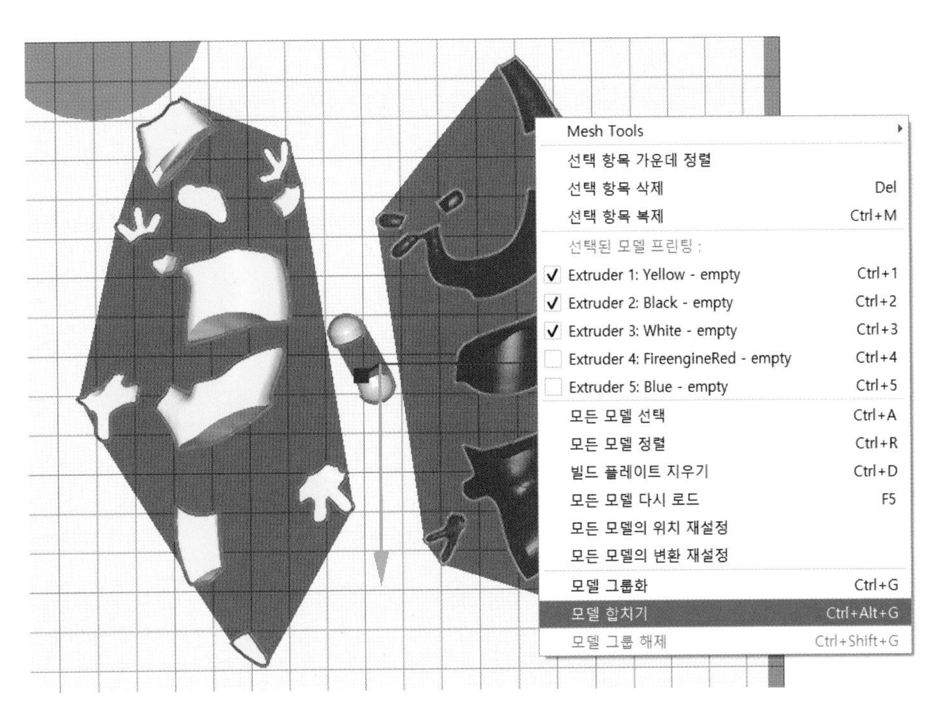

모델 합치기를 하면 분리되어 있던 모델들이 추출된 좌표 그대로 합쳐지게 된다.

익스트루더 별로 프라임타워 최소 볼륨값을 입력하고 (어두운색은 적게, 밝은색은 많게 설정) 내부 채움 밀도, 빌드 플레이트 부착 유형 등을 설정한다.

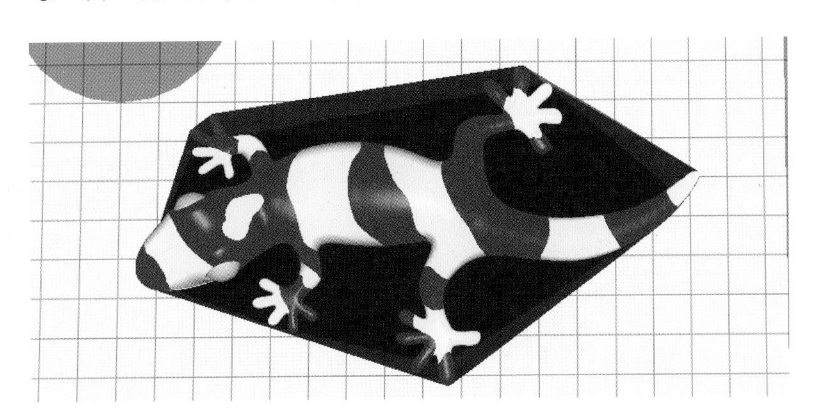

설정이 끝나면 [슬라이스]를 눌러 USB나 SD카드에 G코드 파일을 삽입한 후 이동식 드라이브에 G코드 파일을 저장한 후 출력을 건다.

출력하기 전 [미리보기]를 통해 출력 경로를 확인하며 모델과 슬라이싱에 오류가 없는지 확인할 수 있다.

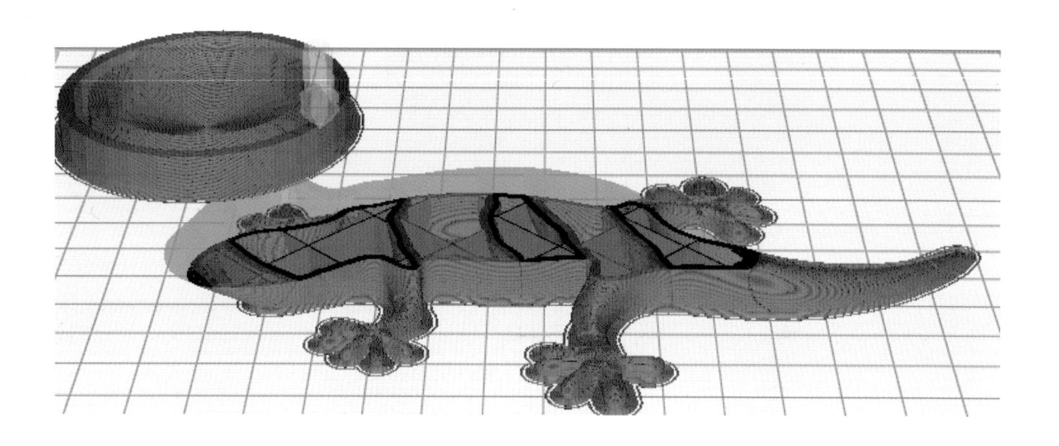

(3) 5색 프린터 활용하여 출력하기(얄리)

주소창에 [www.yally3d.com]를 치거나 웹사이트에 [얄리3D]를 검색하여 얄리3D 홈페이지에 접속한다.

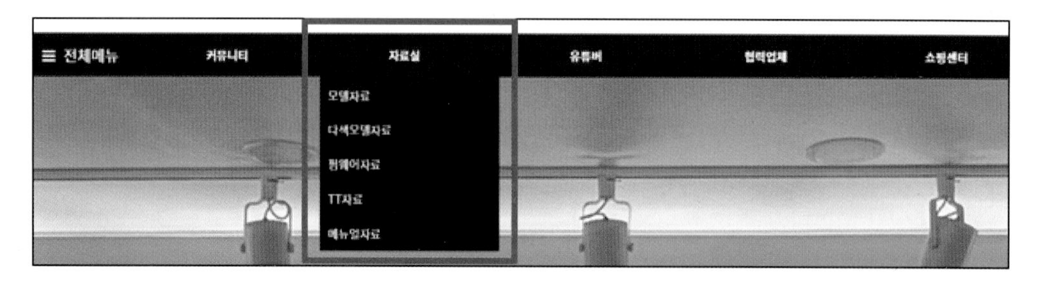

상단의 [자료실]에는 O2, O3 유저들이 공유하는 다양한 다색모델 자료들과 G코드 파일이 있다. 이를 활용하면 더욱 쉽고 재밌게 멀티 출력이 가능하다.

사이트의 원활한 이용을 위해 우측 상단의 [회원가입]을 눌러 회원가입을 한다.

[자료실]의 [5색 출력 게시판]에 들어가 48번 게시글에 얄리 캐릭터를 출력해보자.

48 02 [02 초보 실습] 1편 얄리 캐릭터 출력(G코드) ♥ 2

[얄리.zip] 파일을 눌러 다운로드 받은 후 압축을 푼다.

black	2021-12-23 오후 7:29	3D Object	80KB
blue	2021-12-23 오후 7:29	3D Object	67KB
red	2021-12-23 오후 7:29	3D Object	47KB
white	2021-12-23 오후 7:29	3D Object	27KB
white2	2021-12-23 오후 7:29	3D Object	116KB
white3	2021-12-23 오후 7:29	3D Object	275KB
yellow	2021-12-23 오후 7:29	3D Object	326KB

총 7개의 STL 파일이 있다.

큐라를 실행해서 다운 받은 일곱 개의 STL 파일을 불러오면 일곱 개의 모델이 분리된 채로 작업 평면대 위에 올려져 있다.

모델에 마우스를 갖다 대고 우클릭을 하여 모델마다 익스트루더를 다르게 설정한다. 얄리는 모델 파일이 총 7개이므로 두 개 이상의 모델을 한 가지의 익스트루더로 설정해야 한다.

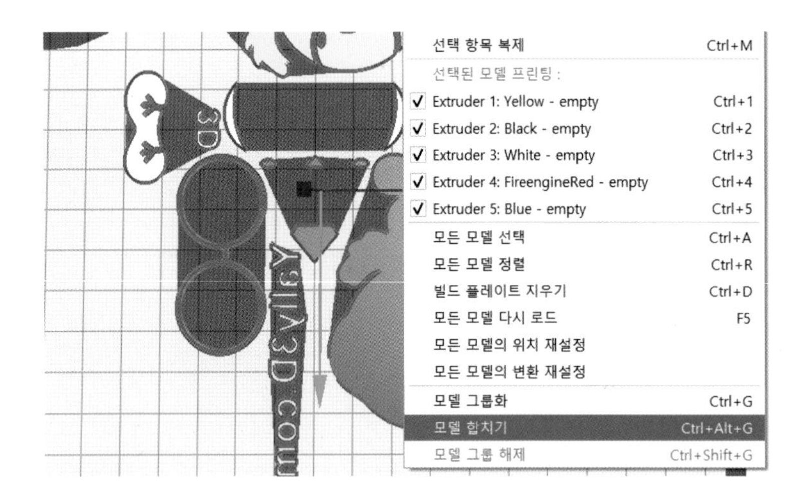

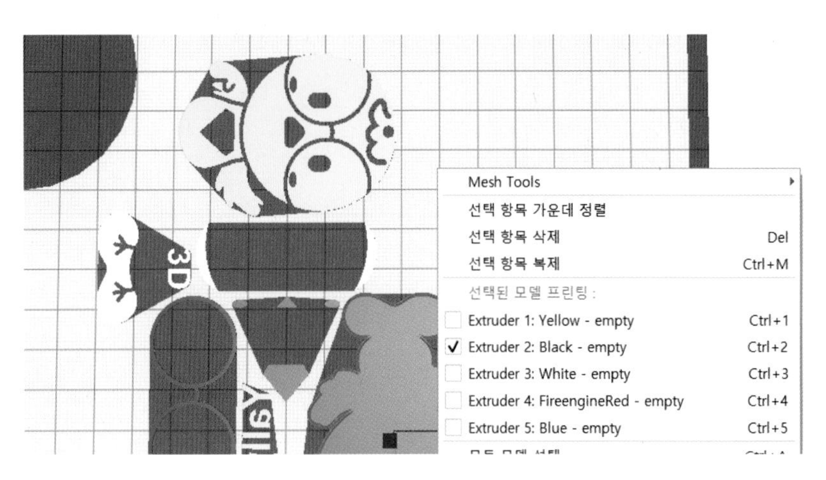

익스트루더 1번부터 5번까지 설정을 마치면 전체 선택 단축키인 Ctrl+A를 누른 후 마우스 우클릭하여 모델 합치기를 누른다.

분리되어 있던 모델들이 추출된 좌표 그대로 합쳐지게 된다.
www.yally3d.com 글자 모델은 바닥 면에 출력된다.

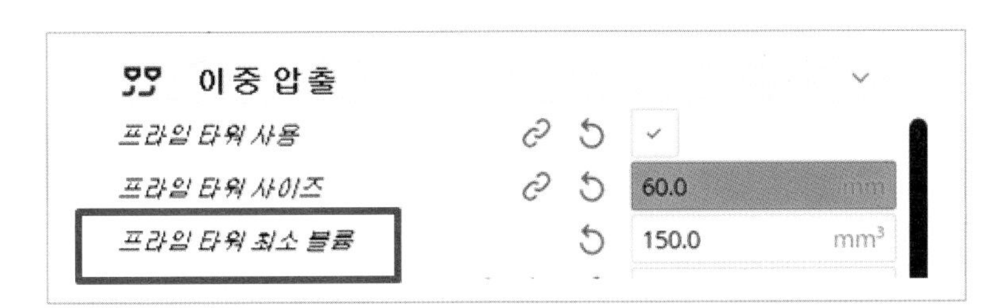

익스트루더별로 프라임타워 최소 볼륨을 설정하고(어두운색은 적게, 밝은색은 많게 설정) 내부 채움 밀도, 다림질 유무 등을 설정한다.

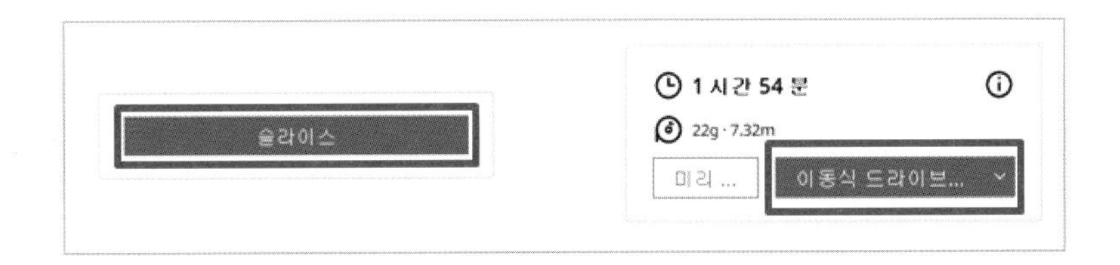

설정이 끝나면 [슬라이스]를 눌러 USB나 SD카드에 G코드 파일을 삽입한 후 이동식 드라이브에 G코드 파일을 저장한 후 출력을 건다.

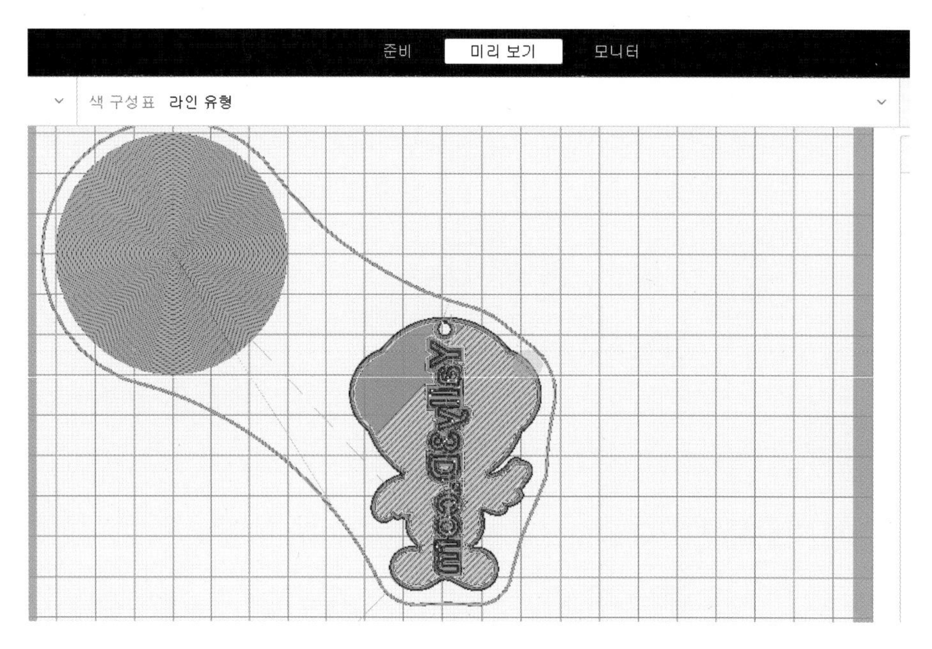

출력하기 전 미리보기 화면을 통해 출력 경로를 확인하며 모델과 슬라이싱에 오류가 없는지 확인할 수 있다.

✔	Extruder 1: Yellow - empty	Ctrl+1
	Extruder 2: Black - empty	Ctrl+2
	Extruder 3: White - empty	Ctrl+3
	Extruder 4: FireengineRed - empty	Ctrl+4
	Extruder 5: Blue - empty	Ctrl+5

필라멘트 순서를 잘못 배치해서 색이 완전 다른 출력물이 나올 수 있으니, 각 익스트루더에 이와 같은 순서로 필라멘트를 배치해야 슬라이서와 같은 결과물을 얻을 수 있다.

(4) Mesh Tools 기능 이용해 단색을 5색으로

가. 큐라 플러그인 설치

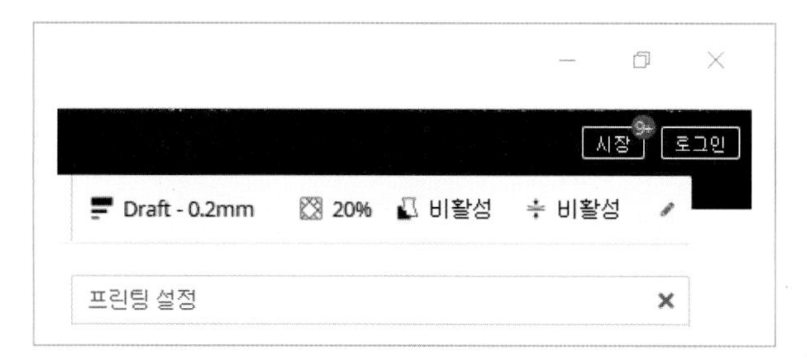

큐라 상단의 [시장] 아이콘을 클릭하면 여러 가지 부가 기능인 [플러그인]을 설치할 수 있다.

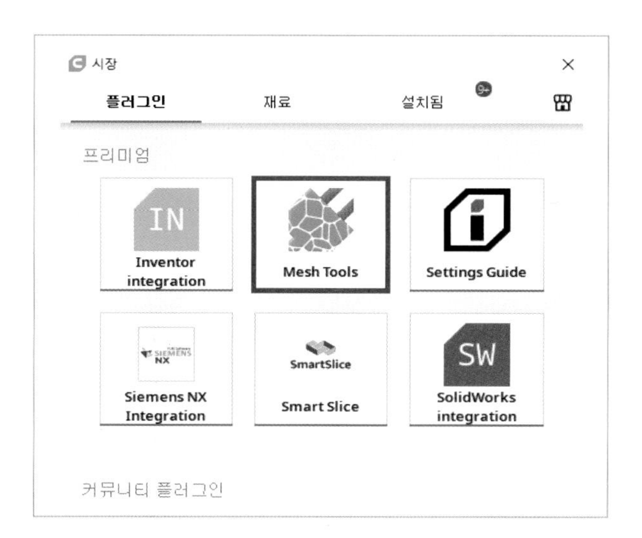

그 중 [Mesh Tools]라는 플러그인은 단일 객체인 모델을 다중 객체로 쪼개어서 멀티컬러로 출력이 가능하게 도와주는 기능이다.

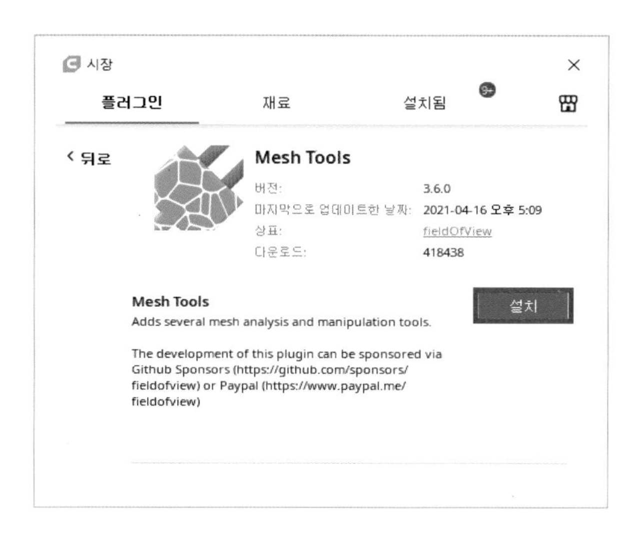

아이콘을 눌러 [설치]를 누른다.

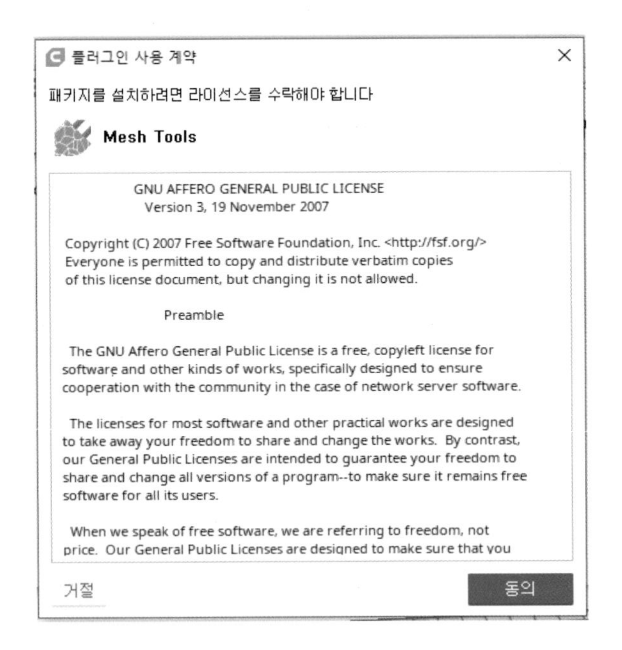

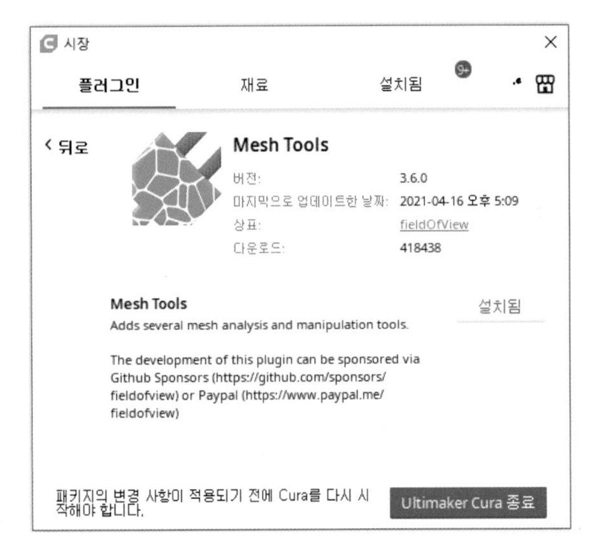

[동의]를 누르면 설치가 시작되고 설치된 플러그인을 적용하기 위해서는 큐라를 종료한 후 재실행해야 한다.

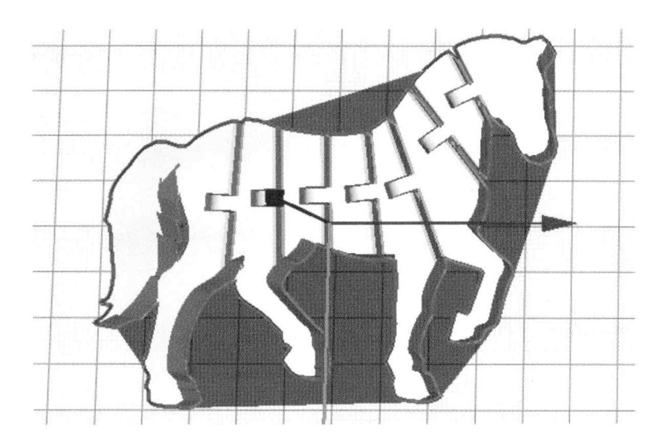

[Mesh Tools] 기능을 사용하기 위한 전제조건은 위의 사진과 같이 공차를 두어 서로 분리되어 있지만 하나의 객체인 모델을 준비하는 것이다. 모델링 공유 사이트에 [Articulated]로 검색을 하면 이러한 모델을 많이 찾아볼 수 있다.

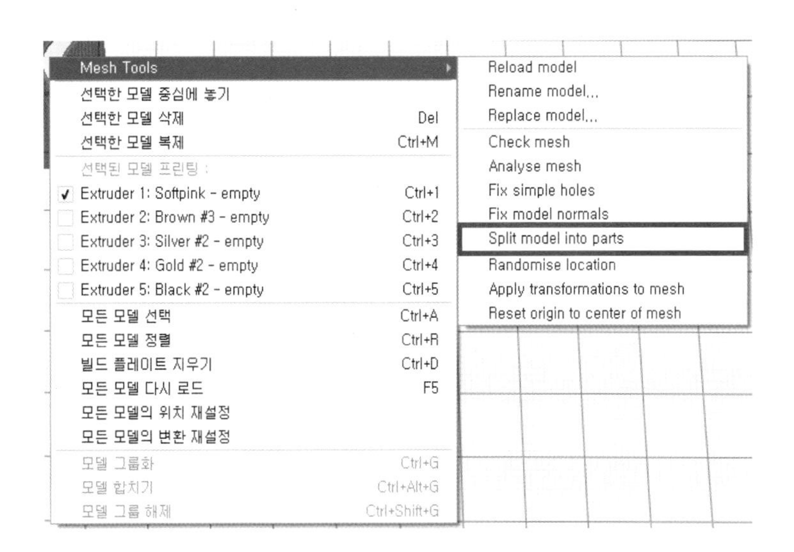

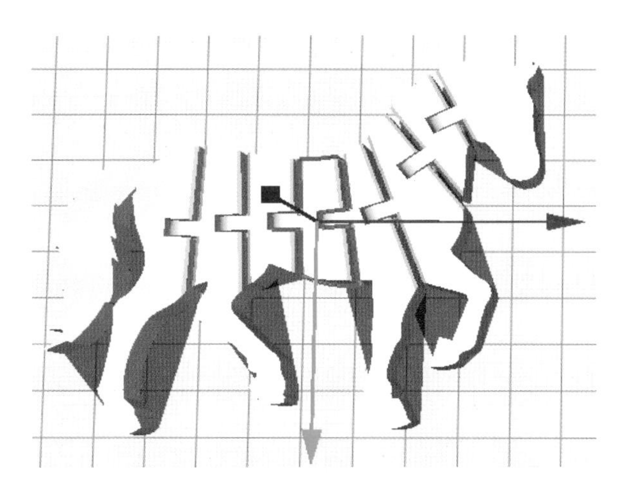

모델에 마우스 우클릭하면 제일 상단에 [Mesh Tools] 설정이 새로 생긴 것을 확인할 수 있고 [Split model into parts]를 누르면 하나였던 객체가 다중으로 쪼개진다.

이후 각각의 객체에 마우스 우클릭하여 원하는 익스트루더를 설정한다.

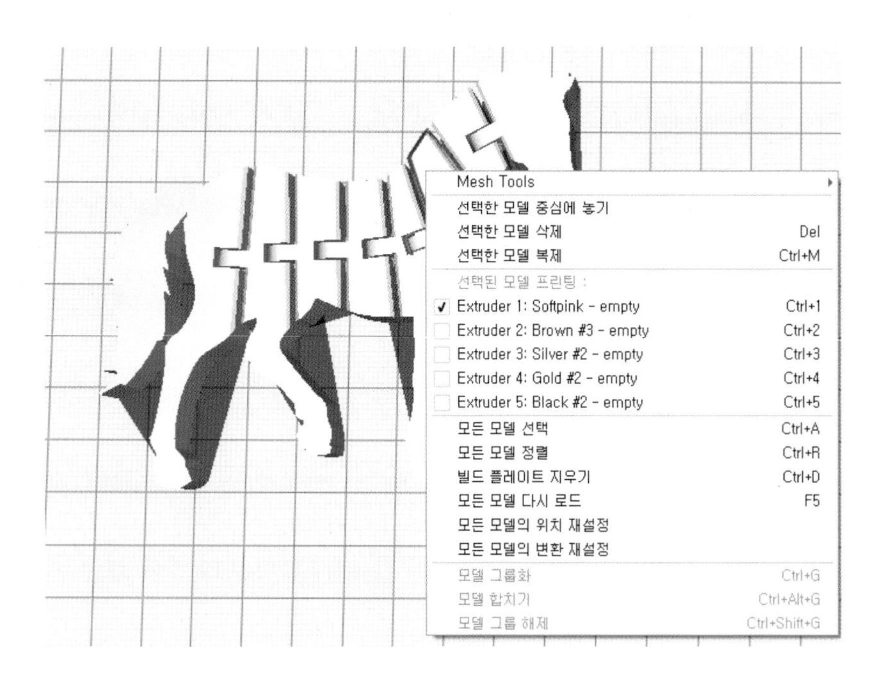

1번부터 5번까지 익스트루더 설정을 마치면 5색 출력이 가능하다.

MEMO

CHAPTER

02

3D 프린팅 이해하기

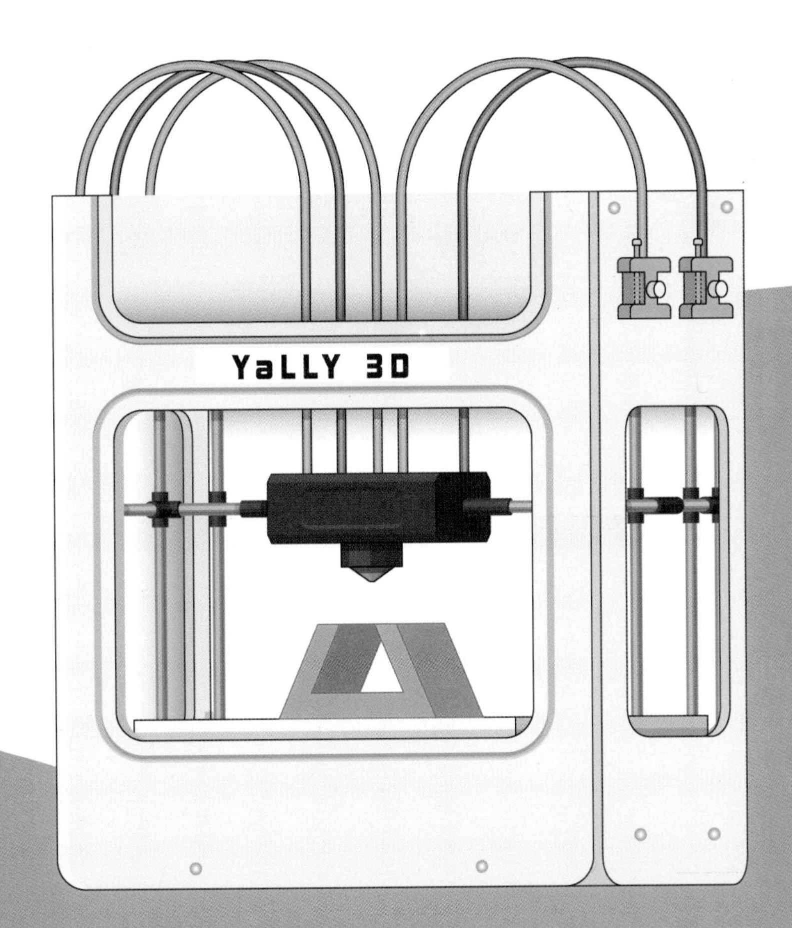
YaLLY 3D

2-1 3D 프린팅 재료에 따른 방식

1) 고체 기반 FDM (Fused Deposition Modeling)

고체 필라멘트 형태의 플라스틱 재료를 고온의 노즐에서 가열하여 재료를 압출시켜 한 층씩 구조물을 제작하는 방식이다. FDM 기술은 미국의 스트라타시스사가 상표권을 가지고 있는 기술 방식으로, 대부분의 보급형 3D 프린터는 랩렙(reprap) – https://reprap.org/ – 프로젝트를 통해 오픈소스로 공개된 FFF(Fused Filament Fabrication) 방식으로 사용된다.

① 가장 많이 보급되어있는 프린팅 방식
② 구조와 프로그램이 다른 방식에 비해 단순함
③ 강도와 내구성이 강하나 정밀도에 따라서 출력 속도가 느림
④ 표면이 거칠
⑤ 지지대(서포트)가 필요함
⑥ 열 수축 현상으로 변형이 발생할 수 있음
⑦ 소재의 제한이 있음

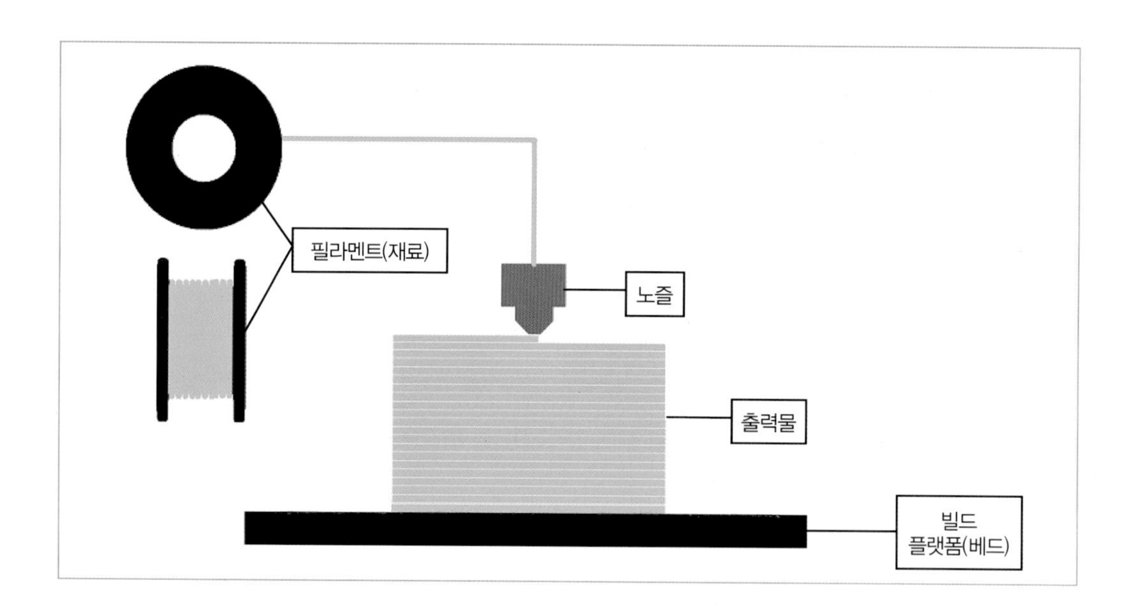

2) 액체 기반 SLA (Stereo lithography)

광경화성 수지 재료와 왁스 등의 서포트 재료를 동시 분사하여 UV(Ultra- Violet)로 수지를 경화(cure)시켜 제품을 제작하는 방식으로 3D시스템즈사의 공동 설립자 척 헐이 처음 개발하여 상용화에 성공한 기술로 널리 알려져 있다. DLP (Digital Light Processing) 방식도 액체 기반에 포함된다.

① 표면처리가 뛰어남
② 조형 속도가 빠르고 정밀도가 높아 미세한 형상 구현 가능
③ 시제품 제작, 의료, 전자제품에 많이 응용됨
④ 고무 및 투명 재질을 사용, 유해물질 발생이 적음
⑤ 소재가 액체이므로 출력 후 후처리 과정이 필요함
⑥ 지지대(서포트) 생성시간이 길고 재료와 장비, 유지보수 비용이 FDM에 비해 비쌈

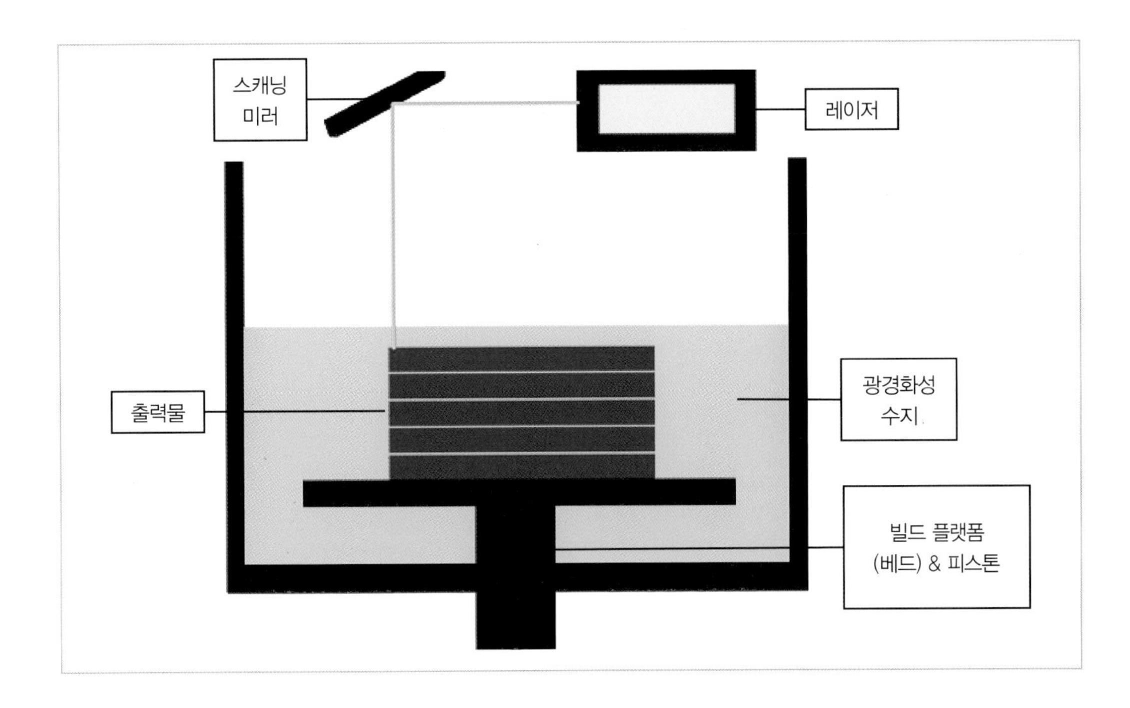

3) 파우더 기반 SLS(Selective Laser Sintering)

'선택적 레이저 소결 조형 방식'이라 하여 파우더 형태의 플라스틱 재료나 금속 원료에 레이저를 주사하여 재료를 가열하여 응고시키는 방식으로 산업용 3D 프린팅에 주로 사용된다.

① 플라스틱, 나무, 금속, 세라믹 등 재료 선택의 폭이 넓음
② 금속 재료 등 다양한 재료를 사용할 수 있으며 강도가 높음
③ 지지대(서포트)가 필요 없음
④ 정밀도가 높고 조형 속도가 빨라 조형물, 디자인, 금형 제작에 응용됨
⑤ 후 표면처리 공정(후가공)이 필요하고 기계의 가격이 다른 방식에 비해 비쌈
⑥ 다양한 소재를 사용할 수 있다는 장점이 있지만, 소재의 특성에 따라 온도나 조작 등을 별도로 설정하고 제어해야 한다.

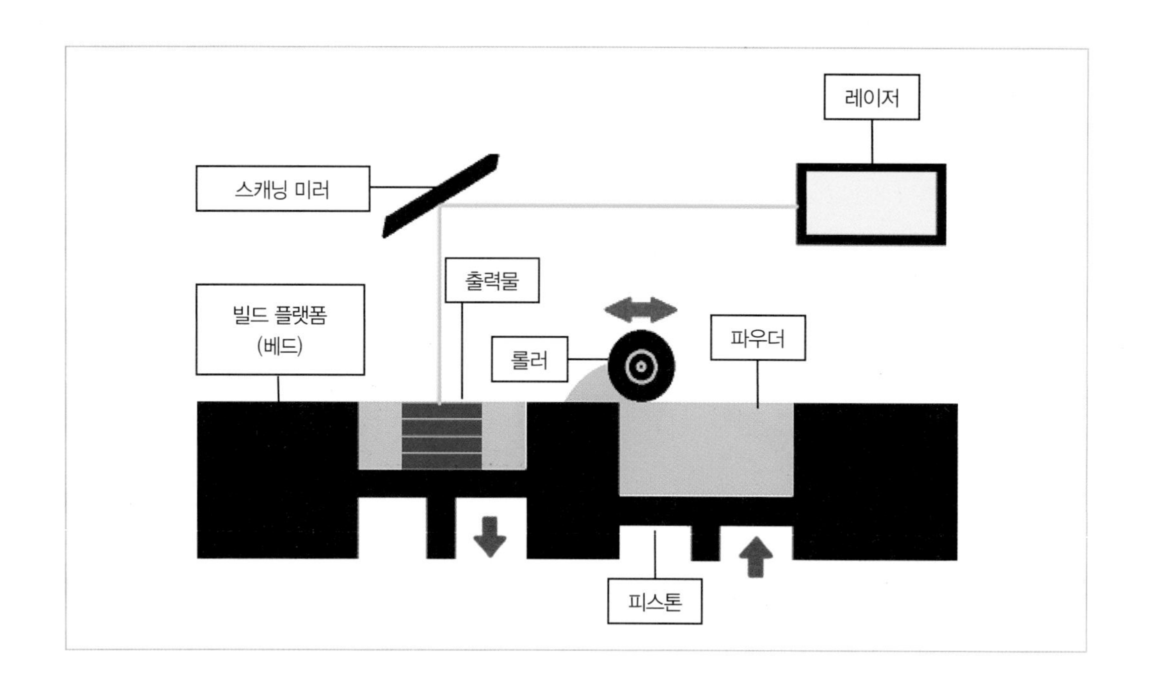

2-2 프린팅의 활용 사례 

1) 자동차 생산의 3D 프린팅 활용 기술(로컬모터스사 '스트라티')

세계 최초의 3D 인쇄 자동차가 있다. 바로 로컬모터스사의 '스트라티'이다. 일반 자동차가 약 2만 개의 부품으로 구성되어 있다면 이 자동차는 총 40여 개의 부품만으로 만들어졌다고 한다. 제작에 걸린 시간은 44시간으로, 모터나 좌석, 바퀴, 서스펜션 등 주요 부품은 기존 완제품을 사용하고 차체를 13~20%의 탄소섬유가 혼합된 ABS수지의 필라멘트를 사용해 3D 프린터로 제작하여 큰 화제가 되었다.

스트라티는 'Layer' 즉 '층'을 뜻하는 이탈리아어이고 2명까지 탑승 가능하며 최대 60km의 시속으로 달릴 수 있다고 한다. (2022년 1월 이후 사업 중단한 것으로 알려짐.)

2) 의료분야 활용

의료분야와 3D 프린팅의 접목으로 혈관, 뼈, 피부, 인공장기 등을 출력할 수 있으며 3D 프린터와 생명공학을 결합한 기술인 3D 바이오프린팅 기술은 나날이 발전하고 있다. 3D 프린터의 정밀도는 의료분야에서 확인할 수 있다. 이미 치과에서는 3D 스캐너로 구강 구조를 촬영하고, 그에 맞는 임플란트 설계 등 치아 보정에 활용한다. 플라스틱이나 실리콘 등을 찍어내는 것은 물론이고, 더 나아가 혈관이나 뼈 조직 등 인체 기관을 그려내는 기술 역시 연구 및 상용화 단계에 이르렀다. 지난 4월 스웨덴에서는 3D 바이오 프린터로 줄기세포를 찍어 완전한 연골조직을 제작하기도 했다. 국내에서도 뼈 조직을 3D 프린터로 찍어낸 뒤 이를 동물에 이식해 자연스럽게 재생되는 실험이 이뤄진 바 있다. 인공관절이나 의수 등을 3D 프린팅이 대체할 수 있는 획기적인 성과 역시 그리 먼 미래의 일은 아니다. 길게는 아예 이식용 장기를 찍어내는 것까지 3D 프린팅의 영역으로 연구되는 중이다.

성균관대 김근형 교수팀은 미국 웨이크 포레스트 재생의학연구소(WFIRM)의 이상진 교수, 전남대 연구진과 공동연구를 통해 근육 재생과 기능을 복원하는 3D 프린팅 기술을 개발했다. 이 기술이 근육 조직뿐만 아니라 뼈 조직과 신경조직, 심장근육, 인대 등에 효과적으로 응용될 수 있을 것으로 전망했다. 호주 연구진은 3D 프린팅을 이용한 인공 뼈를 만드는 기술 개발에 성공했다. 인공 뼈는 생체 친화적 소재 '생체적합형 하이드로겔'을 이용해 뼈 구조물을 개발했다. 따라서 실제 인공 뼈를 20분 안에 만들 수 있다. 연구진은 기존 3D 프린터로 만드는 것보다 빠른 시간내 인공 뼈 구조물을 얻을 수 있다고 밝혔다.

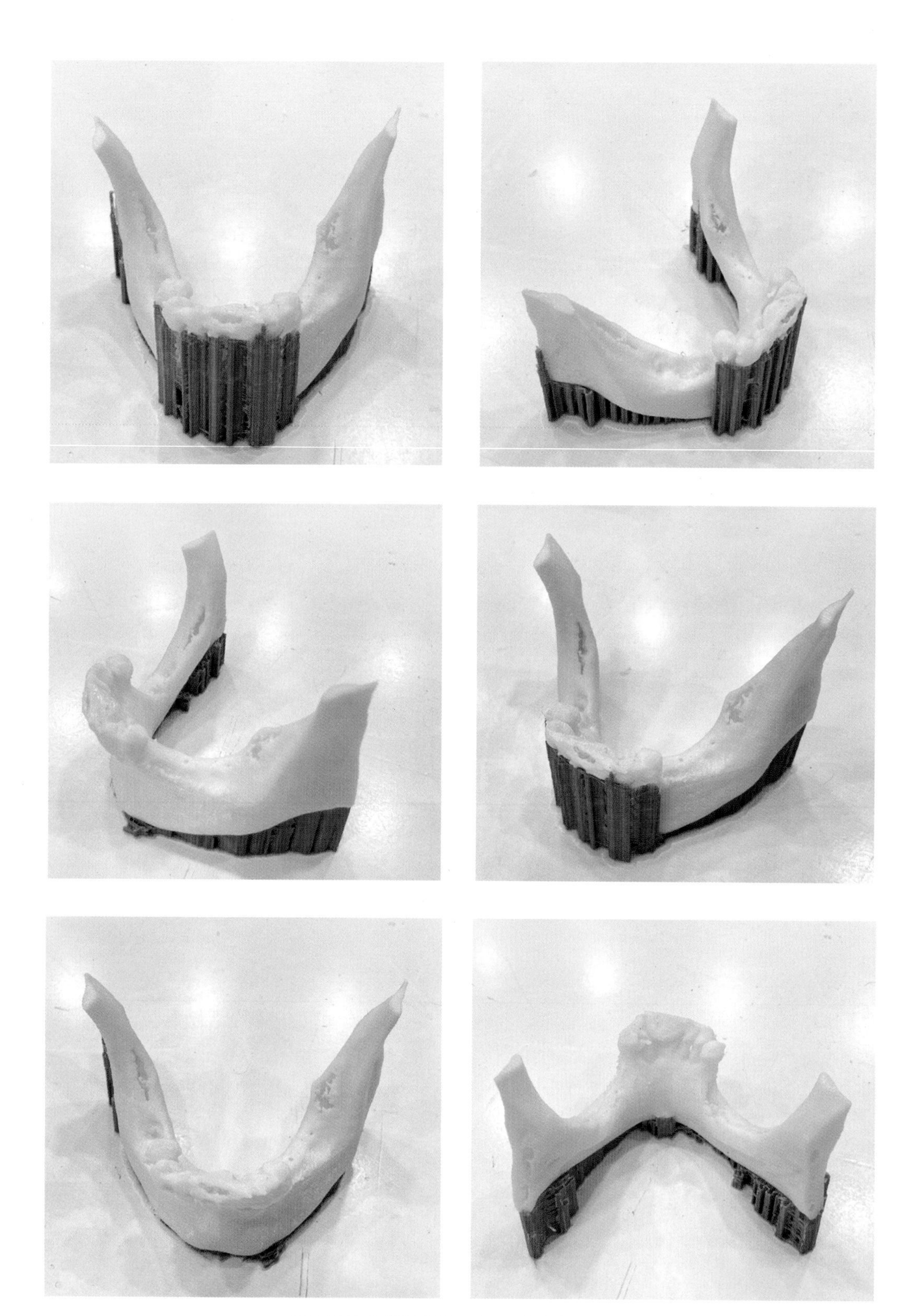

[O2로 2색 출력한 임플란트 수술 전 진단 뼈 모형]

3) 피규어 제작 기술

해마다 문화 콘텐츠가 발전하면서 모형 장난감 '피규어' 산업의 규모가 점점 커지고 있다. 기존 제작 방식은 초보자가 쉽게 접근하기 어려웠지만, 3D 입체 모델링 프로그램이나 3D 스캐너, 3D 프린터를 이용하면서 더욱 간단하게 피규어를 제작할 수 있다.

4) 건축 분야 기술

일반적인 건축물은 기둥을 세우고, 콘크리트를 부어가며 벽체를 만들면서 여러 가지 공정을 거쳐 건축물을 만들지만, 지금까지와는 달리 3D 프린팅 기술 하나로 쉽게 해결할 수 있다. 중국의 3D 프린팅 건축회사인 'Winsun'에선 거대한 3D 프린터를 이용하여, 24시간 만에 10채의 집을 만들었고, 한 채당 건축 비용은 고작 5,000달러가 들었다고 한다. 또한, KOTRA 해외시장 뉴스에 따르면 미국 텍사스에 본사를 둔 건설회사 '아이콘(ICON)'이 2020년 개발업체 '3Stands'와 협력해 오스틴 지역에 무려 4채의 3D 프린팅 다층 건물을 지었다고 한다. 또 2021년에는 미국 주택시장에 첫 3D 프린팅 주택을 상장했다고 한다. 이렇게 건설 분야에 3D 프린팅 기술을 적용하면 시간, 노력, 건축자재, 폐기물 등 경제적 자원들이 절감되고 효율적으로 건축 프로젝트를 진행할 수 있다

출처 : http://www.3ders.org/

출처 : http://cobod.com/

5) 음식 기술

3D 프린터로 식량 생산도 가능하다. 이스라엘 대체육 개발업체인 알레프팜스는 2019년 ISS에서 고기를 만들었다. 동물에서 수집한 세포를 3D 프린터 잉크로 사용해 고기와 맛과 질감이 유사한 조직을 만든 것이다. 동물을 키울 땅이나 물, 사료가 필요하지 않고 언제 어디서든지 고기를 만들어 낼 수 있다는 장점이 있다.

KFC는 '3D 바이오프린팅 솔루션' 사와 손을 잡고 회사 실험실에서 닭고기 세포를 배양해 3D 프린팅으로 치킨너깃을 만들겠다고 밝혔다. 실험실에서 배양된 세포를 이용해 정육면체를 만들고 11가지 허브와 향신료로 양념해서 KFC 식당에 제공하는 방식이다. 이런 배양육은 식품 안전성이 뛰어나고 육류 생산으로 나오는 온실가스를 줄일 수 있다는 장점이 있다.

또 미국의 3D시스템즈는 설탕을 정교한 모양의 사탕으로 만들어내는 '셰프젯(Chef jet)' 프린터를 개발했다. 어떤 모양이든 설계된 대로 프린트하며 고급형의 경우 색상도 다양하게 입힐 수 있다. 이 밖에도 초콜릿으로 잘 알려진 허쉬와도 협력해 '코코젯(Coco jet)'이라는 초콜릿 3D 프린터도 개발하기도 했는데 다크, 화이트, 밀크 초콜릿 중 원하는 맛도 선택할 수 있다.

출처 : http://www.pancakebot.com/

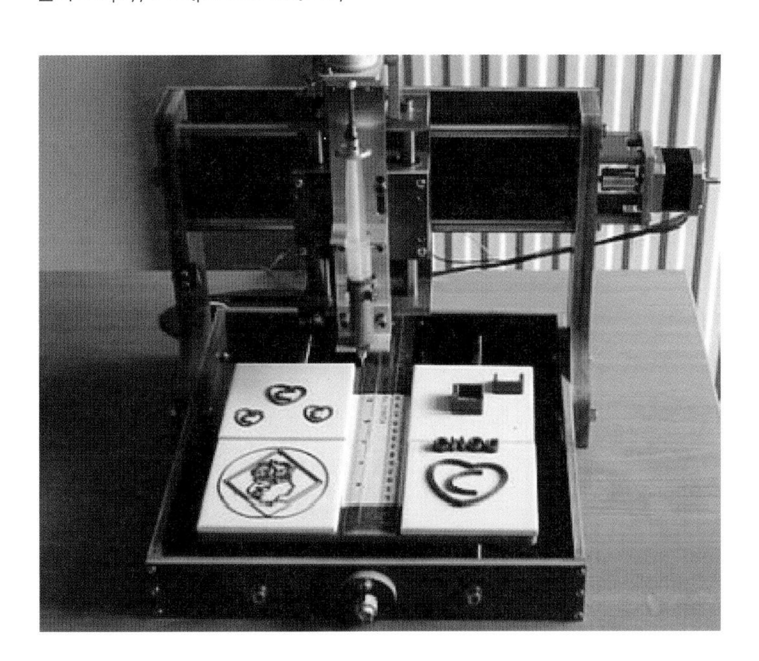

출처 : http://www.thisiswhyimbroke.com/

MEMO

CHAPTER

03

3D 프린팅 활용 준비

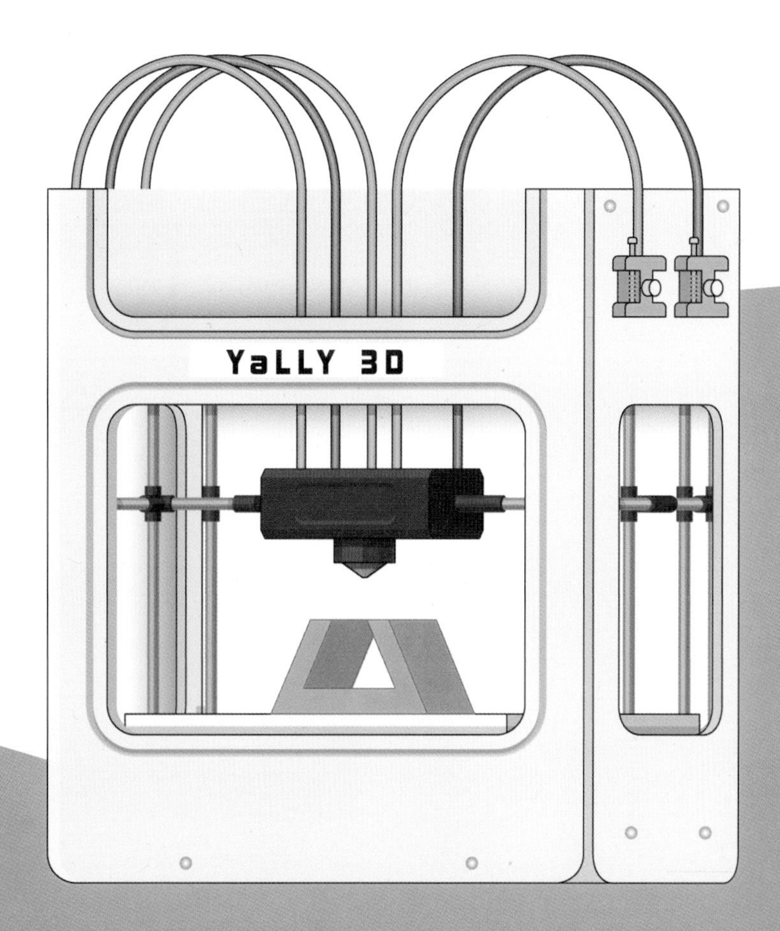
YaLLY 3D

3-1 3D 프린팅을 위한 기본 구성(FFF 프린터 중심으로)

1) 3D 프린터

3D 프린팅을 하기 위해선 우선 3D 프린터가 필요하다. 다양한 모습과 다양한 쓰임새를 가진 3D 프린터들이 무수히 많은데, 그중 FFF 방식으로 사용되고 있는 멀티컬러 3D 프린팅에 최적화된 Yally 3D의 O2, O3가 있다.

O2와 O3는 기본 구성과 사양은 같으나 베드 사이즈(최대 출력 사이즈)에서 차이가 난다.
먼저 O2와 O3의 기본 사양부터 알아본다.

- FFF의 출력 방식을 사용
- Core XY의 구동 방식 사용
- 물리적 터치식의 오토레벨링 센서를 사용
- 노즐 온도 : 25~300℃
- 베드 온도 : 25~100℃
- SD card와 USB를 통한 연결방식을 사용

이렇게 기본 사양을 알아보았고, 다음은 최대 출력 사이즈를 알아본다.

O2 최대 출력 사이즈(mm) : 220 × 220 × 200(h)

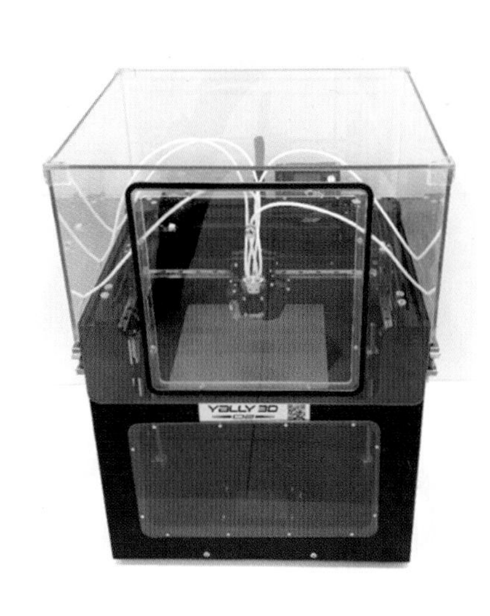

O3 최대 출력 사이즈(mm) : 300 × 300 × 300(h)

O2와 O3 모두 챔버형 프린터로 온도 유지가 가능하며, 최근 우려되는 유해물질 확산으로부터 안전하다. 또한 공기 정화 필터(헤파필터)가 장착되어 있어 더 안전한 사용이 가능하며 교육기관 및 학교에서 많이 사용 중이다. 하나의 노즐과 5개의 익스트루더를 통해 단색 출력은 물론 5색 출력까지 할 수 있다. 국내 기술과 국내 생산이 이루어지므로 안심하고 믿고 사용할 수 있다.

또한 Yally3D는 필라멘트(재료) 또한 국내 업체와 협업하여 자체 개발한 국산 필라멘트만을 사용한다. 보통 3D 프린터의 안전성에 대한 우려는, 고온으로 필라멘트를 녹이는 과정에서 발생하는 유해물질 때문이다.
하지만 Yally3D MSDS(물질안전 보건자료), SGS 검사, Food Contact 인증까지 받은 믿고 사용할 수 있는 필라멘트를 사용하고 있다. 반면 멀티컬러 프린터에서는 필라멘트의 전진과 후퇴 과정에서 노즐막힘 현상이 있기 마련인데, 이는 고유의 물성에 따라 실패할 확률을 발생시키므로, 타사 필라멘트 사용을 지양하고 있다.

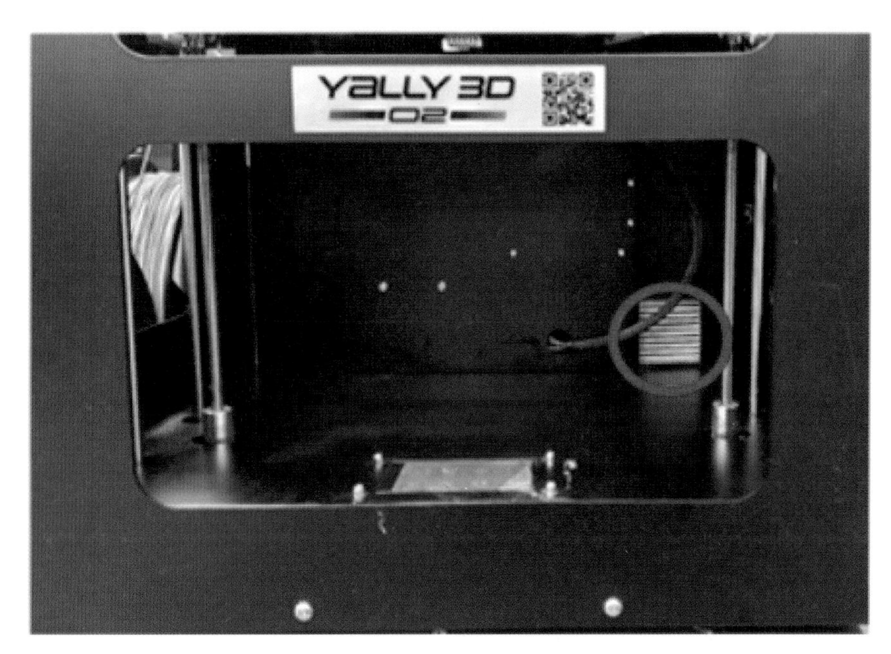

[헤파필터 장착 모습]

화이트
레드
그린
웜베이지
네온 오렌지
크림
핑크 레드
다크 그린
샌드
글로우 오렌지
블랙
소프트핑크
스카이 블루
카키 브라운
글로우 옐로우
골드
오렌지
블루
브라운
글로우 그린
실버
옐로우
인디고
글로우레드
글로우 블루
카퍼
라임
바이올렛
글로우 핑크
글로우 바이올렛

[필라멘트]

3-2 3D 프린터의 기본 구조 이해

3D 프린터를 구동 방식에 따라 구분하면 크게 카르테시안(직교), 델타, 멘델 방식 등이 있다.

1) 카르테시안(직교) 방식

- XYZ가 모두 직각이 되도록 설계
- 구조가 복잡한 출력물을 출력하는데 유리
- XZ – Y : 노즐은 X, Z 방향으로 움직임. 베드가 Y축 방향으로 움직임
  XY – Z : 노즐은 X, Y 방향으로 움직임. 베드가 Z축 방향으로 움직임
  XY가 작동하는 방식에 따라 얼티메이커 타입, 조트랙스 타입, Core XY 타입 등이 있다.

2) 멘델 방식

- 노즐이 X, Z로 움직이고 베드가 Y축으로 움직이는 방식
- 프루사로 인해 크게 확산한 방식이라 프루사 방식이라고도 함
- 구조가 직관적이기 때문에 레벨링 등의 문제 해결하기 편함

3) 델타 방식

- 독특한 움직임과 외형
- 가벼운 헤드로 인한 빠른 속도
- 출력 범위가 둥근 원기둥 영역

4) 익스트루더

필라멘트를 직접적으로 밀어주기 위한 장치로서 익스트루더가 필라멘트를 압출하는 과정은 크게 두 단계로 나눌 수 있다. 첫 번째 단계는 필라멘트가 익스트루더로 공급되는 단계고, 두 번째 단계는 그 안에서 녹여져서 노즐을 통해 빠져나오는 단계이다.

공급 장치는 콜드엔드(Cold end), 필라멘트 용융 사출 장치는 핫엔드(Hot end)라 한다. 핫엔드 대신 프린터헤드(printerhead)라는 용어를 사용하기도 하는데 이처럼 헤드와 공급 장치가 서로 붙어있는 구조를 직결식(Direct)이라 부르고, 떨어져 있는 구조를 보우덴 방식(Bowden)이라고 부른다.

(1) 직결식 익스트루더 : 노즐과 익스트루더가 가깝게 붙어있는 구조

- 콜드엔드와 핫엔드 사이의 간격이 짧아 필라멘트 공급이 안정적
- 필라멘트 교체가 쉽고 다루기 편함

• 헤드가 무거우므로 고속 출력, 진동 제어가 용이하지 않음

(2) 보우덴 방식 익스트루더

• 노즐과 익스트루더가 멀리 떨어져 있는 구조. 노즐과 익스트루더를 테프론 튜브가 이어주고 있다.
• 콜드엔드와 핫엔드 사이의 거리가 멀어 필라멘트 제어가 어려움
• 헤드가 가벼우므로 고속 출력, 진동 제어에 유리

3-3 3D 프린팅을 위한 소프트웨어 이해

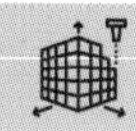

1) Modeling Program

(1) Tinkercad (팅커캐드)

Autodesk사에서 만든 무료 모델링 프로그램. 따로 설치할 필요 없이 계정만 있으면 온라인에서 쉽게 모델링을 할 수 있어 입문자가 사용하기에 적합하다. 직관적이고 단순해서 사용하기 쉽다는 것이 가장 큰 장점이다. 다만 기능이 다양하지 않고, 3차원 객체를 기반으로 모델링하므로 복잡한 모델을 만드는 데에 한계가 있다.

(2) Ndotcad

국산 3D 모델링 소프트웨어. 역시 입문자가 사용하기에 적합하며 팅커캐드와 다르게 2D 스케치가 가능하고 PC에 설치되어 있는 모든 폰트를 사용할 수 있다. 가입 후 프로그램을 설치하여 사용할 수 있으며 부분 유료 프로그램으로 전문적인 기능은 유료 버전으로 전환 후 사용할 수 있다.

(3) Fusion360

Autodesk 사가 개발한 클라우드 기반의 3D CAD 소프트웨어. 디자인과 설계 등을 광범위하게 작업할 수 있는 고기능 모델링 프로그램으로서 입문자부터 전문가까지 사용자의 범위가 넓다. 유료 프로그램이지만 학생, 취미용, 스타트업 기업에는 무료로 제공된다.

(4) ZBrush

Pixologic 사에서 개발한 3D CG 소프트웨어 2.5D/3D용 그래픽 툴이다. 툴을 제대로 쓰려면 마우스보다는 태블릿을 사용하는 편이 좋다. 3D 프린터가 새롭게 나타난 이후로는 특유의 직관적인 사용법 덕분에 피규어를 만드는 곳에서 사랑받았다.

(5) SolidWorks

다쏘 시스템즈에서 릴리즈하고 있는 3D CAD이다. 다른 캐드와 마찬가지로 기초 오피스 툴을 사용할 줄 안다면 누구나 사용할 수 있다. 기계설계, 전기설계, 건축, 토목 등 폭넓은 산업 분야를 포함하는 3D 디자인 설계에 최적화되어 있다.

(6) Rhino 3D

버트 맥닐 앤드 어소시어츠(Robert McNeel & Associates)가 개발한 컴퓨터 지원 설계(CAD) 응용 소프트웨어이다. 건축, 산업디자인, 제품디자인, 그래픽디자인, 멀티미디어 분야에서 컴퓨터 지원 설계(CAD), 컴퓨터 지원 제조(CAM), 3차원 인쇄 등 공정에 사용된다.

※ 이외에도 3DMAX, Catia, Maya, Inventor, Blender 등 무수히 많은 모델링 프로그램이 있다.

2) Slicer

(1) Cura

Ultimaker에서 만든 슬라이서. 3D 프린터를 사용하는 사람들이 가장 많이 사용하는 슬라이싱 프로그램이다. 오픈소스이며 무료로 사용할 수 있다. 큐라 슬라이서는 매우 세부적인 세팅을 할 수 있다는 장점이 있지만 반대로 조절 가능한 세팅 값이 너무 많아서 복잡하다는 게 단점이라면 단점. 자료가 많으므로 슬라이싱을 어느 정도 다룰 줄 안다면 매우 높은 출력 품질을 보여준다.

(2) PRUSA Slicer

Prusa에서 만든 슬라이서. 슬라이싱 속도가 빠르고 UI가 매우 깔끔한 게 특징. 이동 최적화가 잘 되어 있고 연산식 방식이 달라 큐라에 비해서 공차가 작게 나온다. 서포터 경로가 이상한데 뜨거나, 과하게 생기는 등 서포트 기능이 애매한 편이었으나 2.3.0 버전으로 업데이트되면서 상당히 좋아졌다. 특히 페인트 서포트 기능이 생기면서 개인 서포트 설정/차단이 엄청나게 편해졌고, 다림질(Ironging) 기능과 심 위치 설정 같은 기능도 추가되었다. 2.4.0 버전으로 업데이트되면서 단색을 다색으로 바꾸어서 슬라이싱할 수 있는 Multi Material Painting이라는 엄청난 기능도 추가되었다.

(3) Simplify 3D

성능이 상당히 뛰어나고 다양한 기능을 갖추고 있지만, 유료 슬라이싱 프로그램으로 높은 가격을 형성하고 있어 쉽게 접근하기 어려운 프로그램이다.

※ 이외에도 무수히 많은 슬라이싱 프로그램이 있다.

3) 무료/유료 Modeling File 구하기

(1) Thingiverse

Makerbot의 무료로 3D 모델 파일을 공유하는 사이트이다. 사용자는 자신의 3D 모델을 회원가입 후에 업로드 할 수 있으며, 다운로드는 누구나 할 수 있다. 확장자는 아무것이나 상관없으나 보통 STL 파일이 가장 많이 이용된다. 업로드 시 모델의 라이센스를 정할 수 있다.

(2) Printables

Prusa의 무료/유로로 3D 모델 파일을 공유하는 사이트이다. 사이트 내에서 정기적으로 3D 디자인 콘테스트가 열려 다양한 디자인의 모델 파일을 찾아볼 수 있다.

(3) MyMiniFactory

무료 및 유료 사이트로 게임 및 애니 분야 중점의 3D모델링 사이트이다. 전문 디자이너가 만든 3D 모델링 파일을 제공하며 양질의 모델링 데이터를 자랑한다.

(4) cults 3D

무료 및 유료 사이트로 회원가입이 필요한 사이트이다. 전문 디자이너가 만든 3D 모델링 파일을 제공하여 양질의 3D 모델링 데이터를 자랑한다.

※ 이외에도 무수히 많은 모델링 파일 공유 사이트가 있다.

MEMO

CHAPTER

04

멀티컬러 재미 더하기

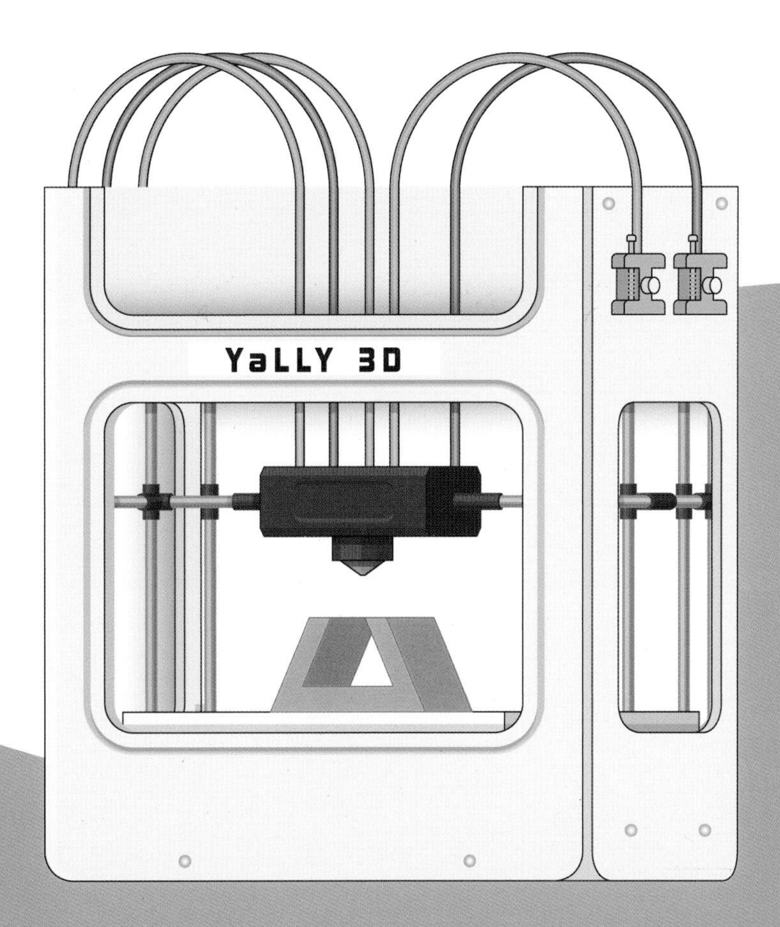
YaLLY 3D

4-1 Yally3D의 O2, O3 사용 방법

Yally3D의 O2(오투)와 O3(오쓰리)는 뜨거운 노즐을 통해 필라멘트를 녹이고 압출하여 한 층씩 쌓는 FDM 방식의 프린터이다. 프린터의 상부와 하단 전면이 챔버로 씌워져 있으며 뒤쪽에는 헤파필터가 장착되어 있다.

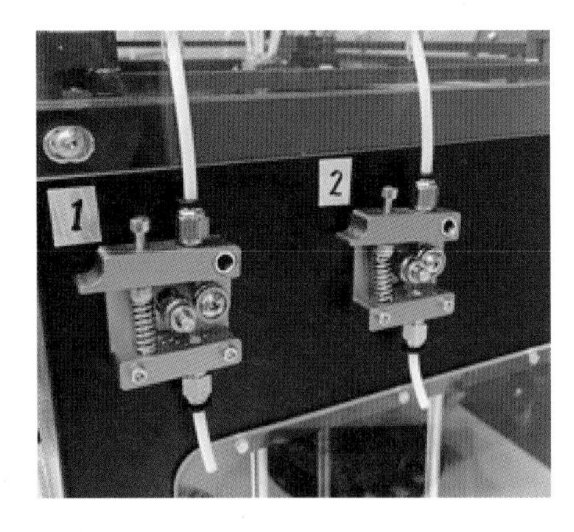

O2/O3는 5색 멀티컬러 프린터이기 때문에 필라멘트도 5개를 사용한다. 그래서 필라멘트를 컨트롤하는 익스트루더도 5개이다. Extrude가 '밀어내다, 압출하다'라는 의미이며 이 다섯 개의 익스트루더가 필라멘트를 노즐부까지 밀어주게 된다.

오른쪽 앞쪽부터 익스트루더 1번, 2번이며 왼쪽 앞쪽부터 익스트루더 3번, 4번, 5번이다.

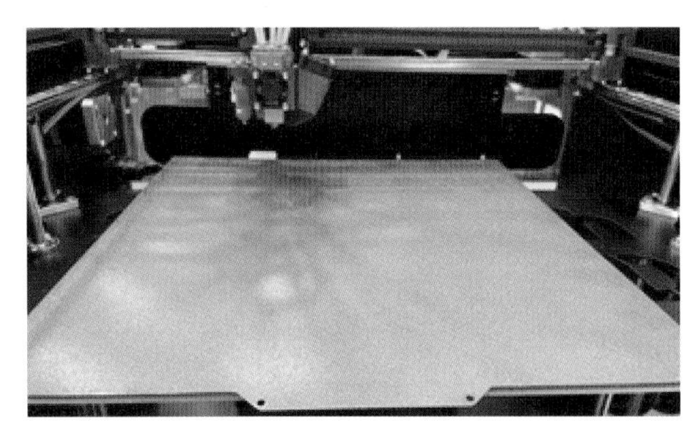

빌드 플레이트에는 텍스쳐 베드가 장착되어 있다. 텍스쳐 베드는 PEI 코팅이 된 열처리 강판이며 하단에 자석이 붙어있어서 쉽게 탈부착이 가능하다. 베드를 떼서 살짝 구부려주면 출력물을 쉽게 뗄 수 있고 모두 출력되어 베드가 식으면 출력물이 자연스럽게 베드에서 분리되기 때문에 헤라나 기타 공구를 사용하지 않고도 출력물을 간단히 회수할 수 있다.

노즐부에는 5색 노즐 [5kilo]가 장착되어 있다. 노즐은 높은 온도로 필라멘트를 녹여 압출하는 곳이다. 출력하게 되면 200℃ 이상의 온도를 유지하기 때문에 프린터 사용 시에 손이 닿지 않도록 각별히 주의해야 한다.

1) 필라멘트 장착 방법

프린터 옆쪽에는 필라멘트를 걸 수 있는 보빈 걸이가 장착되어 있어 이곳에 필라멘트를 거치할 수 있다.

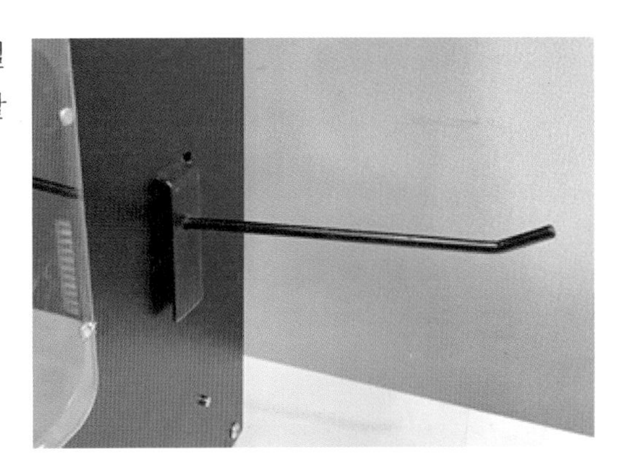

필라멘트 꼬임을 방지하기 위해 사진과 같이 안쪽부터 2번, 1번 익스트루더 순서로 필라멘트를 장착해주는 것이 좋고 마찬가지로 안쪽부터 5번, 4번, 3번 순서대로 필라멘트를 넣어주어야 필라멘트끼리 꼬이지 않고 더 안정적인 출력이 가능하다.

필라멘트를 익스트루더에 삽입할 때는 사진과 같이 니퍼를 사용해 필라멘트 바깥쪽이 뾰족하게 다듬어서 넣어주는 것이 좋다.

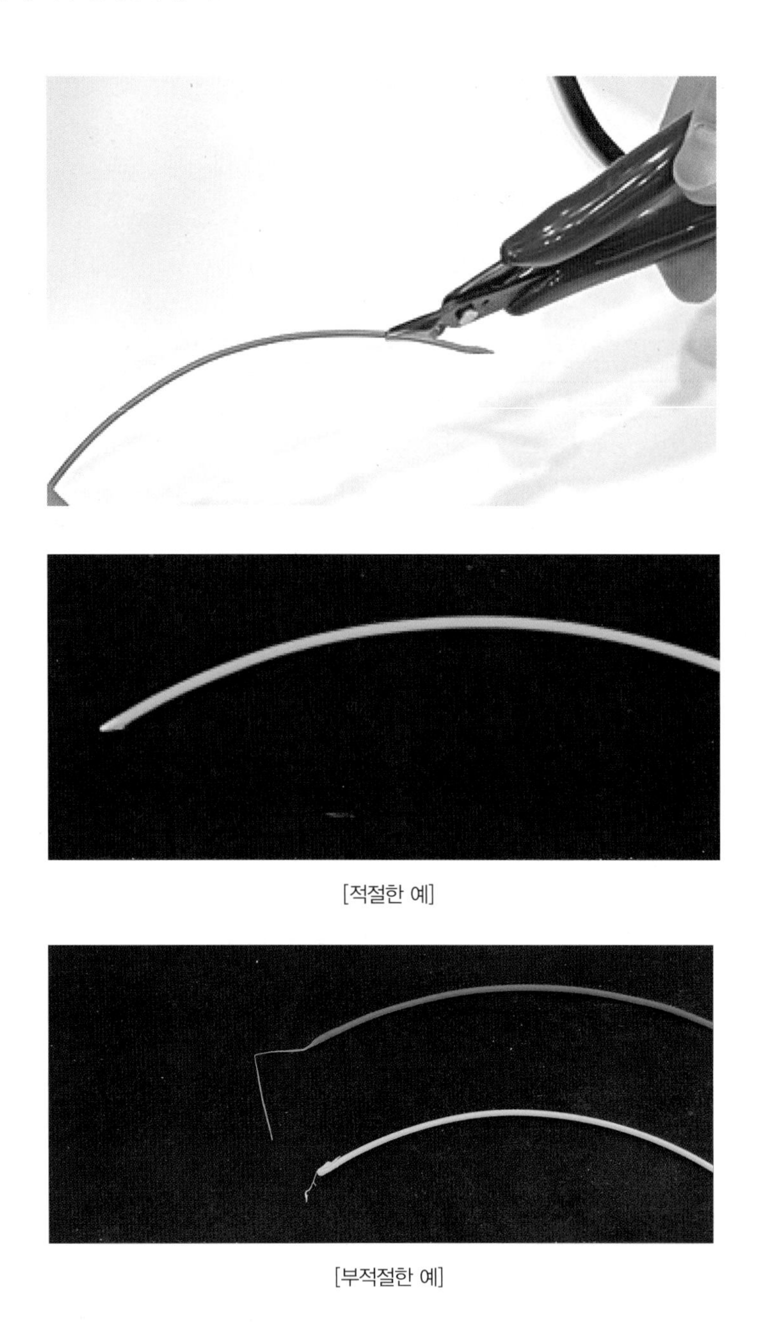

[적절한 예]

[부적절한 예]

위 사진에서 보듯이 필라멘트 끝에 거미줄이 늘어난 상태로 필라멘트를 넣게 되면 거미줄이 축적되어 노즐이 막혀 출력에 실패할 확률이 높고 필라멘트 끝이 뭉툭한 상태로 필라멘트를 넣게 되면 내부에 걸려 필라멘트가 나오지 않을 가능성이 높다.

필라멘트를 넣게 되면 반투명한 흰색 테프론 튜브 속으로 필라멘트가 얼마나 들어갔는지 확인할 수 있다. 필라멘트는 사진에서 표시한 부분까지 넣어주는 것이 가장 좋고, 만약 필라멘트가 이 부분보다 더 깊게 들어가게 되면 5색 스플리터 특성상 깊게 들어간 필라멘트 때문에 다른 필라멘트들은 나오는 길이 막혀 출력에 실패할 가능성이 있다.

2) 출력 거는 방법

출력 걸 때는 커버 안쪽에 있는 다이얼 화면과 프린터 하단에 있는 터치 LCD 화면으로 출력을 걸 수 있다.

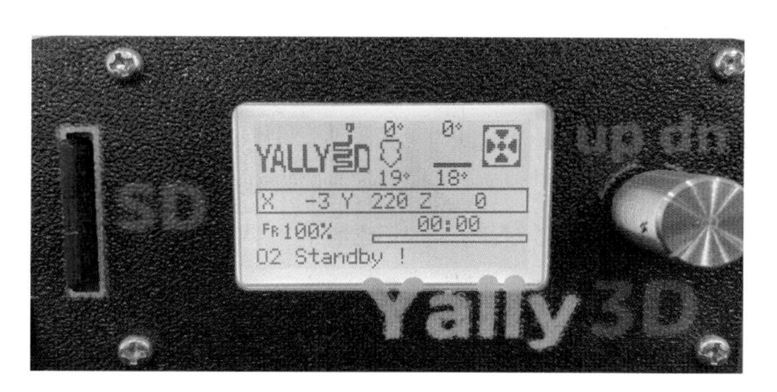

[다이얼 화면으로 출력할 때]

프린터 상부 커버 안쪽에 다이얼은 왼쪽에 SD카드 삽입구가 있고 오른쪽에 버튼이 있어서 SD카드를 넣고 버튼을 좌우 방향으로 돌리고 눌러서 작동시킬 수 있다.

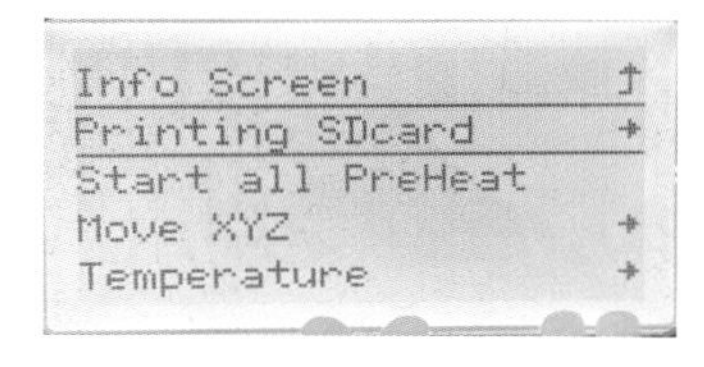

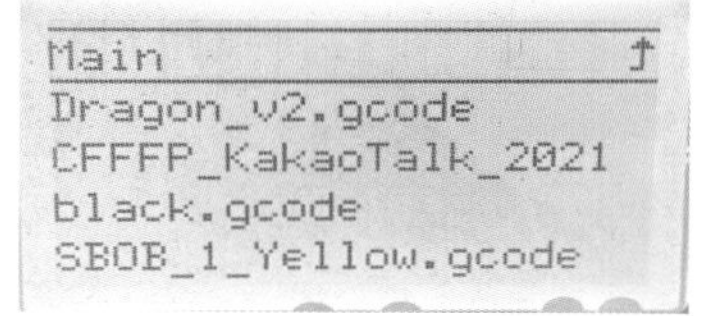

① 출력할 G코드 파일이 저장된 SD카드 삽입
② 버튼 한 번 누르기
③ 다이얼을 왼쪽으로 돌려 메뉴의 [Printing SDcard] 누르기
④ 출력할 G코드 파일 누르기
⑤ [Print] 누르면 출력 시작

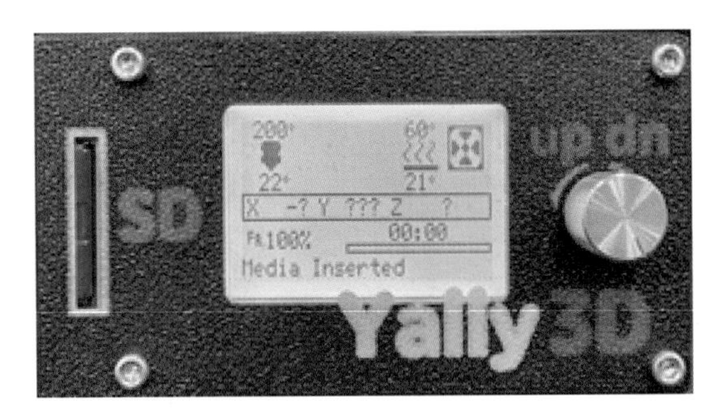

[Print]를 누르고 노즐과 베드의 온도가 설정해 놓은 온도까지 다 올라가면 오토 레벨링 단계를 거쳐서 출력이 시작된다.

〈예열 방법〉

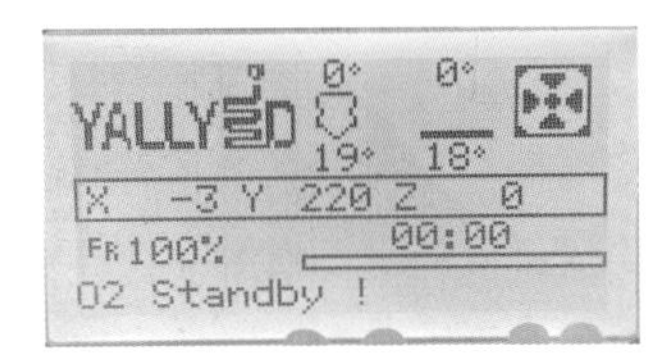

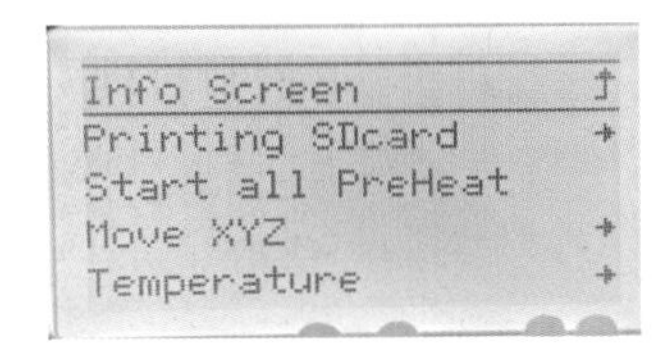

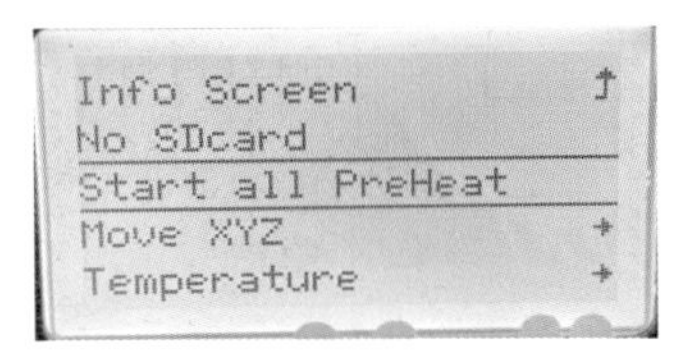

미리 노즐과 베드의 온도를 올리고 싶을 경우 버튼을 한번 누르고 [Start all PreHeat]를 누르면 된다.

〈터치 LCD 화면으로 출력할 때〉

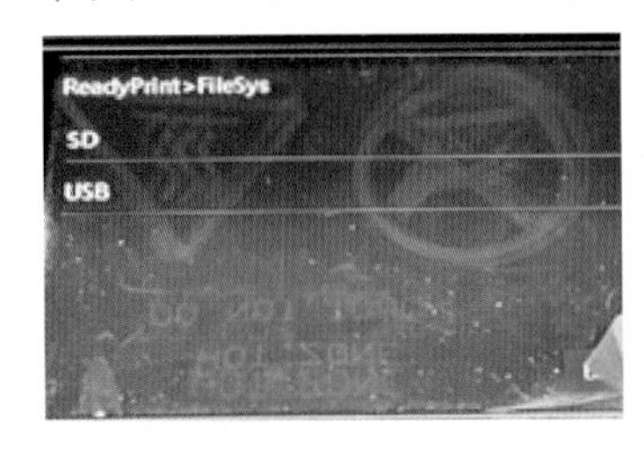

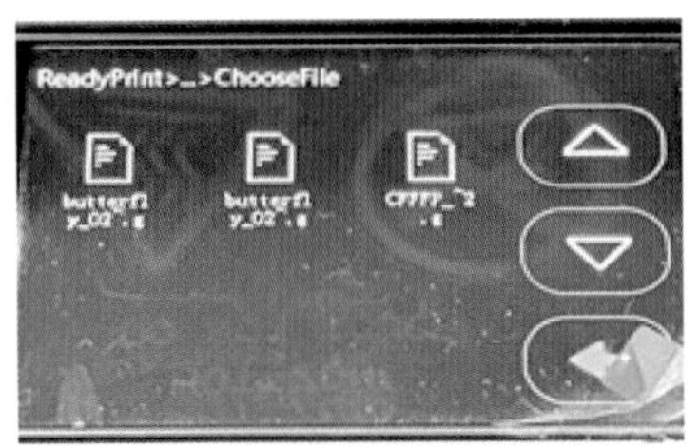

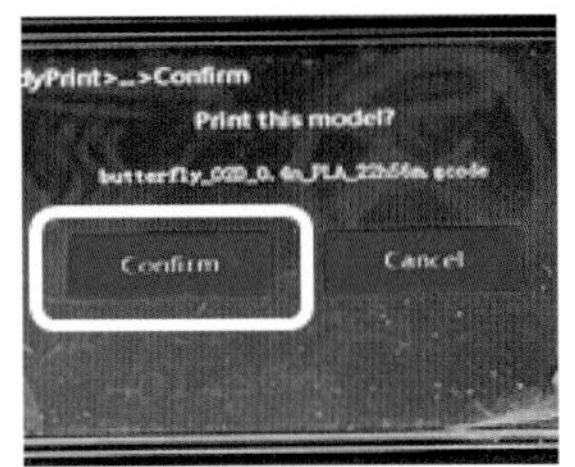

프린터 하단의 터치 LCD 화면 옆에는 USB 삽입구와 SD카드 삽입구가 있다.

① [출력] 터치
② [SD] 또는 [USB] 터치
③ 출력할 G코드 파일 찾기
④ G코드 이름 확인 후 [Confirm] 터치

3) 출력 시 주의사항

(1) 베드 레벨링 확인 (수평 맞추기)

레벨링은 바닥 면이 모두 수평을 이루게 하는 것이며, 출력 시 베드의 좌우가 완전히 수평이 되었을 때 안정적인 출력이 가능하다. 출력 시 오토 레벨링 단계를 거치긴 하지만 그럼에도 불구하고 좌, 우 수평이 맞지 않을 경우 수동으로 레벨링을 해 주어야 한다. 상단에 첨부된 QR코드를 통해 수동으로 레벨링 맞추는 방법을 자세히 익힐 수 있다.

(2) Z offset (제트 오프셋) 설정

Z offset 설정은 노즐의 높낮이를 설정하는 것이다. 레벨링과 Z 오프셋 설정이 맞지 않으면 필라멘트가 너무 떠서 안착이 되지 않거나 반대로 필라멘트가 너무 눌려서 출력에 실패하게 된다. 첨부된 QR코드를 통해 Z 오프셋 맞추는 방법을 자세히 익힐 수 있다.

(3) 노즐 막힘 해결 방법

멀티 출력을 하다 보면 노즐이 막히는 경우가 발생한다. 쉽게 해결할 때도 있지만 종종 노즐을 분해해야 한다. 위 QR코드 영상을 통해 노즐이 막혔을 때 상황에 맞는 다양한 해결 방법을 확인할 수 있다.

4-2 팅커캐드 모델링

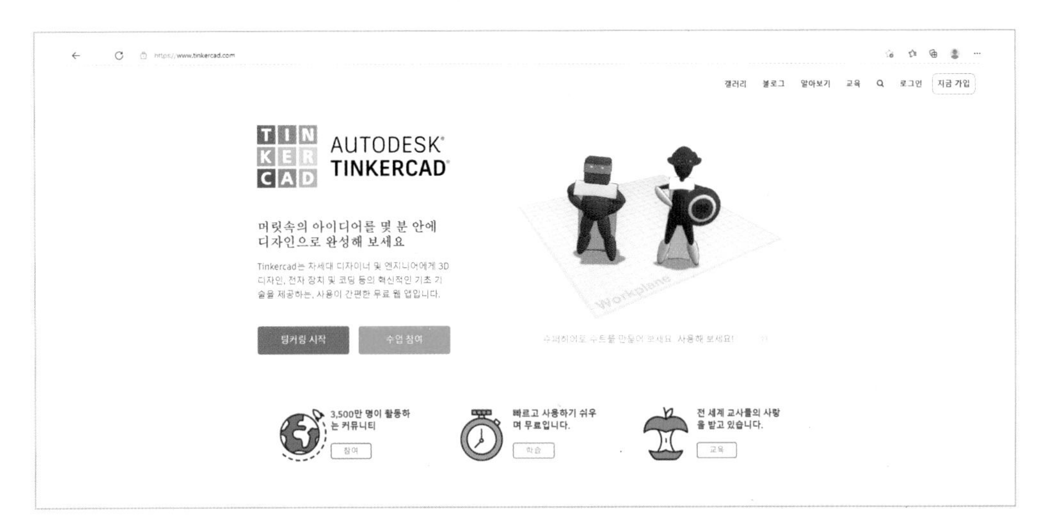

잘 알려진 무료 모델링 프로그램으로는 오토데스크사에서 만든 Tinkercad(팅커캐드)가 있다. 따로 설치할 필요 없이 계정만 있으면 온라인에서 로그인 후 쉽게 모델링을 할 수 있어 입문자가 사용하기에 적합하다. 직관적이고 단순해서 사용하기 쉽다는 것이 가장 큰 장점이다.

1) 네임텍

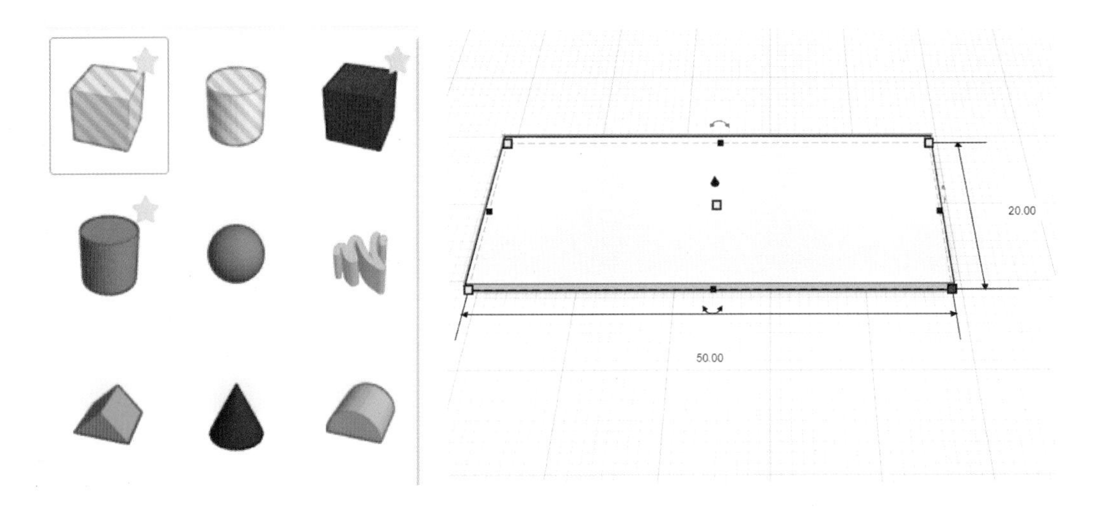

간단하게 4색 네임텍을 만들어보자. 우측의 정육면체 도형을 작업 평면대 위로 끌어와 도형의 크기를 가로, 세로, 높이를 적절한 크기로 조절한다. 도형의 모서리를 클릭한 후 마우스를 움직여 크기를 조절해도 되고 직접 수치를 입력해서 크기를 정확히 조절할 수도 있다. 도형을 클릭하면 우측 상단에 박스가 뜨는데 그곳에서 도형의 색상을 바꿀 수 있고 길이, 폭, 높이, 반지름, 단계를 설정할 수도 있다.

마찬가지로 우측의 TEXT 도형을 가져와 [문자]에 글자를 입력한 후 크기를 알맞게 조절한다.

큐라에서 멀티컬러로 출력하기 위해 중요한 점은 모델을 따로 생성해 모델마다 익스트루더를 다르게 설정하는 것이다. 예를 들어 위 사진처럼 [ABC]를 각각 다른 색상으로 출력하기 위해서는 [ABC]를 만드는 것이 아니라 [A], [B], [C] 총 세 개의 객체를 생성해야 슬라이서에서 익스트루더를 달리 지정할 수 있다.

네임텍을 완성하면 각각의 모델을 STL 파일로 저장해야 한다. 모델을 클릭하고 우측 상단의 [내보내기] 버튼을 누른 후 [STL] 확장자를 선택하면 성공적으로 저장된다.

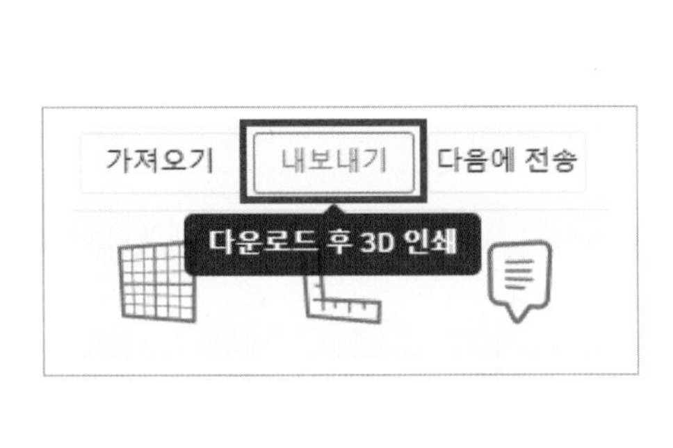

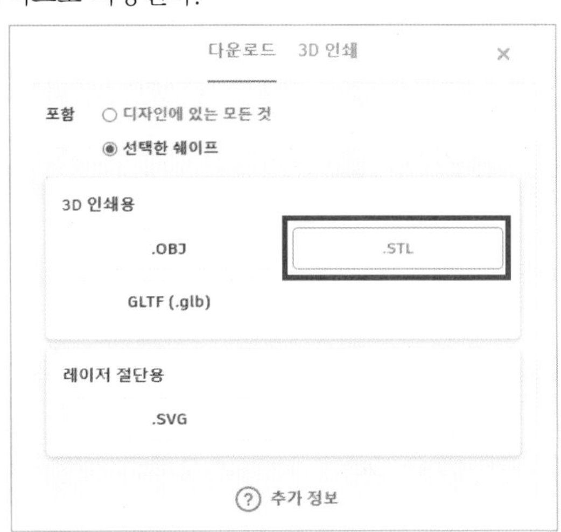

① 밑판 선택 → [내보내기] → [.STL] 클릭
② [A] 선택 → [내보내기] → [.STL] 클릭
③ [B] 선택 → [내보내기] → [.STL] 클릭
④ [C] 선택 → [내보내기] → [.STL] 클릭

4색으로 출력할 것이기 때문에 저장할 파일도 총 4개가 된다.

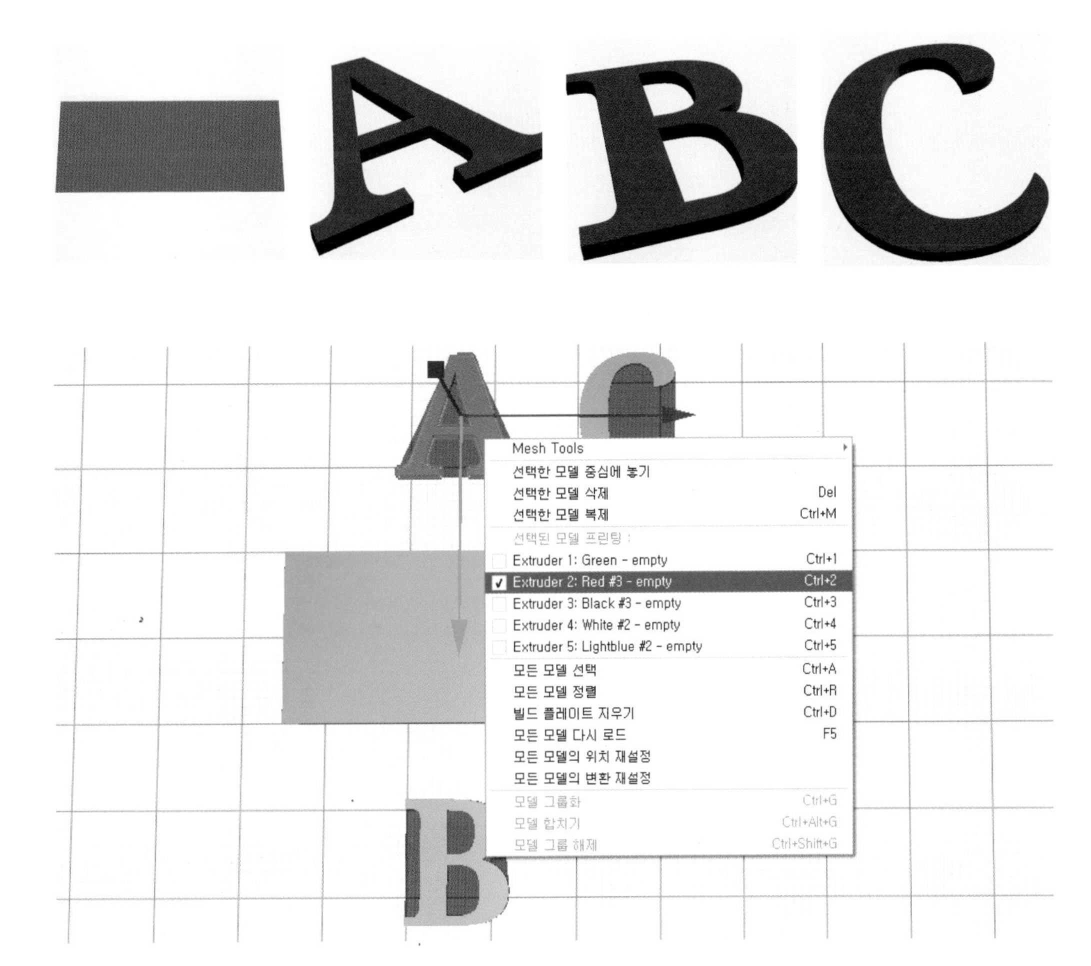

저장된 4개의 STL 파일을 큐라에 불러온 후 각각의 객체에 마우스 우클릭하여 1번부터 4번까지 익스트루더 번호를 지정한다.

예 밑판 우클릭 → Extruder 1
A 우클릭 → Extruder 2
B 우클릭 → Extruder 3
C 우클릭 → Extruder 4

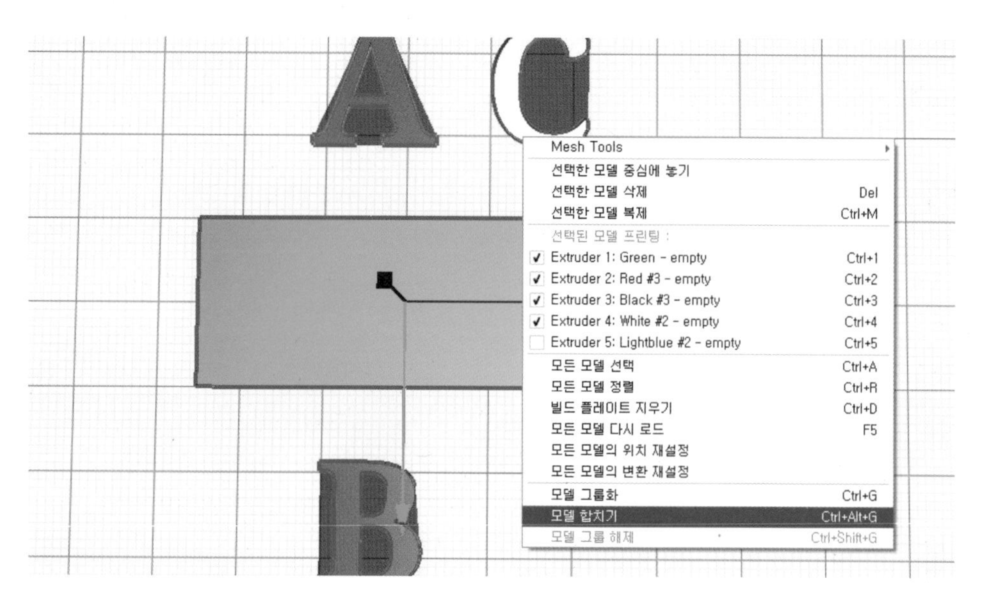

모델별로 익스트루더를 지정했으면 전체선택 단축키 [Ctrl+A]를 누르고 마우스 우클릭 후 [모델 합치기]를 클릭

제공되는 [O2NametagSet]의 프린팅 설정을 살펴보면 다림질 옵션이 기본적으로 켜져 있는 것을 볼 수 있다. 다림질이란 필라멘트를 아주 소량씩 압출하면서 노즐의 열로 출력물 표면을 다림질하여 출력물의 결을 없애주고 표면을 매끄럽게 하여 품질을 높이는 기능이다. 피규어 보다는 네임텍과 같이 정교한 표면처리를 원하는 경우 다림질을 하며 다림질 기능을 사용할 경우 그만큼 출력시간이 늘어나기 때문에 하지 않아도 무방하다.

그 밖에 내부채움(네임텍은 20% 권장) 프라임타워 최소 볼륨 등을 알맞게 설정한 후 우측 하단의 [슬라이스]를 누르고 [이동식 드라이브에 저장]을 눌러 SD카드나 USB에 G코드 파일을 저장한 후 프린터에 출력을 건다.

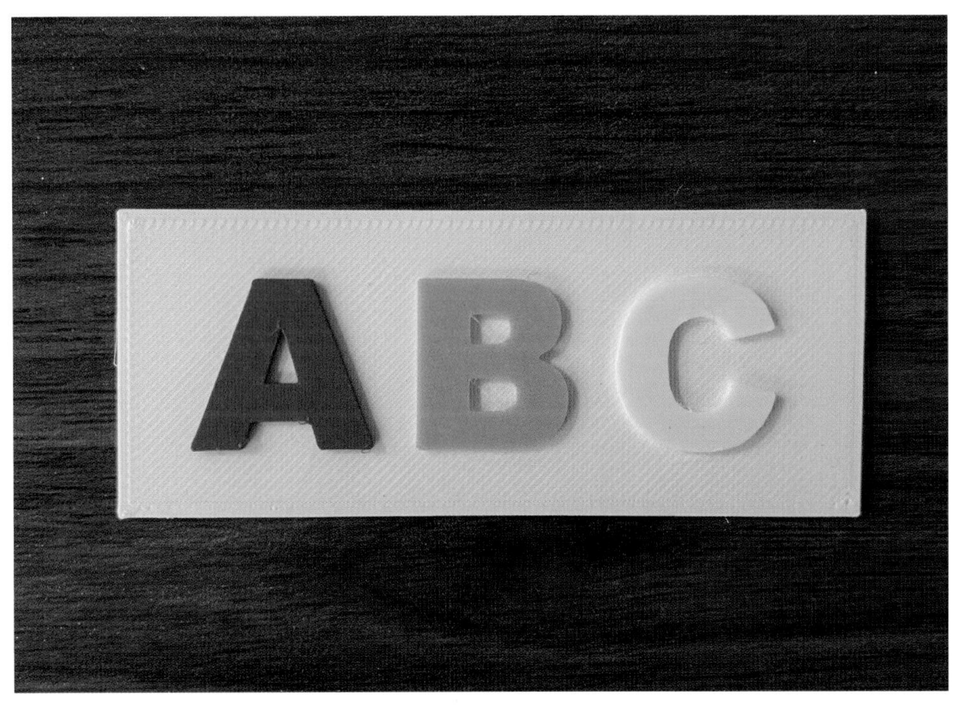

[ABC 네임텍 출력물]

최상단 레이어(ABC)만 다림질 기능을 넣었기 때문에 흰색 표면과 다른 것을 확인할 수 있다.

2) 곰돌이

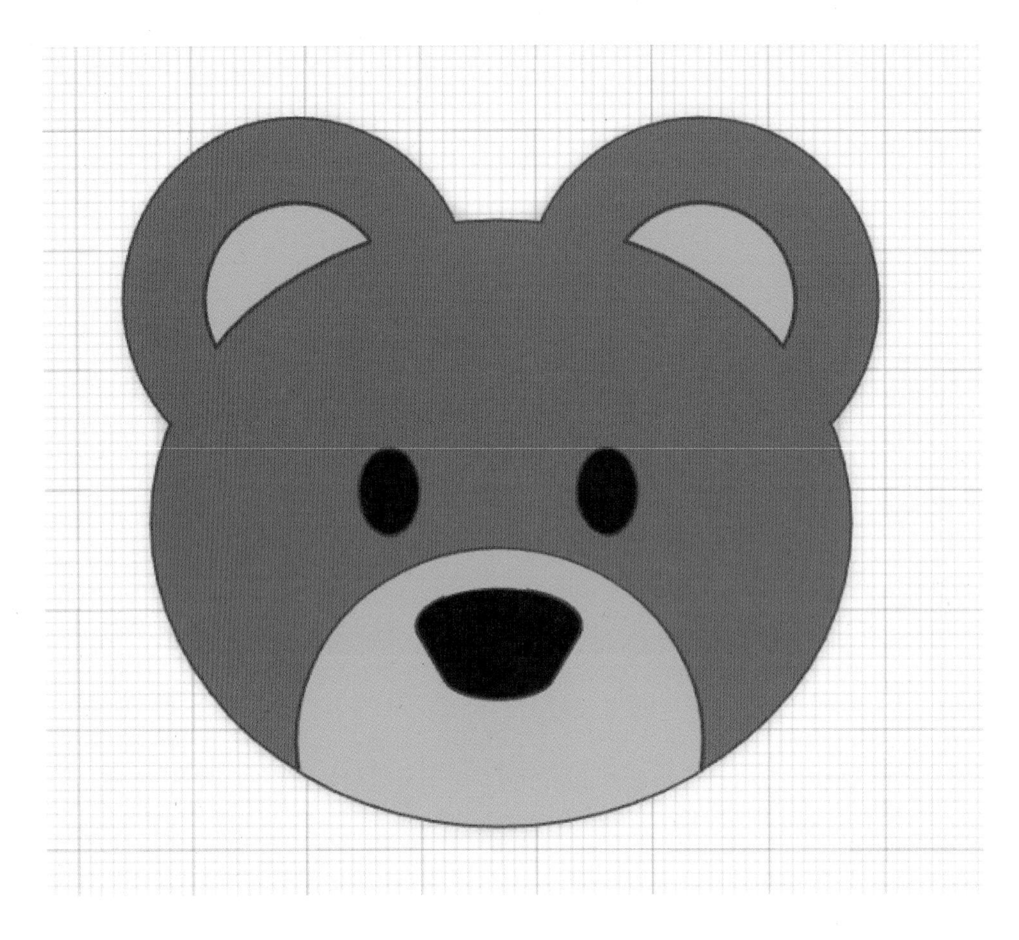

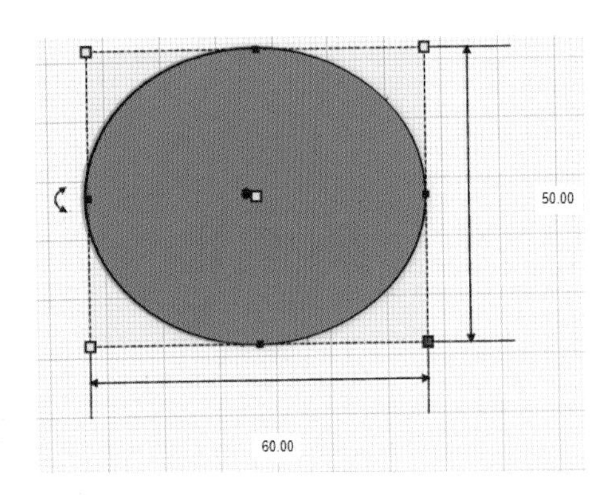

① 곰돌이 베이스 : [원통] 도형을 가져와 가로길이 60mm, 세로길이 50mm로 맞춰주고 높이는 1mm로 설정한다. 색상은 갈색으로 변경한다.

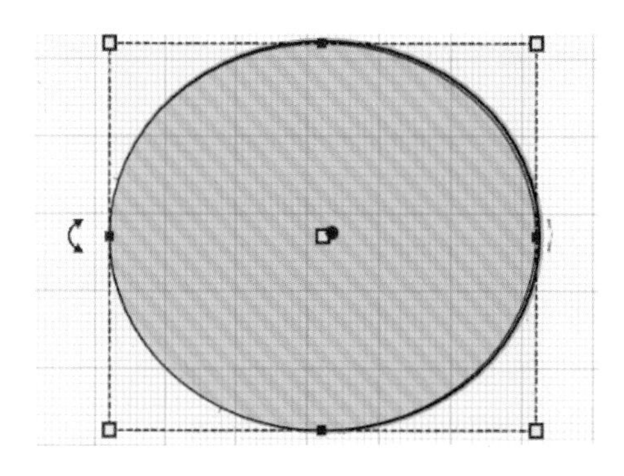

② ①에서 만든 도형을 복사해서 다른 한쪽에 붙여넣기 한 다음 도형 설정의 [구멍]으로 바꾸어준다.

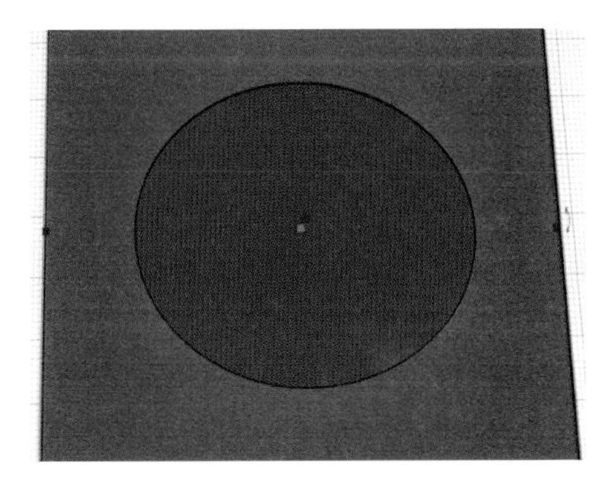

③ [직사각형 도형]을 새로 불러와 [구멍]보다 큰 크기로 설정한 후 높이 1mm로 설정해주고 두 도형을 포개준다. 그리고 두 도형을 함께 드래그한 다음 L을 눌러 가운데 정렬을 맞춘다.

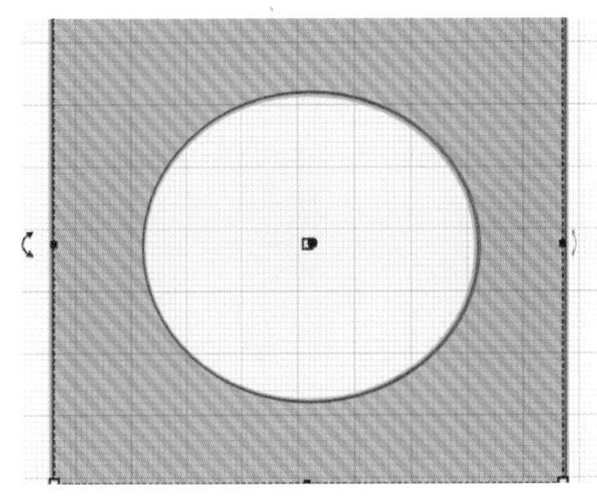

④ 가운데 정렬을 맞췄으면 우측 상단의 [그룹화] 아이콘을 눌러 두 도형을 그룹화시켜준다.
그리고 그룹화 한 도형을 구멍 도형으로 바꾼다.

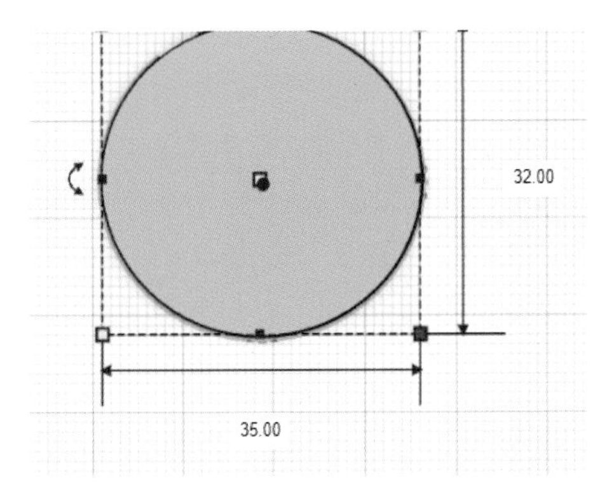

⑤ 곰돌이 입 : 원통을 새로 가져와서 가로길이 35mm, 세로길이 32mm, 높이 1mm로 설정한다.

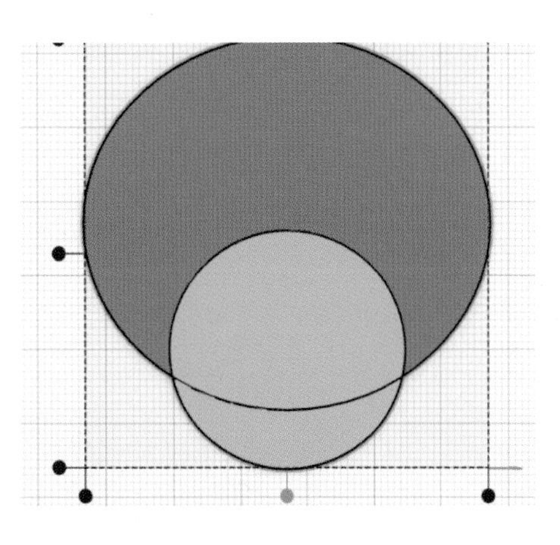

⑥ 처음 만들어 놓은 곰돌이 얼굴에 곰돌이 입을 적당한 위치에 포개준 후 두 정렬을 눌러 좌우 가운데 정렬을 맞춘다.

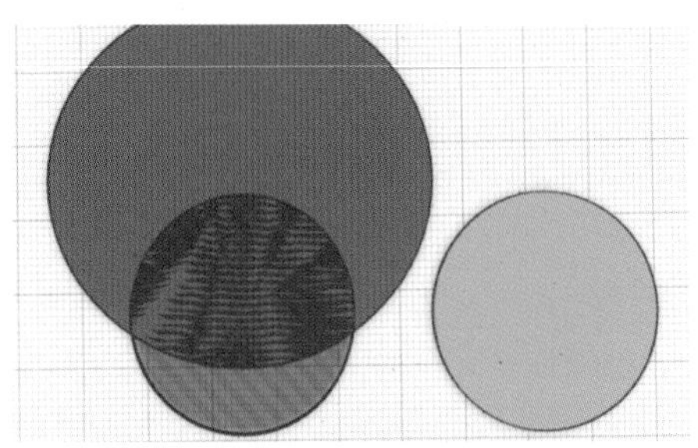

⑦ 포개준 입을 복사 붙여넣기 하여 옆에 하나 더 만들어 놓은 다음 포갠 도형은 구멍으로 설정해준 후 갈색 머리 도형과 구멍을 그룹화하여 구멍을 낸다.

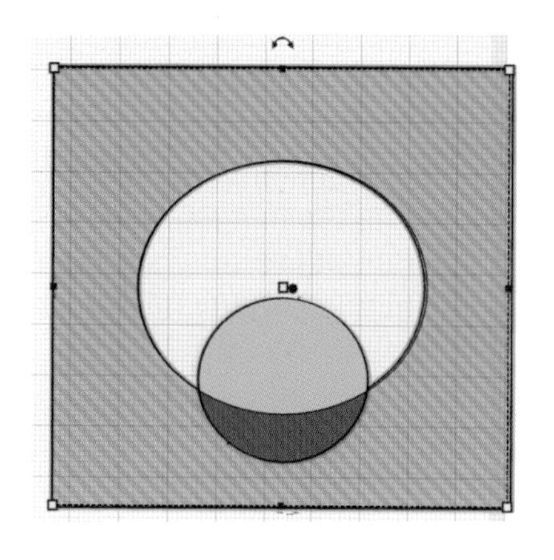

⑧ 옆에 빼놓은 입은 ④번에서 만들어 놓은 구멍 도형에 높이를 맞추고 정렬을 눌러 좌우 가운데 정렬을 맞춰 준 후 그룹화를 해서 곰돌이 얼굴형에 맞게 아래쪽을 잘라준 후 다시 갈색 곰돌이 머리와 입을 가운데 정렬로 맞춰준다.

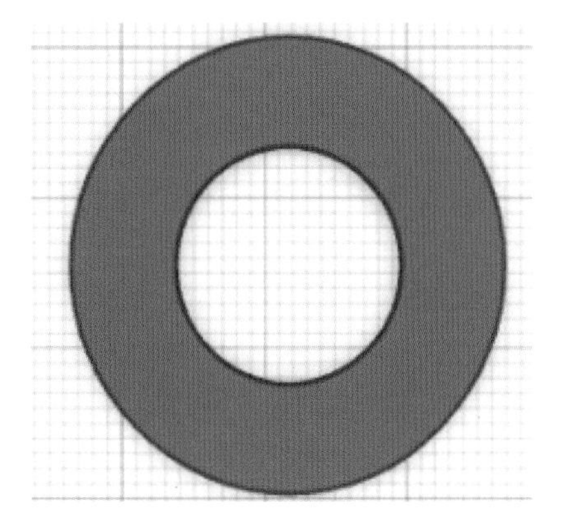

⑨ 곰돌이 귀 : [튜브] 도형을 가져와 색상을 머리와 같은 갈색으로 바꿔주고 [벽 두께]는 7로 설정한 후 [측면]은 최대치로 올린다. 반지름의 크기는 취향에 맞게 조절하고 복사 붙여넣기 하여 귀를 하나 더 생성한다.

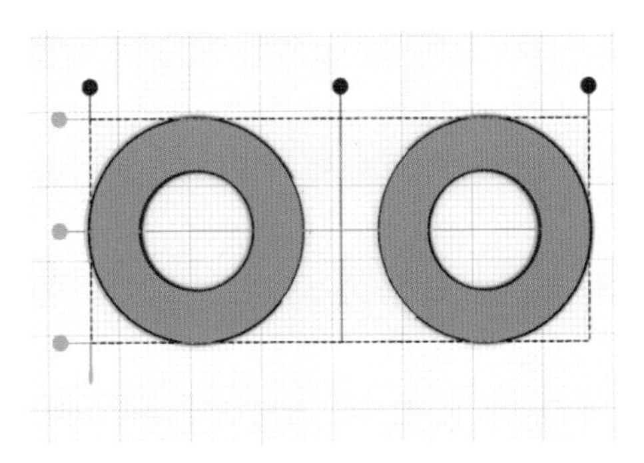

⑩ 두 도형의 상하 정렬을 맞춘 후 [그룹화] 해준다.

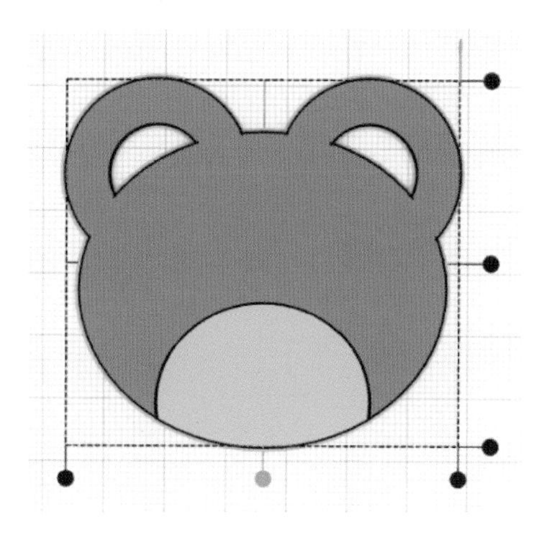

⑪ 귀를 곰돌이 머리 위쪽 적당한 위치에 놓은 후 머리와 귀를 좌우 가운데 정렬로 맞춰주고 귀와 갈색 머리를 [그룹화] 한다.
그리고 머리를 복사하여 복사본을 하나 더 옆에 두고 [구멍]으로 만들어둔다.

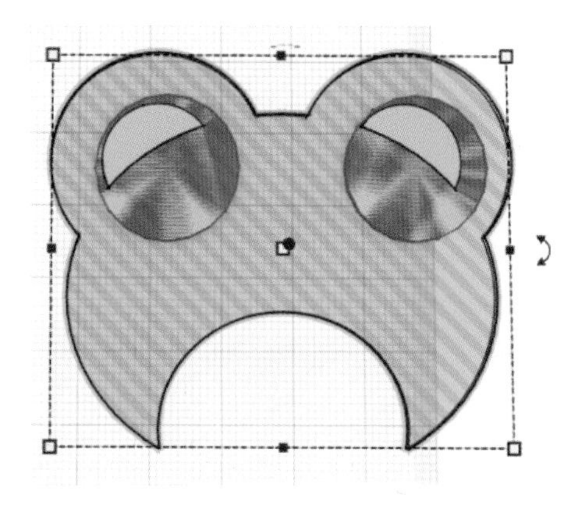

⑫ 곰돌이 귀 안쪽을 채워주기 위해 원통 도형을 새로 가져와 [구멍] 복사본 머리에 맞추고 높이를 1mm로 맞춰 귀 안쪽 여백을 채우고 두 도형을 그룹화한다.

⑬ 분리된 두 도형을 좌우 가운데 정렬로 맞추면 곰돌이 얼굴 바탕이 완성된다.

⑭ 우측의 작업평면 아이콘을 드래그하여 곰돌이 위에 놓으면 곰돌이 위에 작업평면이 새로 생성되고 그 위에 눈과 코를 올린다.

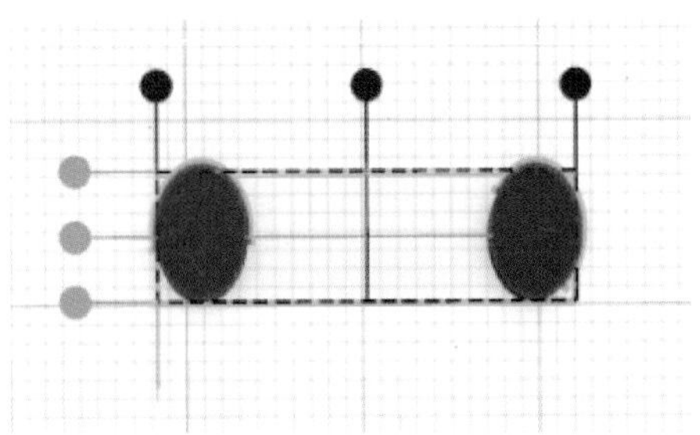

⑮ 곰돌이 눈 : 원통 도형을 이용하여 곰돌이 눈 두 개를 적당한 크기로 만든 후 상하 정렬을 맞춰주고 그룹화한다.

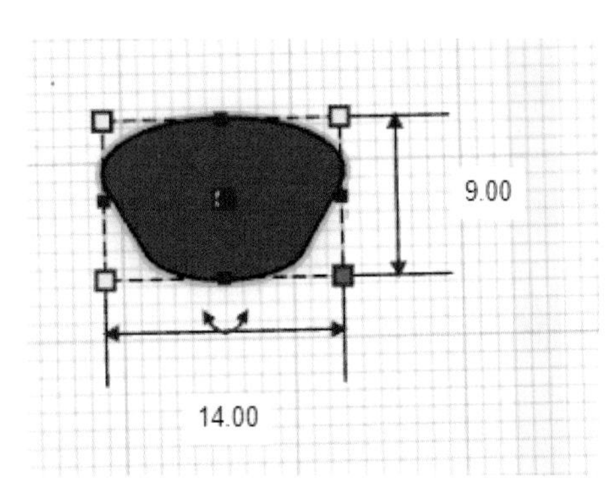

⑯ 곰돌이 코 : [쉐이프 생성기] → [모두]에서 [사다리꼴] 도형을 찾은 후 불러와 가로, 세로길이를 적절히 조절해 사과 같이 윗부분이 넓은 사다리꼴 모양으로 만든다.

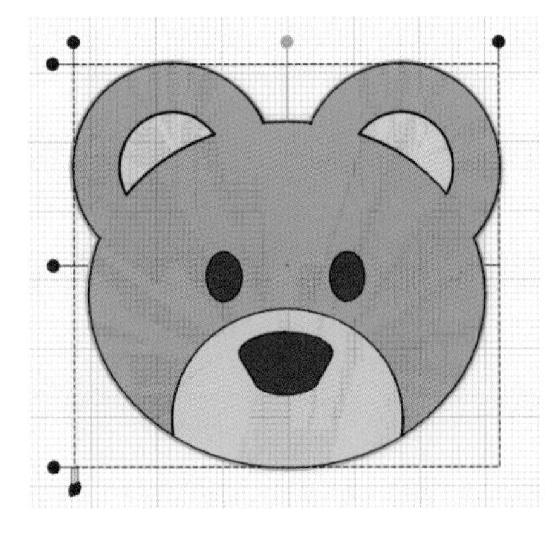

⑰ 눈과 코를 적당한 위치에 놓아준 후 마찬가지로 곰돌이 바탕과 좌우 가운데 정렬을 맞춰주면 곰돌이 완성!

[곰돌이 출력물]

3) 머그컵

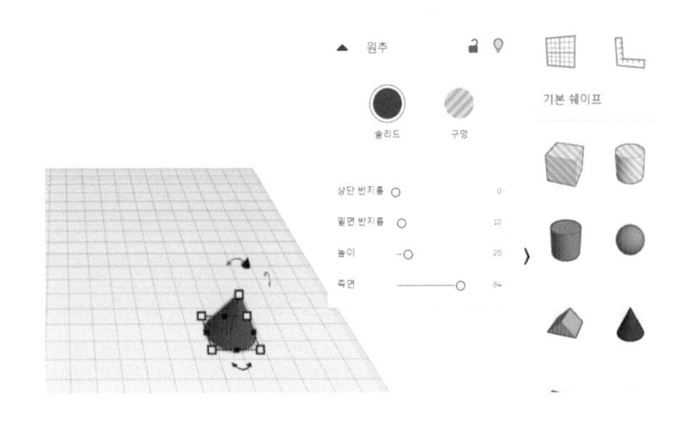

① [기본 쉐이프]에서 [원추] 도형을 가져오고, 측면을 64로 설정한다.

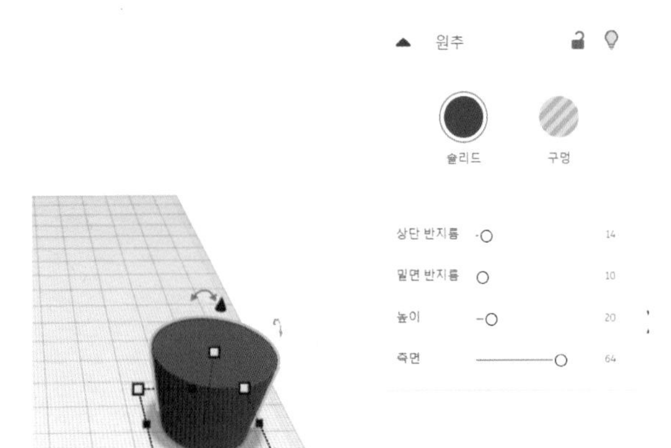

② 상단 반지름을 14로 설정한다.

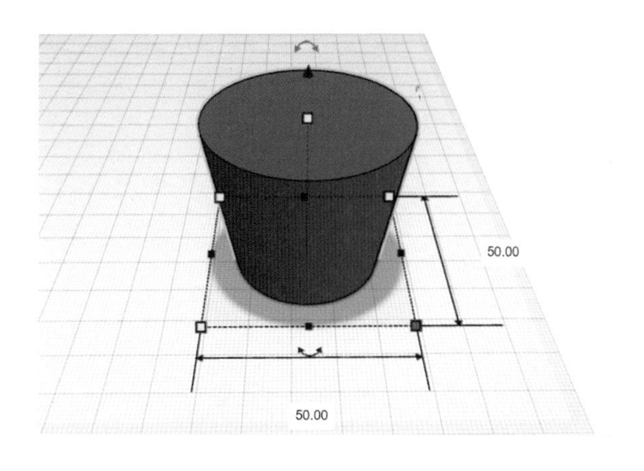

③ 가로, 세로를 50mm, 두께를 40mm로 설정한다.

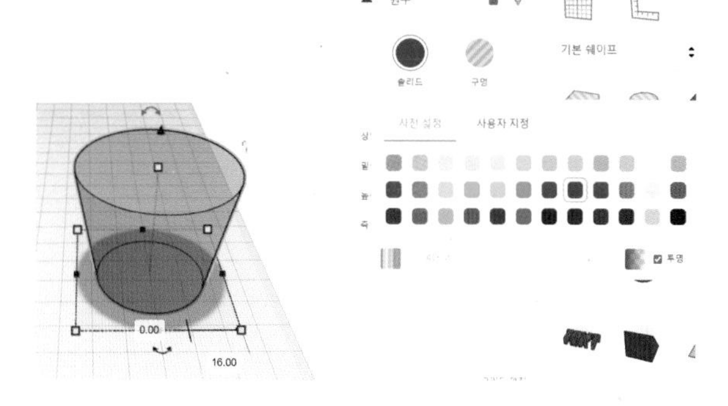

④ 도형을 투명색으로 바꾼다.

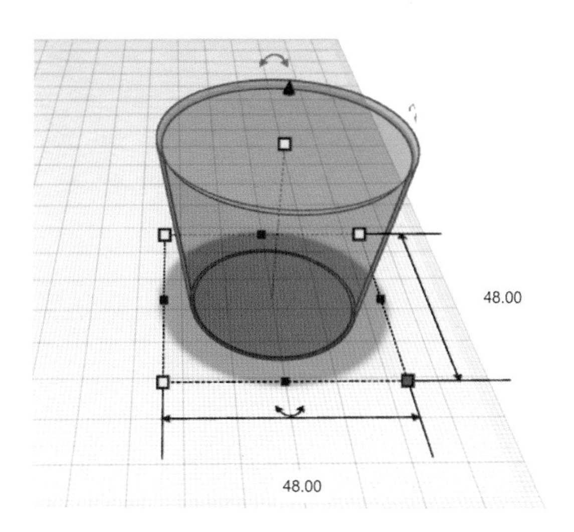

⑤ 도형을 [Ctrl+D] 복제를 하고, [Shift+Alt] 키를 누른 상태로 가로, 세로, 두께를 2mm씩 줄인다.

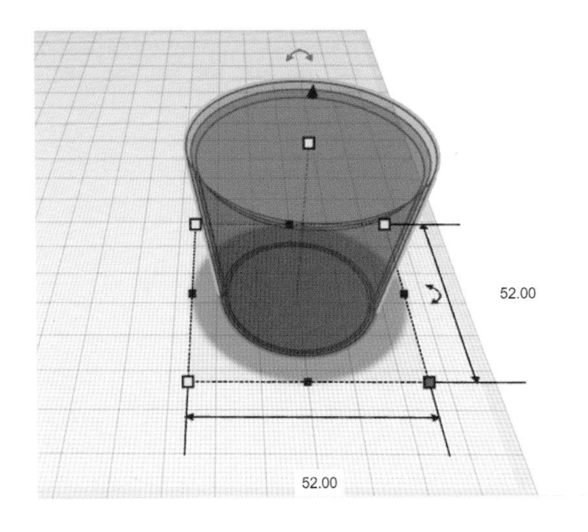

⑥ 다시 바깥쪽 도형을 선택해 [Ctrl+D] 복제를 하고, [Shift+Alt] 키를 누른 상태로 가로, 세로, 두께를 2mm씩 늘린다.

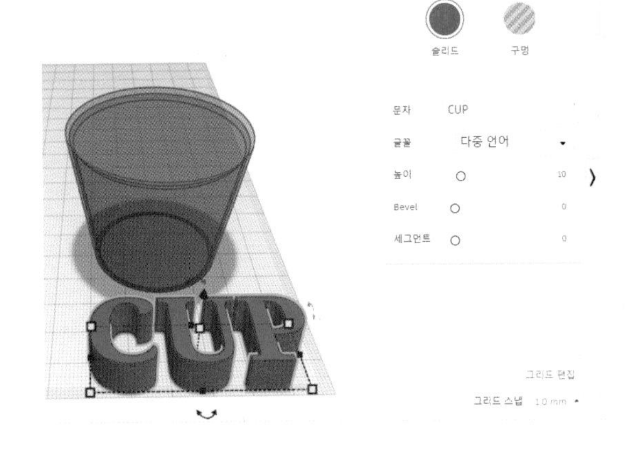

⑦ [TEXT 도형]을 가져와서 문자란에 CUP을 쓴다.

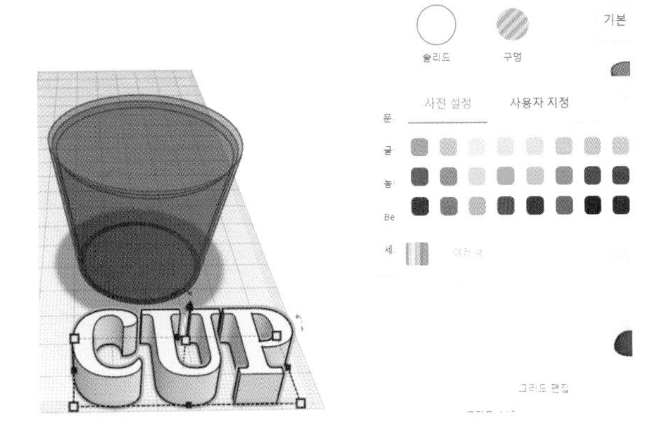

⑧ 솔리드에서 색을 바꾼다.

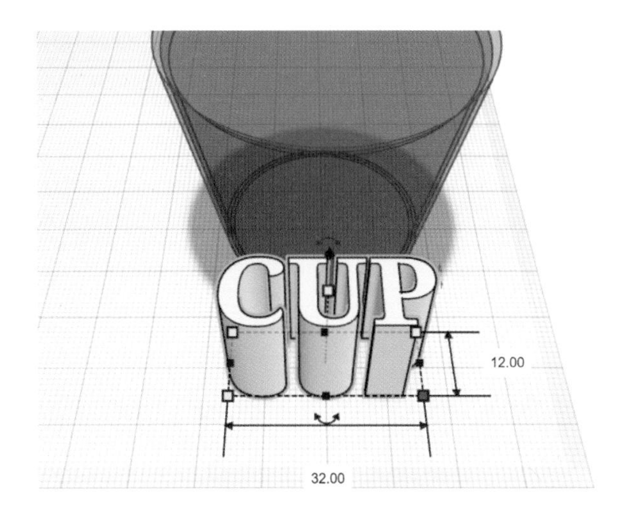

⑨ 글자 도형의 크기를 가로 32mm, 세로 12mm, 두께 20mm로 설정한다.

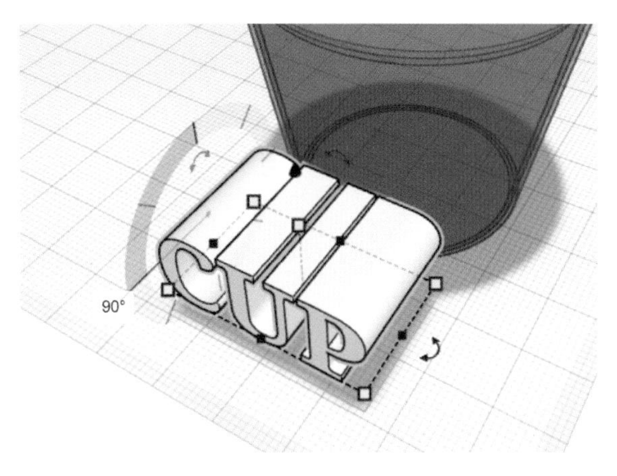

⑩ 글자 도형을 앞으로 90도 회전한다.

⑪ 검은색 화살표를 누른 채 글자 도형을 위로 16mm만큼 끌어 올린다.

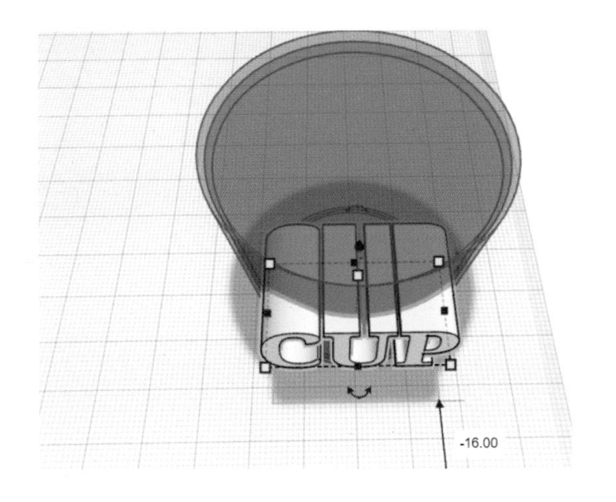

⑫ 글자 도형을 [Shift]를 누른 채로 컵 안쪽으로 16mm만큼 넣는다.

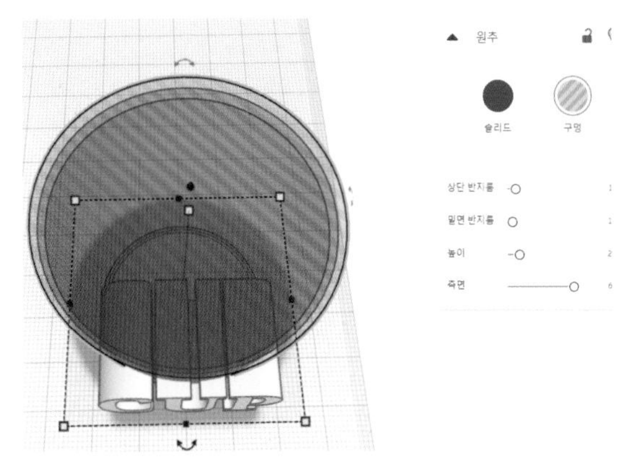

⑬ 맨 안쪽 컵과 맨 바깥쪽 컵을 구멍 도형으로 바꾼다.

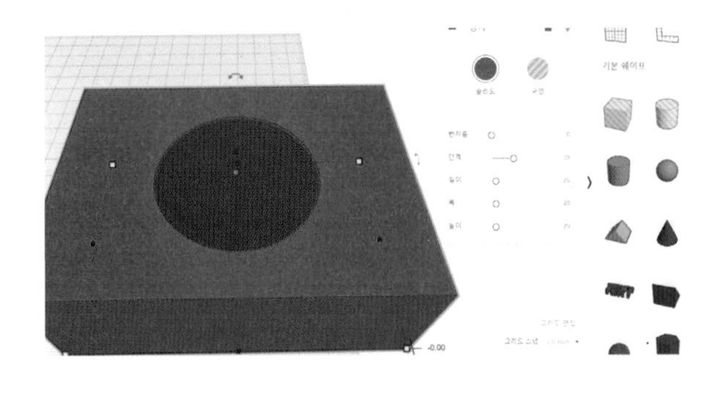

⑭ [상자 도형]을 가져와서 가로, 세로길이가 컵 도형보다 크게 설정한다.

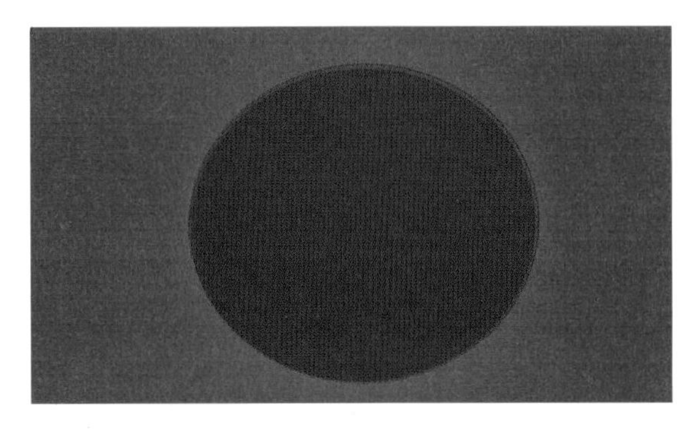

⑮ 상자 도형의 두께는 안쪽 2개 컵은 가려지고 제일 바깥쪽 컵은 가려지지 않을 만큼 설정한다.

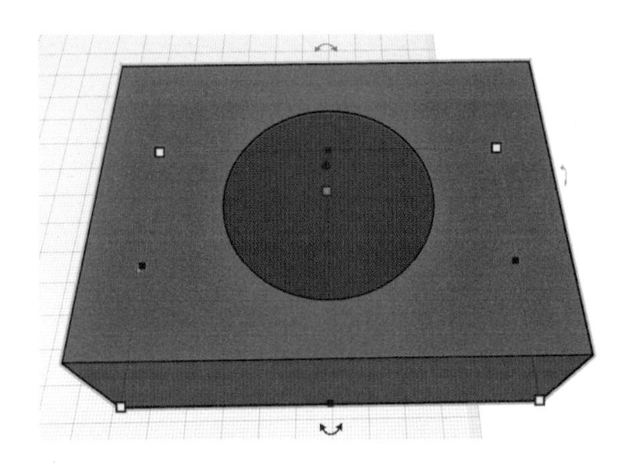

⑯ 제일 바깥쪽 컵과 상자 도형 2개만 선택해서 [Ctrl+G] 그룹화한다.

- Shift 키를 이용해 선택할 수 있다.
- 주의 : 다른 안쪽 도형들이 선택되면 안 된다.

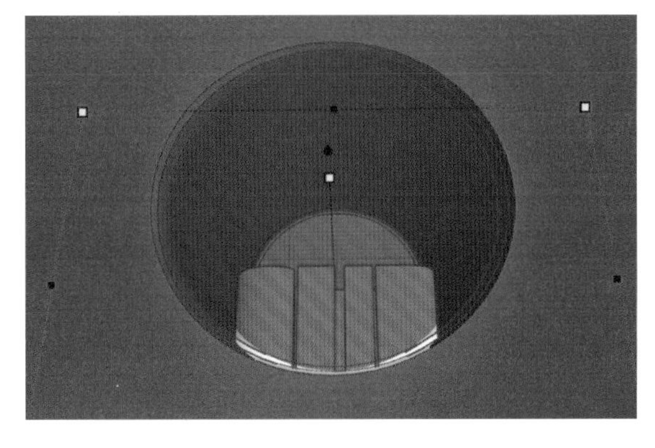

⑰ 그룹화를 하면 이렇게 상자와 컵 사이에 빈 공간이 생긴다.

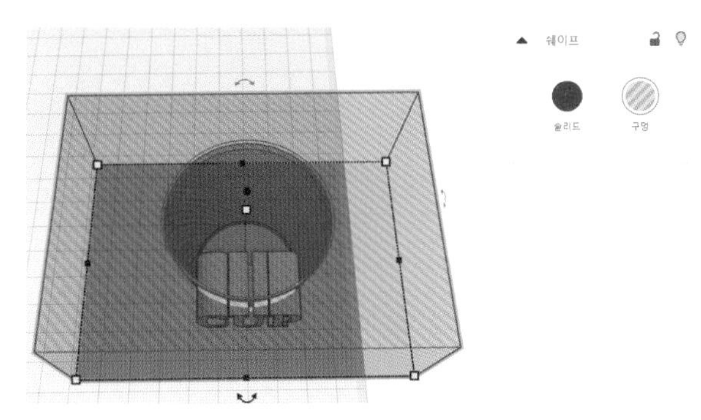

⑱ 구멍이 생긴 상자 도형을 다시 구멍 도형으로 만든다.

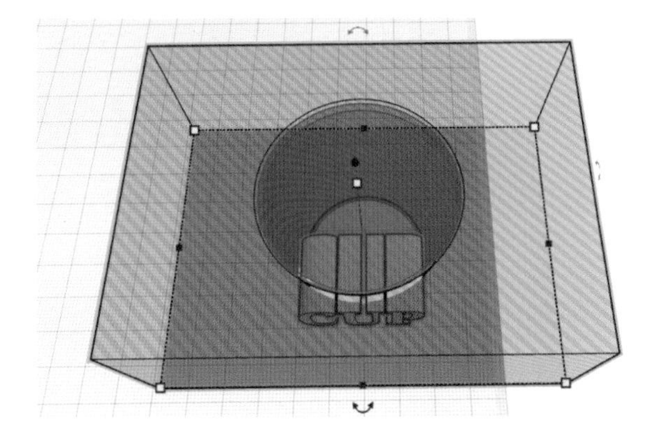

⑲ 이번에는 글자 도형과 구멍 상자 도형 2개만 선택해서 [Ctrl+G] 그룹화를 한다.

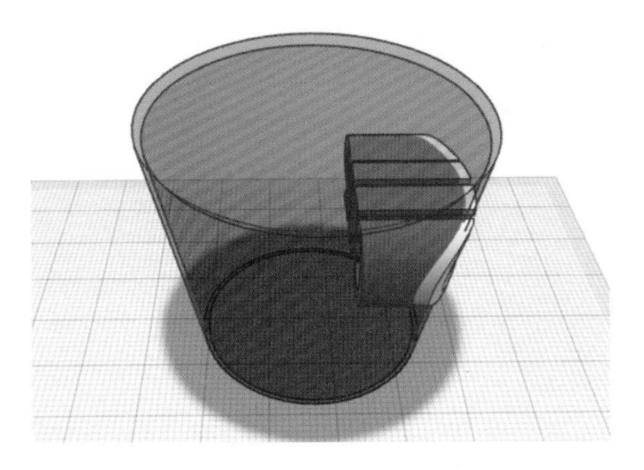

⑳ 그룹화를 하면 이렇게 컵의 굴곡과 맞게 글자 도형도 깎인 것을 볼 수 있다.

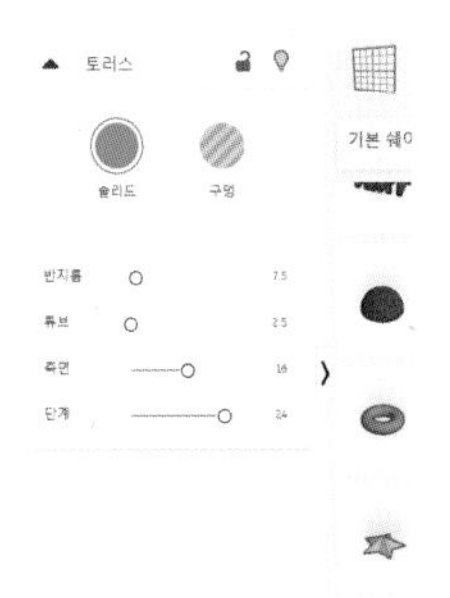

㉑ 컵의 손잡이 부분을 만들기 위해 [토러스 도형]을 가져온다.

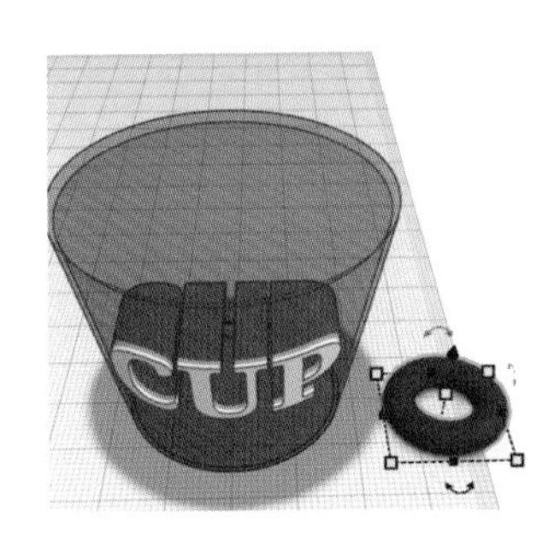

㉒ 토러스 도형의 색을 바꾸고, 측면을 24로 설정한다.

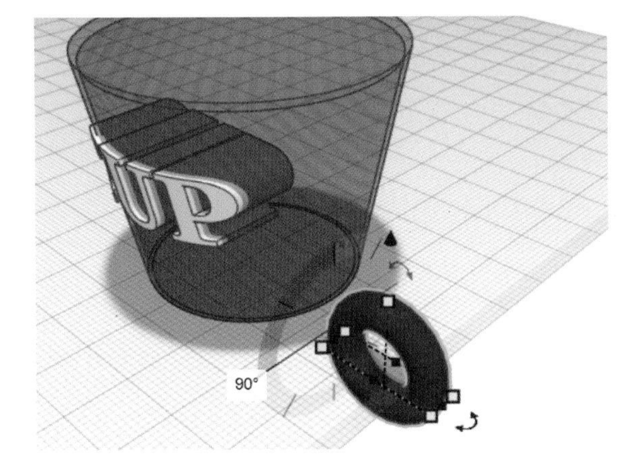

㉓ 토러스 도형을 앞쪽으로 90도 회전한다.

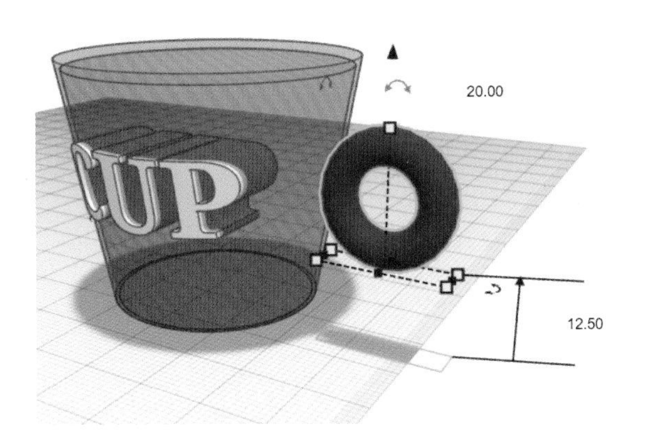

㉔ 토러스 도형을 높이 20mm만큼 띄운다.

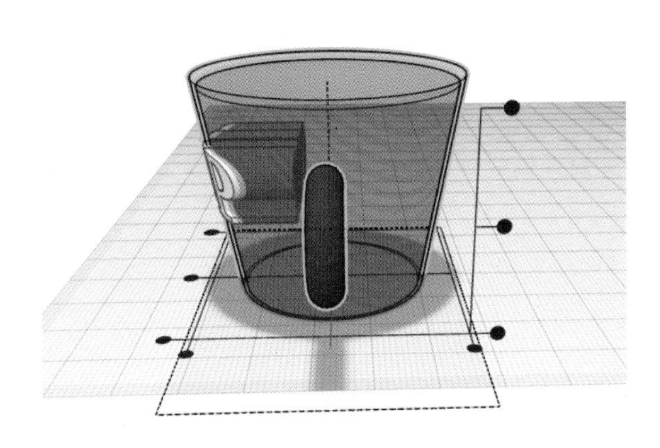

㉕ 토러스 도형을 컵의 가운데에 위치시킬 것이다. 컵과 토러스 도형 전체 선택 후 [단축키 L] 정렬 기능을 사용해 가운데 정렬을 해주는데, 컵을 기준으로 토러스 도형만 움직일 것이기 때문에 [단축키 L]을 누른 후 컵을 한 번 클릭해 가운데 정렬한다.

㉖ 토러스 도형을 컵 안쪽으로 적당히 이동시킨다.

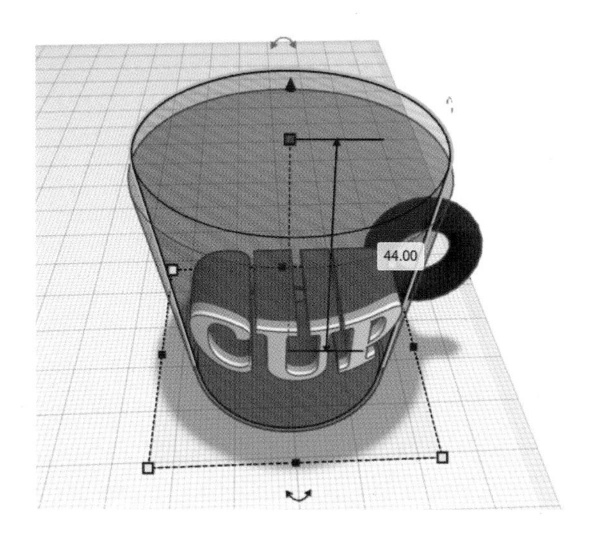

㉗ 제일 안쪽 구멍 컵을 기존 컵보다 두께를 늘리고, 높이를 위쪽으로 3mm 끌어올린다.

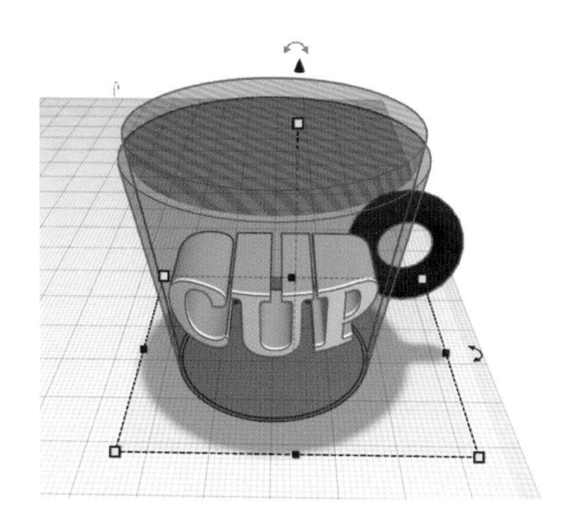

㉘ 전체선택 후 [Ctrl+G] 그룹화한다.

㉙ 기존에 설정했던 컵의 투명 설정을 해제하고, 여러 색을 체크하면 머그컵 완성!

[머그컵 출력물]

4) 블루베리 타르트

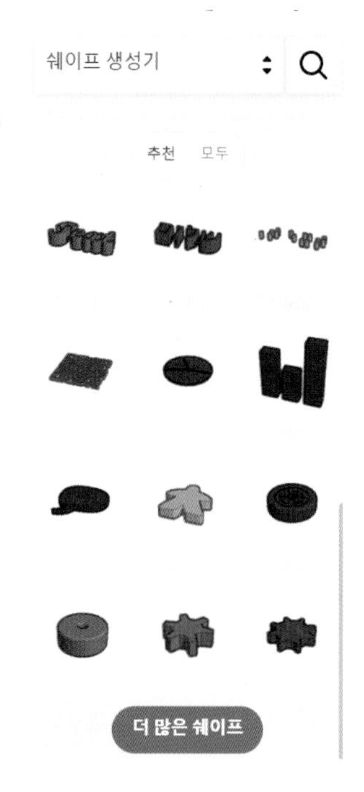

① Shapes Library-[쉐이프 생성기]-[모두]에서 [프로기어] 도형을 불러온다.

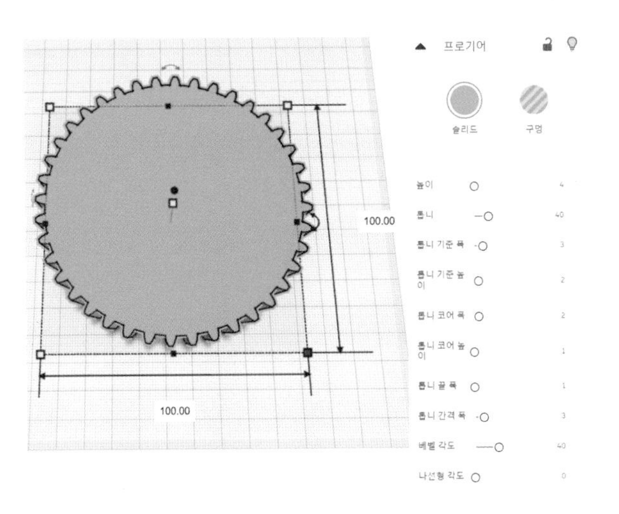

② 기어 도형을 가로, 세로 100mm, 두께 20mm, 톱니, 베벨 각도를 40으로 맞추고, 색상도 황토색으로 바꿔 타르트를 만들어준다.

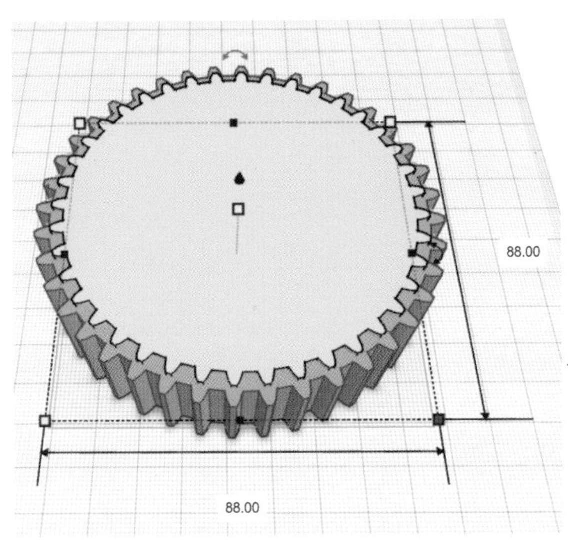

③ 타르트를 Ctrl+D〈복제〉한 후 Shift+Alt를 누른 채 1개의 타르트 크기를 가로, 세로 88mm만큼 줄인다.

④ 검은색 원뿔 모양을 위로 4mm만큼 끌어올리고, 안쪽 타르트의 색상을 노란색으로 바꿔준다.

⑤ 안쪽 타르트를 Ctrl+D〈복제〉를 하고 옆으로 갖다 놓는다. 그리고 기존의 안쪽 타르트를 구멍 도형으로 바꾼다.

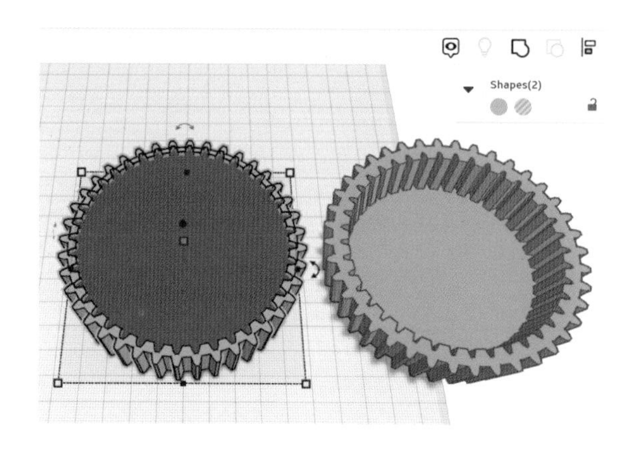

⑥ 왼쪽처럼 타르트를 전체 드래그하여 그룹화를 하면 오른쪽처럼 가운데가 빈 타르트가 완성된다.

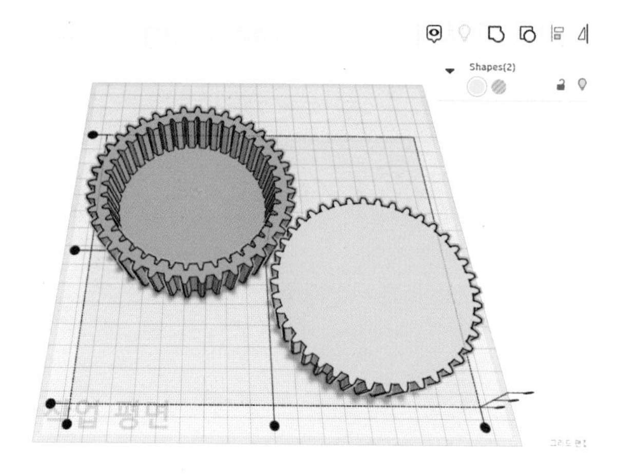

⑦ 가운데가 빈 타르트와 먼저 복제해 둔 안쪽 타르트를 전체 선택하여 가운데 정렬한다.

⑧ [기본 쉐이프]의 [구] 도형을 가져온다. Ctrl + D〈복제〉를 한 후 Shift + Alt 를 누른 채로 가로, 세로길이 4mm 정도로 줄이고 높이도 19mm 정도 올려준다.

올린 구를 구멍 도형으로 바꾸고, 블루베리 색상도 바꿔준다.

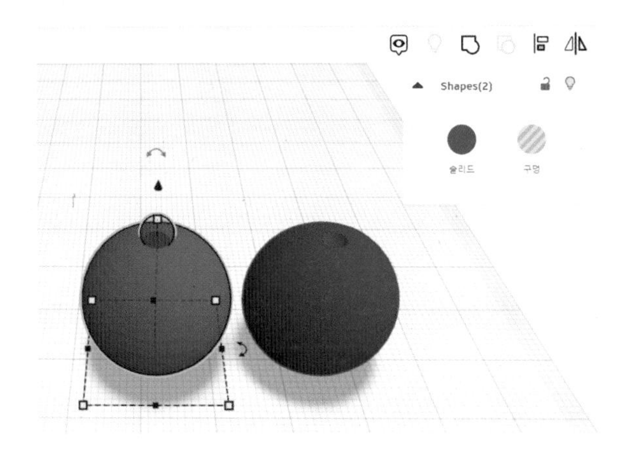

⑨ 블루베리와 그 위 구멍을 전체 드래그하여 Ctrl+G〈그룹화〉를 하면 오른쪽 블루베리처럼 구멍이 있는 블루베리가 완성된다.

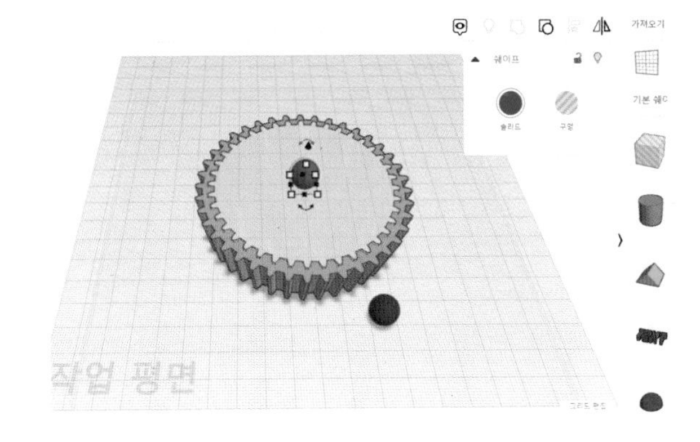

⑩ 블루베리를 Ctrl+C〈복사〉를 한 후 [작업 평면 도구]를 타르트 위로 가져와 Ctrl+V〈붙여넣기〉 해 준다.

- 이때 붙여넣기 할 때 빈 곳 아무 데나 클릭해서 도형이 선택되지 않도록 한다.
- 작업 평면 도구 해제 방법은 작업 평면 도구를 다시 화면에 가져오면 된다.

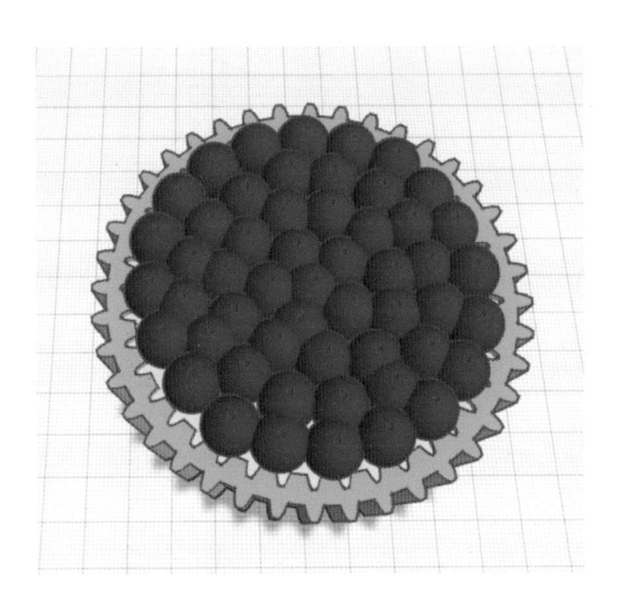

⑪ 블루베리를 취향껏 올린다.

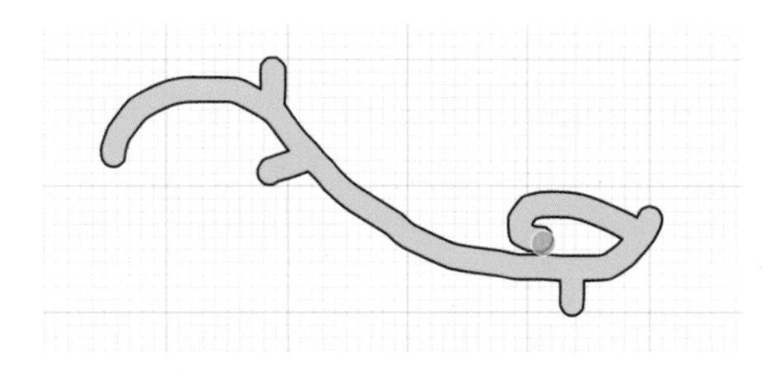

⑫ [기본 쉐이프]의 [Scribble] 도형을 이용해 데코레이션 할 풀을 그리고 완료를 누른다.

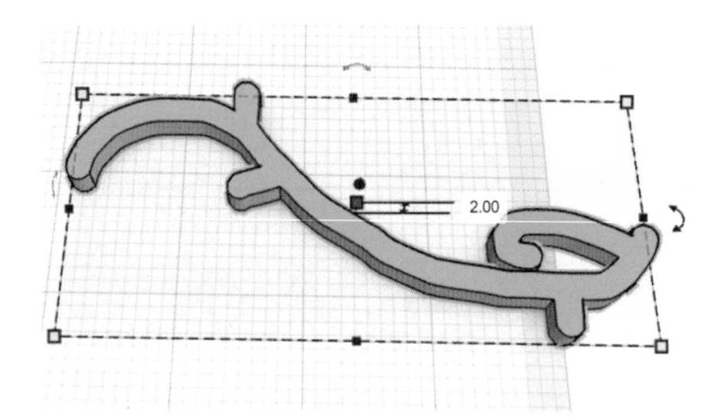

⑬ 풀의 색상을 바꾸고, 두께를 2mm로 설정한다.

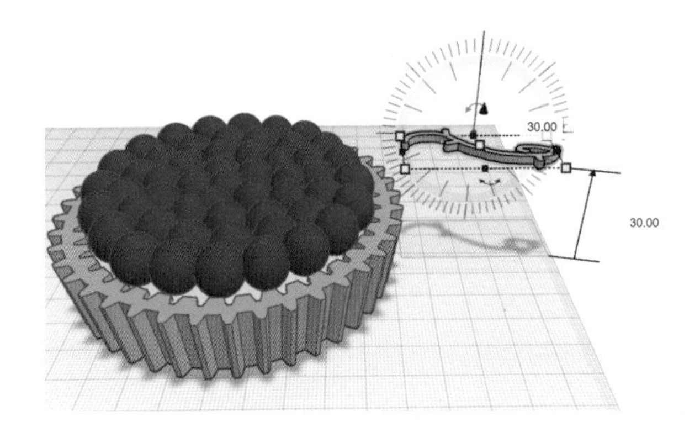

⑭ 풀을 블루베리 타르트의 높이만큼 끌어 올린 후 타르트 위에 놓아준다.

⑮ 취향껏 꾸며주면 블루베리 타르트 완성!

[블루베리 타르트 출력물]

5) 컵복이

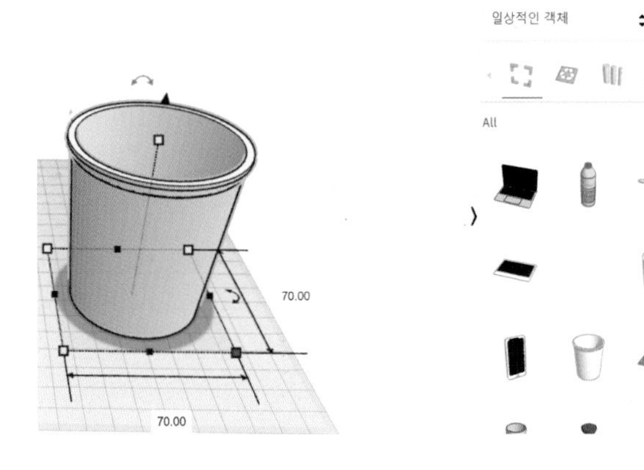

① Shapes Library – [일상적인 객체]에서 [Lg yogurt cup] 도형을 불러와 가로, 세로 70mm, 두께 75mm로 만든다.

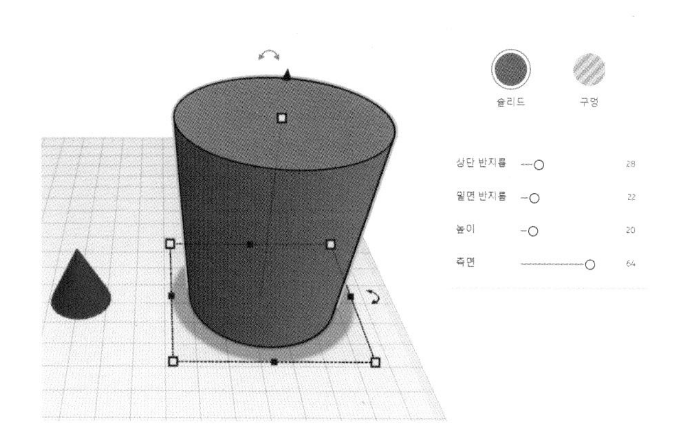

② [기본 쉐이프]의 [원추] 도형을 가져와 상단 반지름 28, 밑면 반지름 22, 측면 64로 바꾸고, 색도 바꾸어 떡볶이 소스를 만들어준다.
가로, 세로 길이도 64mm로 맞춘다.

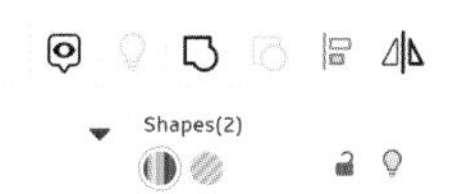

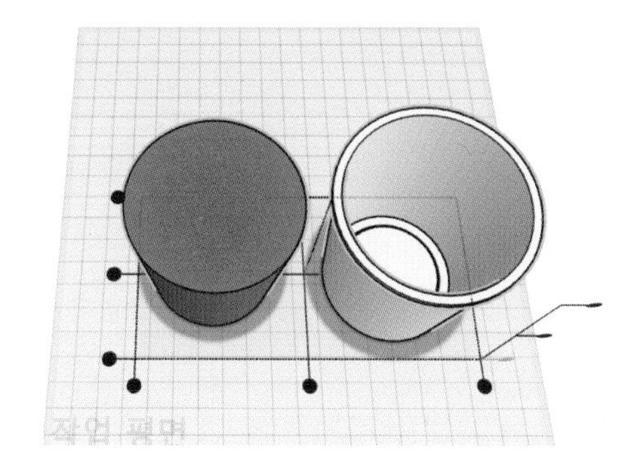

③ 컵과 떡볶이 소스를 전체 선택하여 가운데 정렬을 해주고, 높이를 2mm 정도 올린다.

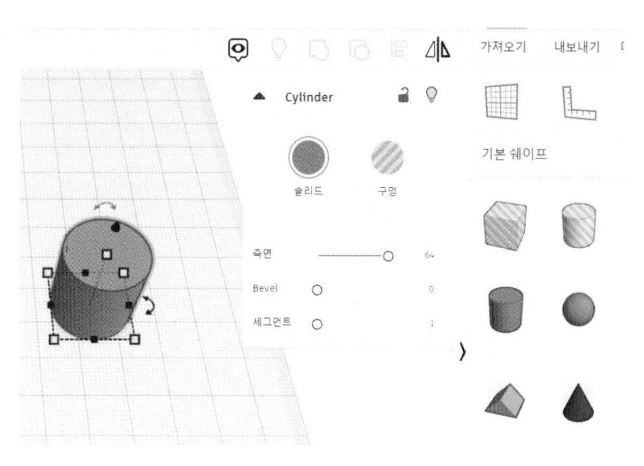

④ [기본 쉐이프]의 [원통] 도형을 가져와 측면을 64로 만든다.

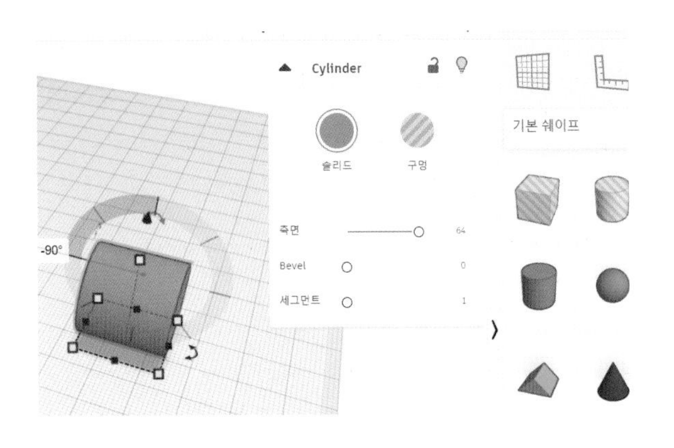

⑤ 떡으로 만들 원통 도형을 왼쪽으로 90도 회전시킨다.

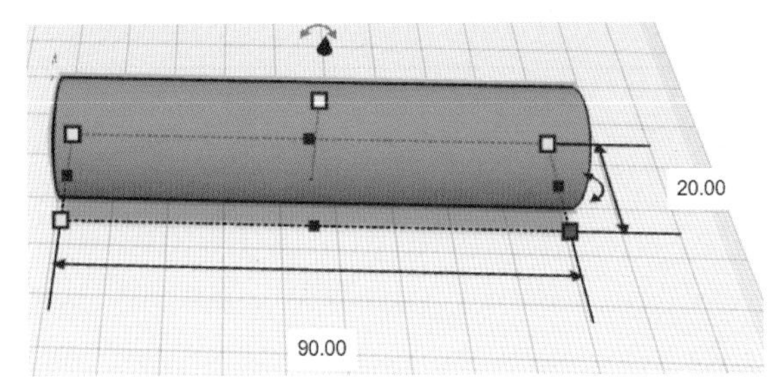

⑥ 원통 도형을 가로 90mm, 세로 20mm, 두께 20mm로 길이 조정한다.

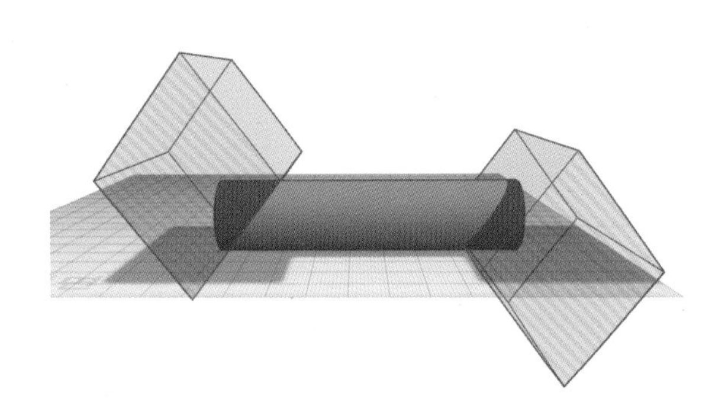

⑦ 구멍 상자 도형을 가져와 크기를 어느 정도 늘려준 후 45도 회전을 하고, 도형의 양쪽 가장자리에 놓아 비스듬한 떡을 만든다.

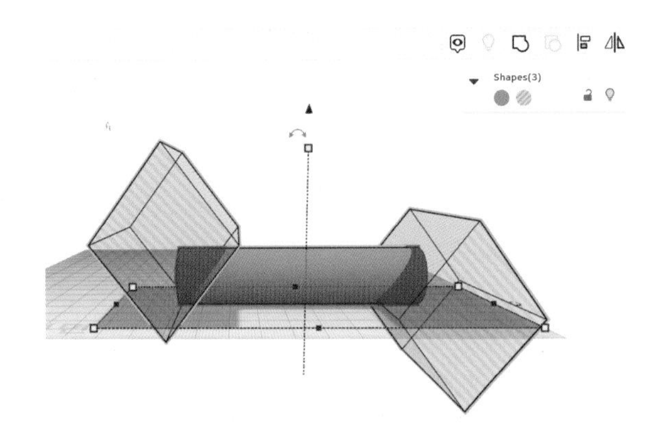

⑧ 구멍 상자 도형과 원통 도형을 전체 선택하여 Ctrl+G 〈그룹화〉를 한다. 색과 크기까지 취향껏 바꿔준다.

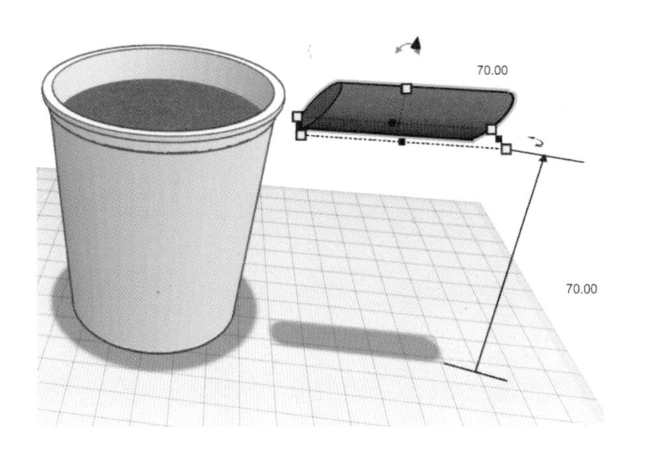

⑨ 떡을 놓을 자리까지 높이를 띄운다.

⑩ 회전기능을 사용해 떡을 취향껏 넣는다.

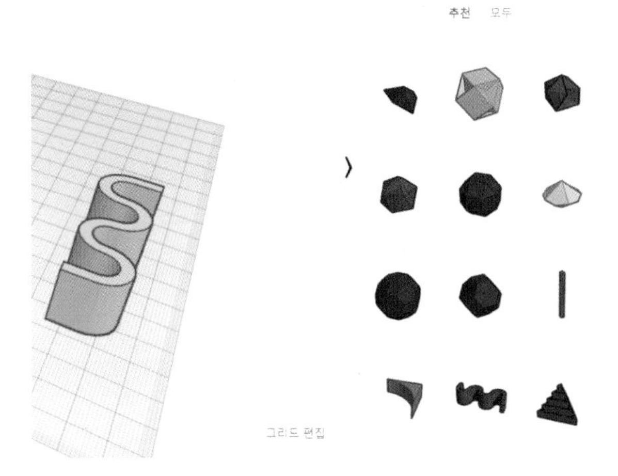

⑪ [쉐이프 생성기]－[모두]에서 [S벽] 도형을 가져와 색깔을 바꾼다.

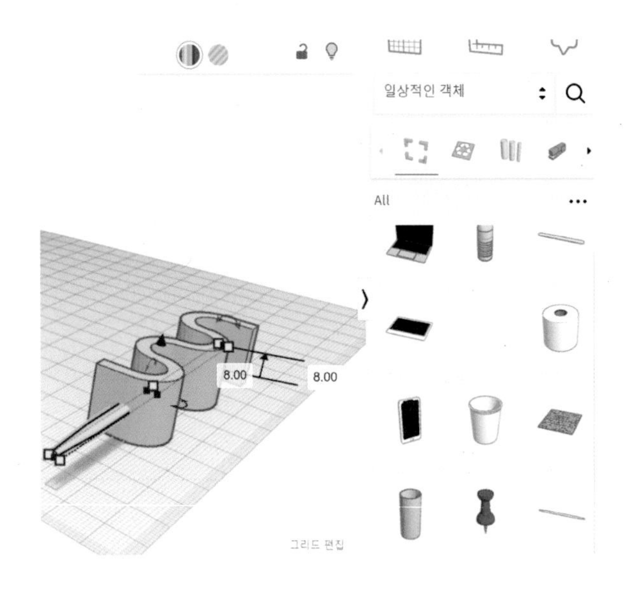

⑫ [일상적인 객체]에서 [Toothpick]을 가져와 길이 조정 및 높이 조정을 해 어묵꼬치를 만들어 그룹화한다.

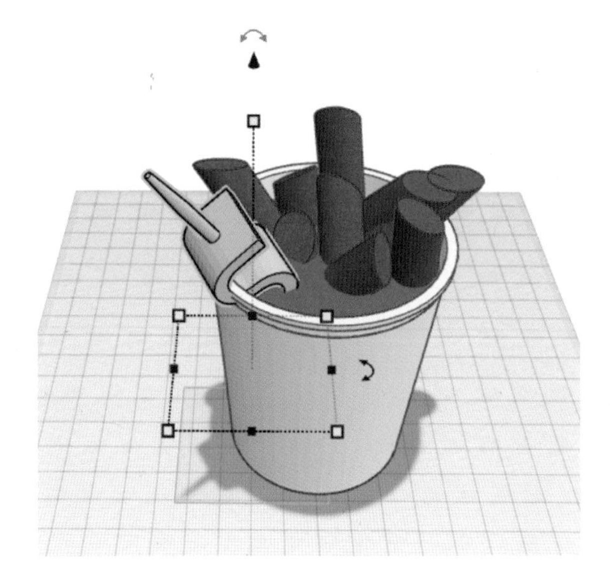

⑬ 회전기능을 사용해 어묵을 컵 안에 넣는다.

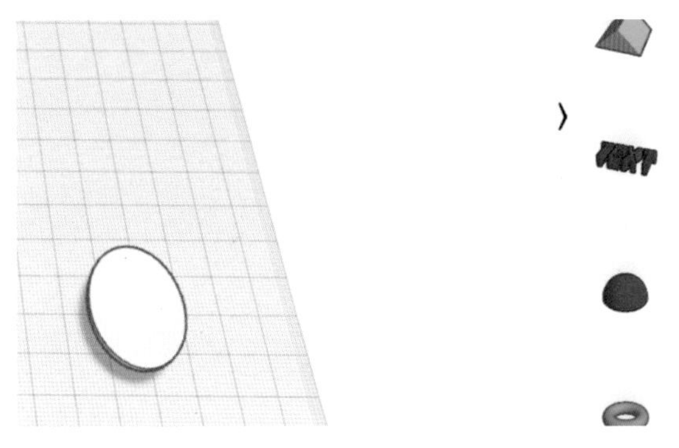

⑭ [기본 쉐이프]의 [반구] 도형을 가져와 가로 23mm, 세로 30mm, 두께 10mm로 만들고, 위, 아래를 반대로 회전시켜 달걀흰자를 만든다.

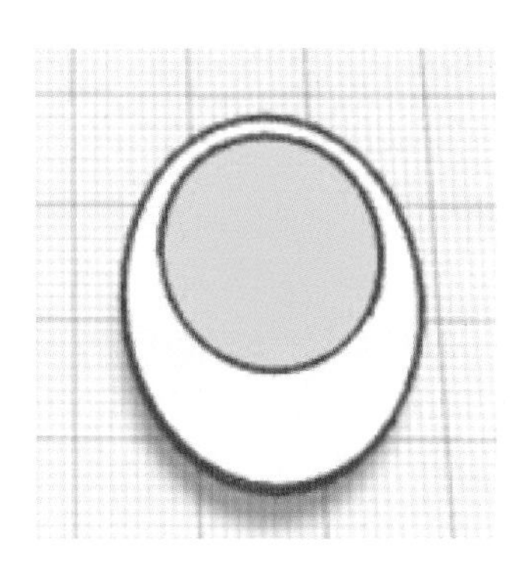

⑮ 달걀흰자를 Ctrl + D〈복제하여 크기를 어느 정도 줄인 후 높이를 3mm 정도 끌어올리고 색깔도 바꿔 그룹화한다.

⑯ 마찬가지로 달걀도 컵 안에 넣는다.

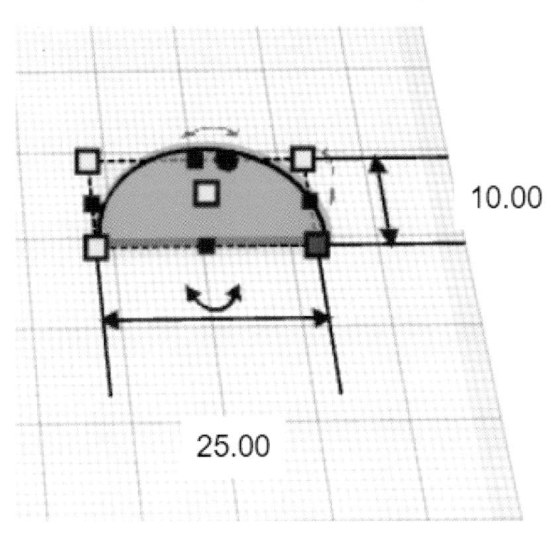

⑰ [기본 쉐이프]의 [원형 지붕] 도형을 가져와 회전한 후 가로 25mm, 세로 10mm, 두께 3mm로 설정하여 어묵을 마저 만들어 컵 안에 넣는다.

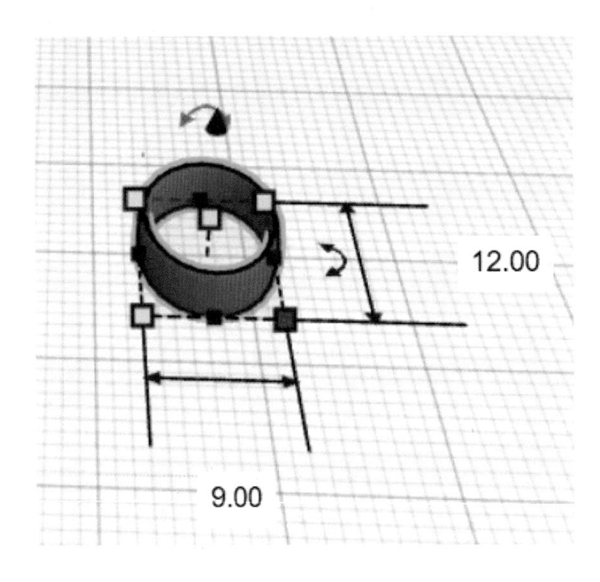

⑱ [기본 쉐이프]의 [링] 도형을 가져와 가로 9mm, 세로 12mm, 두께 3mm로 설정하고, 색도 바꾼다.

⑲ 파와 이쑤시개까지 넣으면 컵볶이 완성!

[컵복이 출력물]

6) 공원

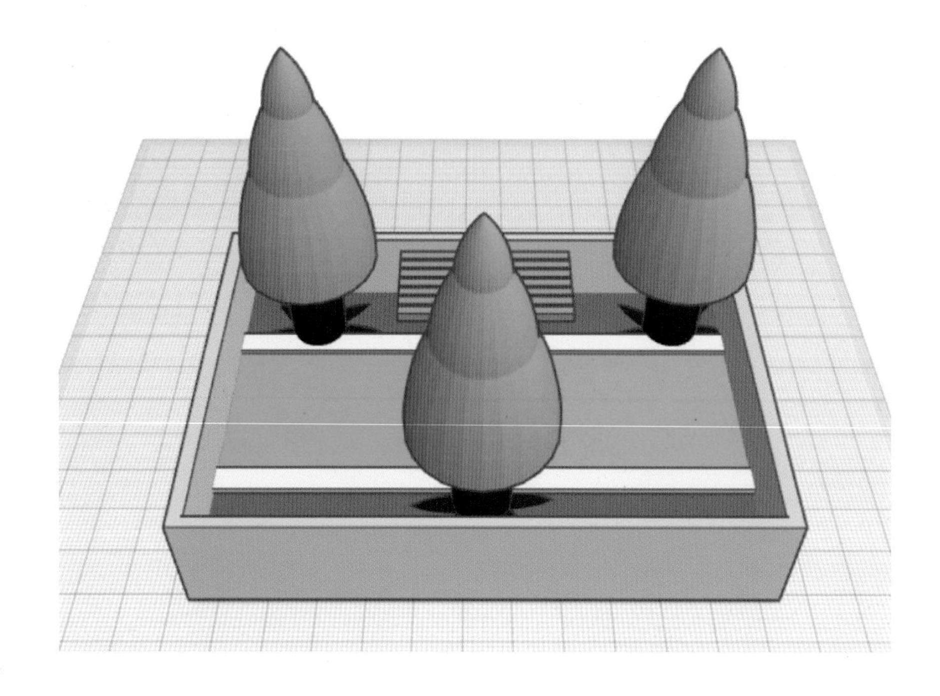

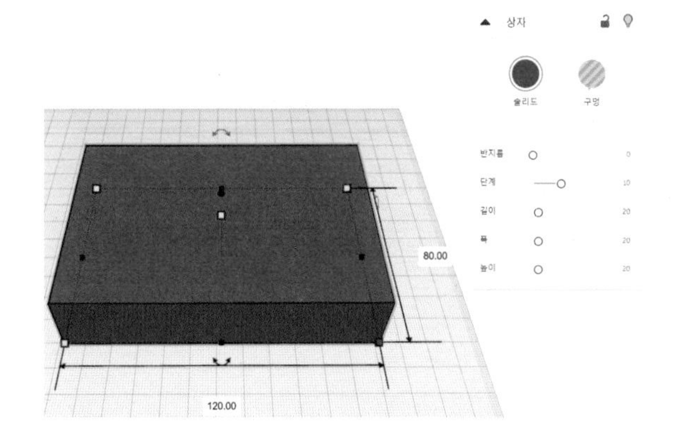

① [기본 쉐이프]에서 [상자 도형]을 가져와 가로 120mm, 세로 80mm, 두께 25mm로 설정한다.

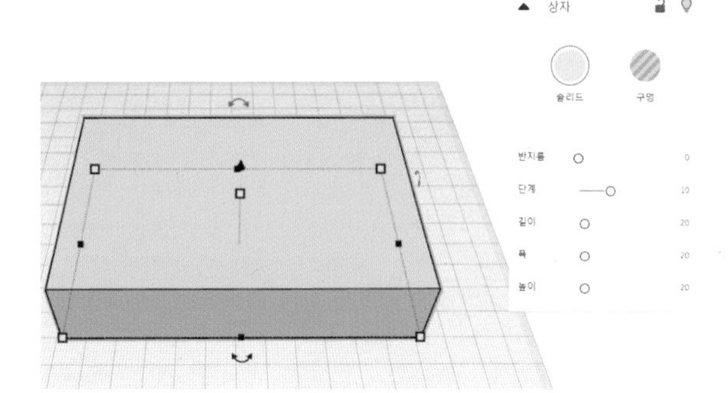

② 솔리드에서 색을 바꾼다.

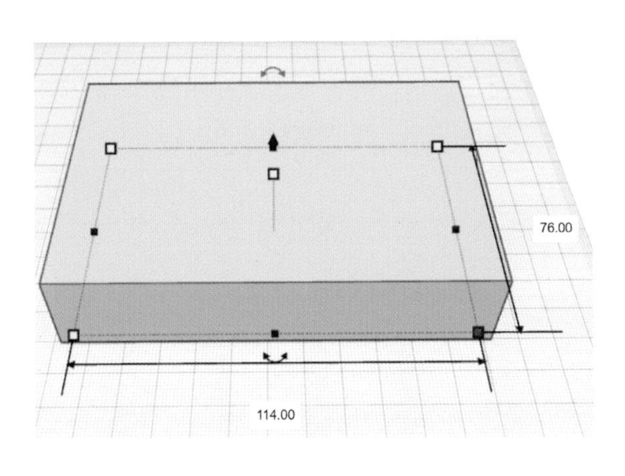

③ [Ctrl+D] 복제를 하여 [Shift+Alt] 키를 누른 채로 가로 기준으로 6mm를 줄인다.

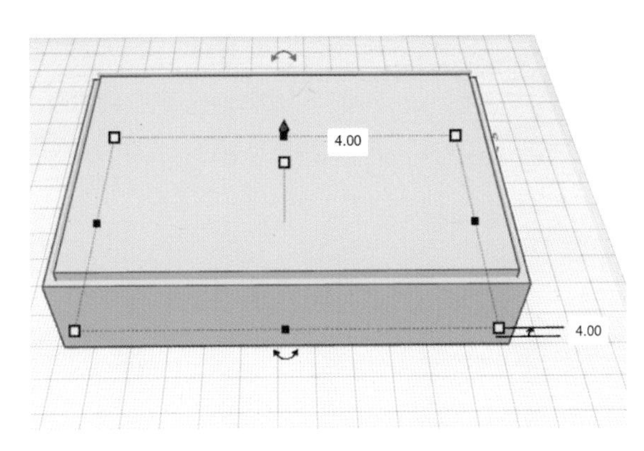

④ 검은색 화살표를 누른 채로 높이 4mm를 끌어 올린다.

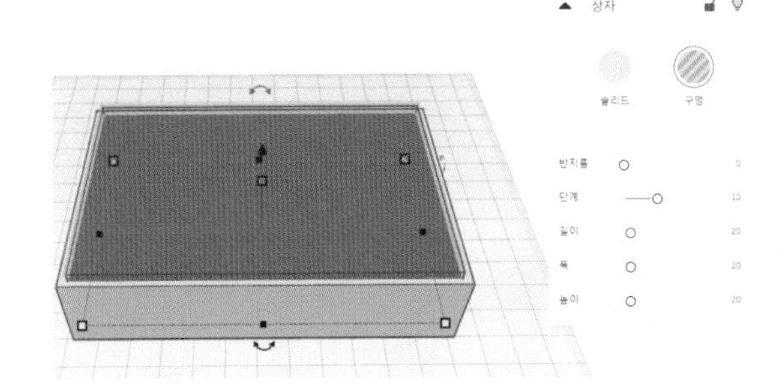

⑤ 안쪽 상자 도형을 구멍 도형으로 바꾸고, 한 개 [Ctrl+D] 복제해서 옆으로 치운다.

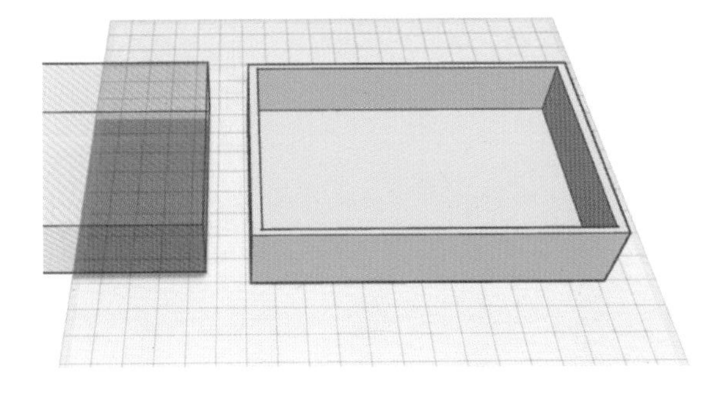

⑥ 구멍 도형과 상자 도형을 [Ctrl+G] 그룹화한다.

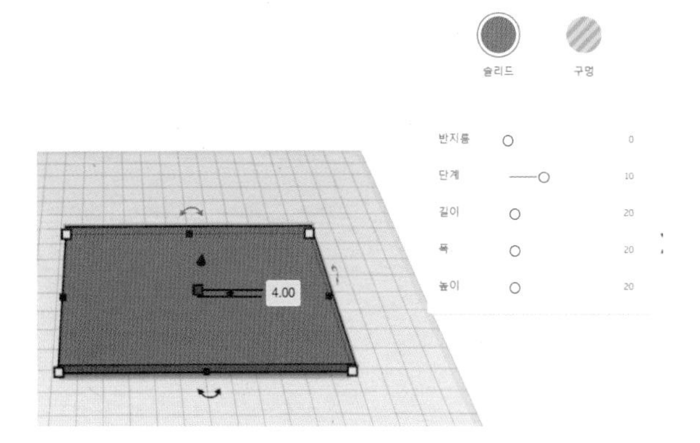

⑦ 아까 복제해둔 상자 도형의 구멍을 해체하고, 색을 바꾼다. 두께도 4mm로 설정한다.

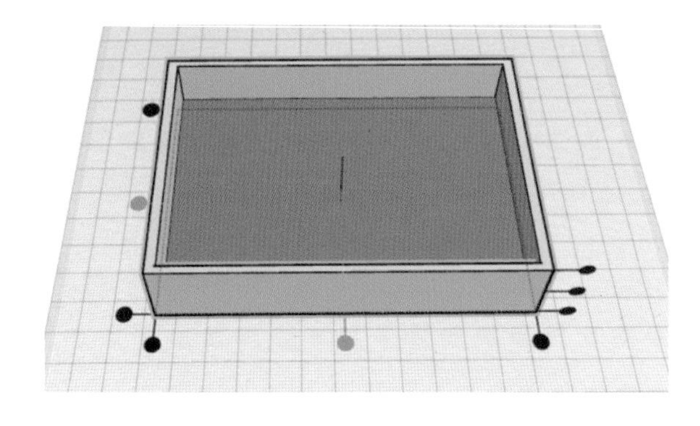

⑧ 처음 만든 도형과 얇은 상자 도형을 전체 선택하여 [단축키 L] 정렬을 눌러 가운데 정렬한다.

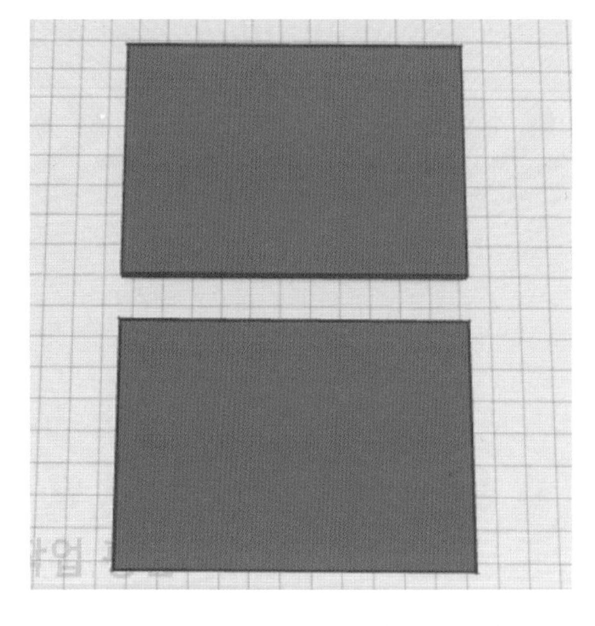

⑨ 얇은 상자 도형을 [Ctrl + C] 복사, [Ctrl + V] 붙여넣기를 하여 2개 더 만든다.

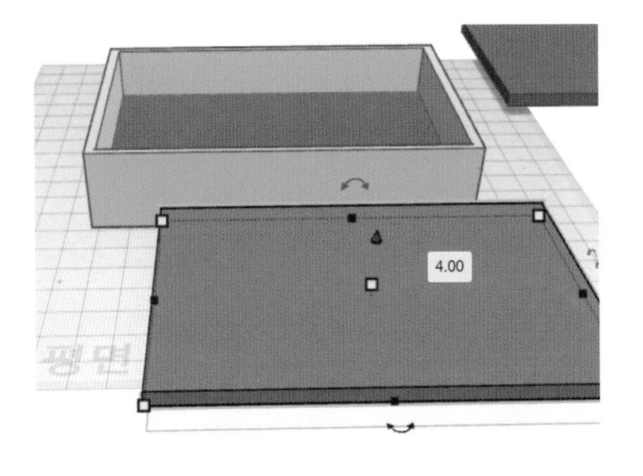

⑩ 복사해 둔 도형을 높이 4mm만큼 위로 끌어올린다.

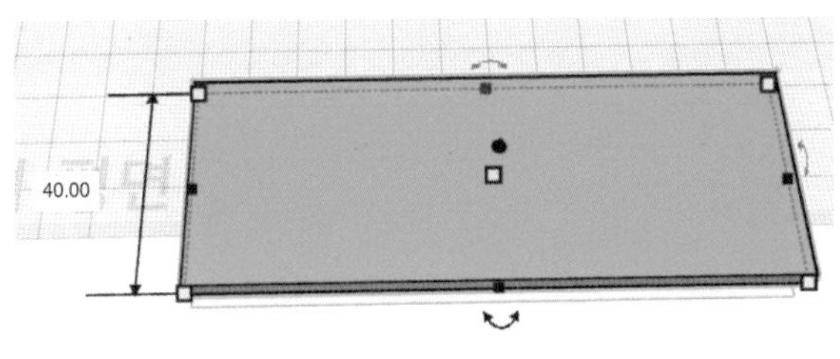

⑪ 색을 바꾸고, 세로길이를 40mm, 두께 1mm로 설정한다.

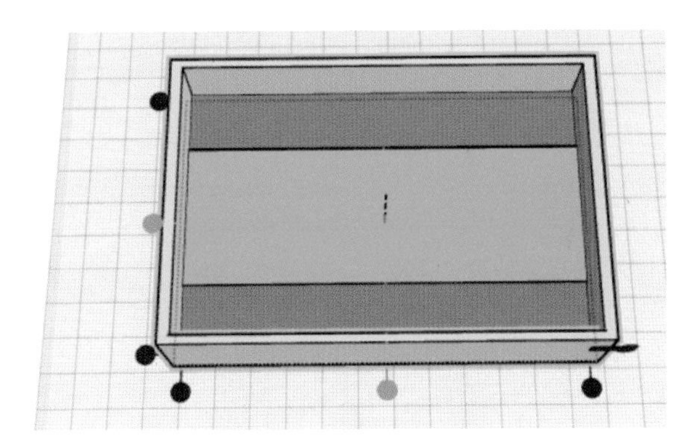

⑫ 도형 3개를 전체 선택하여 [단축키 L] 정렬을 눌러 가운데 정렬을 한다.

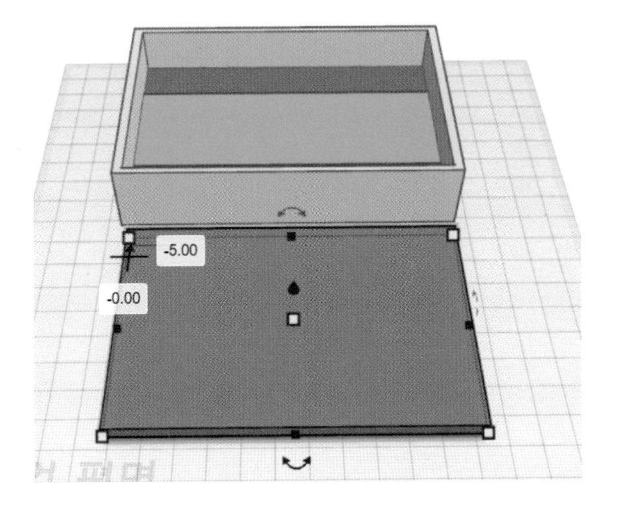

⑬ 남아있는 상자 도형을 높이 5mm만큼 위로 끌어올린다.

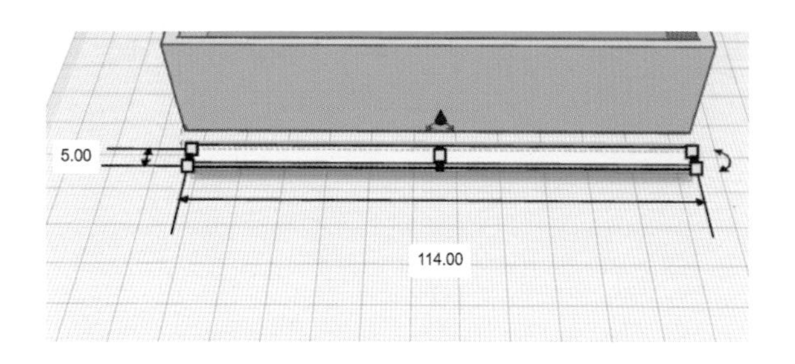

⑭ 상자 도형을 세로 5mm, 두께 1mm로 설정하고, 색도 바꾼다.

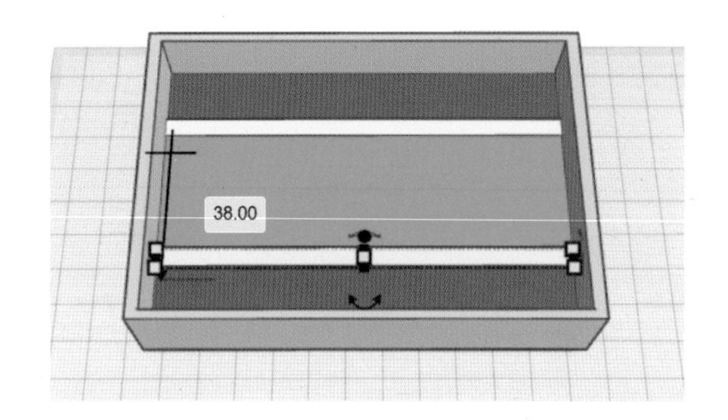

⑮ 적당한 위치에 얇은 상자 도형을 놓고, 하나 [Ctrl+D] 복제하여 다시 적당한 위치에 놓는다.

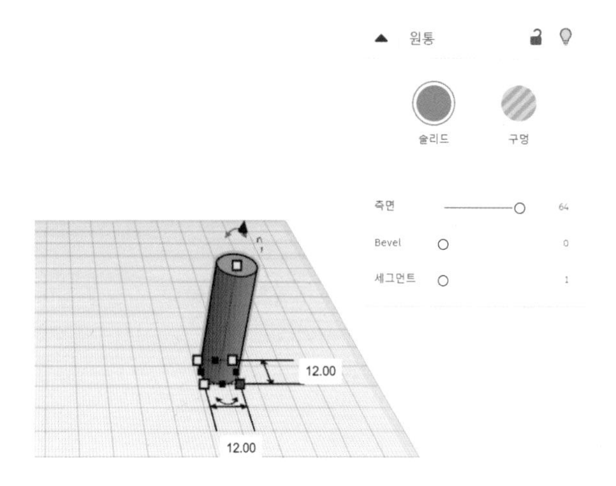

⑯ 나무를 만들기 위해 [원통 도형]을 가져와 측면을 64로 설정하고, 가로, 세로 12mm, 두께 40mm로 설정한다.

⑰ 솔리드에서 색을 바꾼다.

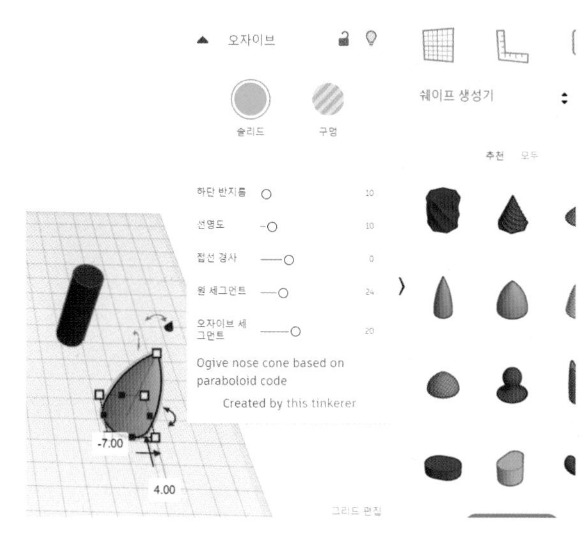

⑱ [쉐이프 생성기 – 모두]에서 [오자이브 도형]을 가져온다.

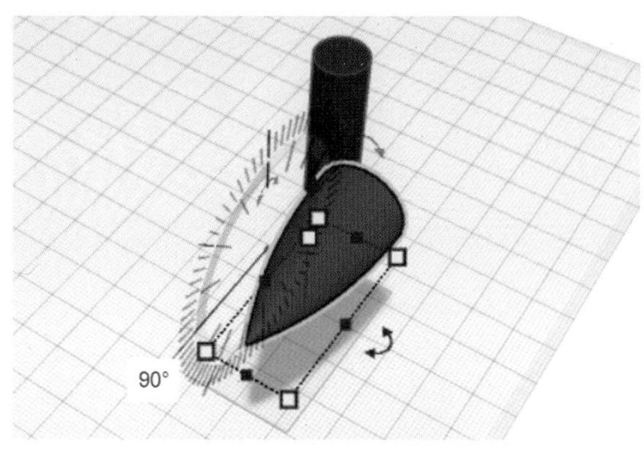

⑲ 색을 바꾸고, 앞으로 90도 회전한다.

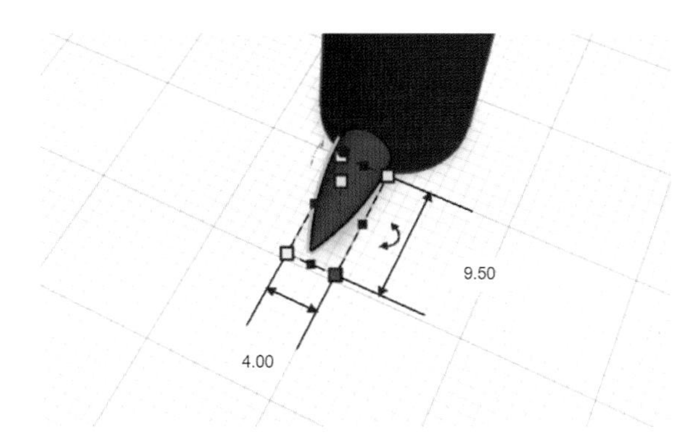

⑳ 가로 4mm, 세로 9.5mm, 두께 2mm로 설정한다.

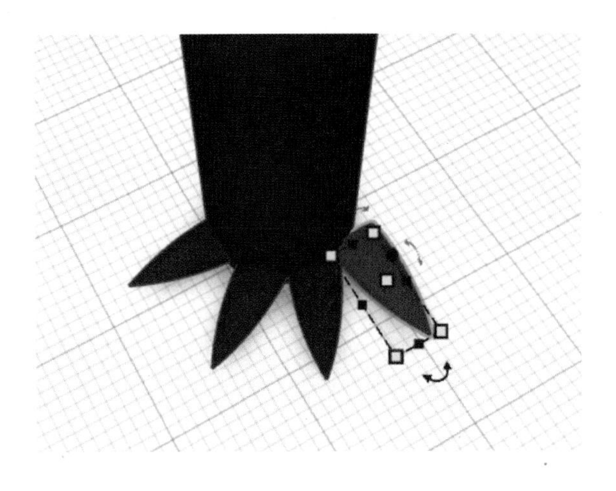

㉑ 도형을 복제, 회전 반복해서 나무의 뿌리를 만들고, [Ctrl+G] 그룹화한다.

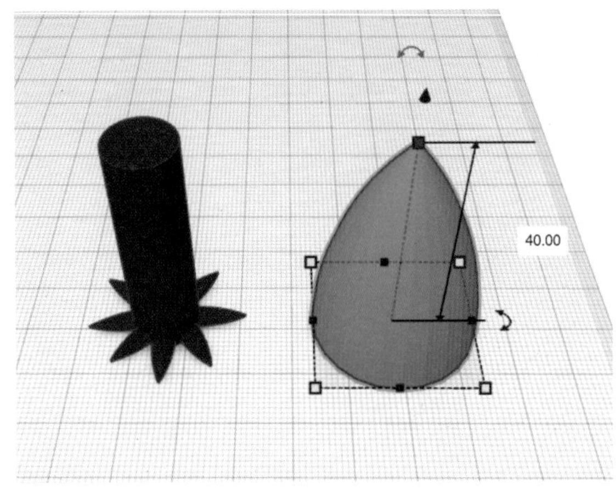

㉒ [오자이브 도형]을 가져와 가로, 세로 30mm, 두께 40mm로 설정한다.

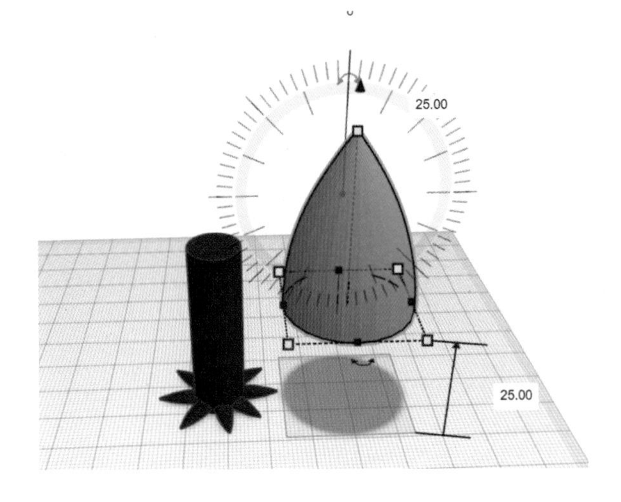

㉓ 오자이브 도형을 높이 25mm만큼 위로 끌어올린다.

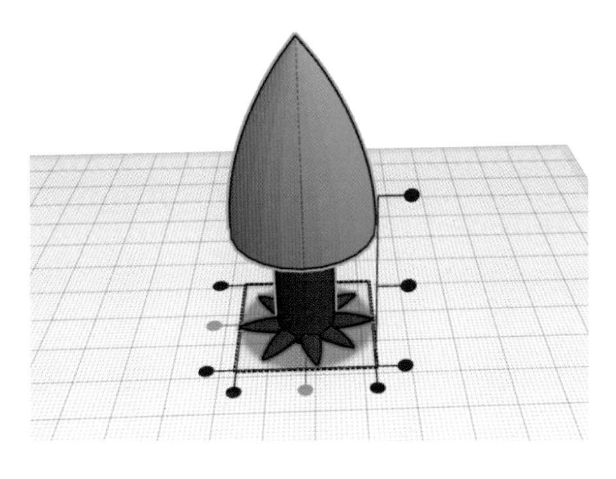

㉔ 두 개의 도형을 [단축키 L] 정렬 기능을 사용해 가운데 정렬한다.

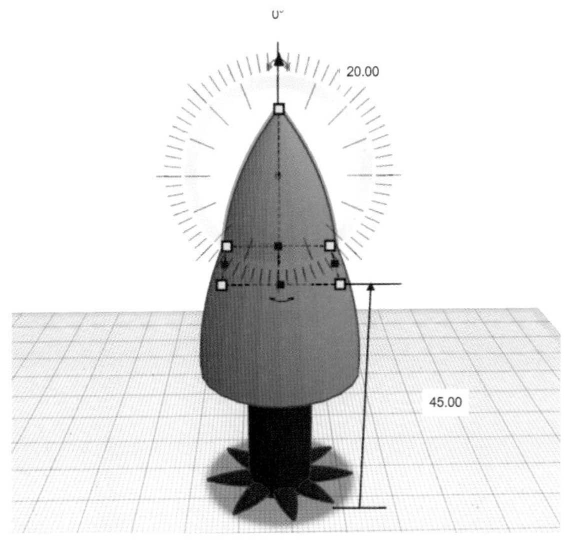

㉕ 오자이브 도형을 [Ctrl+D] 복제하여 [Shift+Alt] 키를 누른 채로 가로, 세로 20mm로 만들고 검은 화살표를 누른 채로 높이 20mm만큼 위로 끌어 올린다.

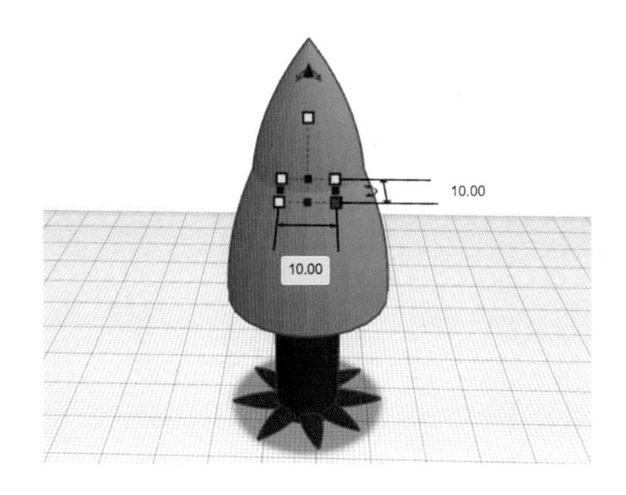

㉖ 한 번 더 오자이브 도형을 [Ctrl+D] 복제하여 [Shift+Alt] 키를 누른 채로 가로, 세로의 길이를 10mm만큼 줄인다.

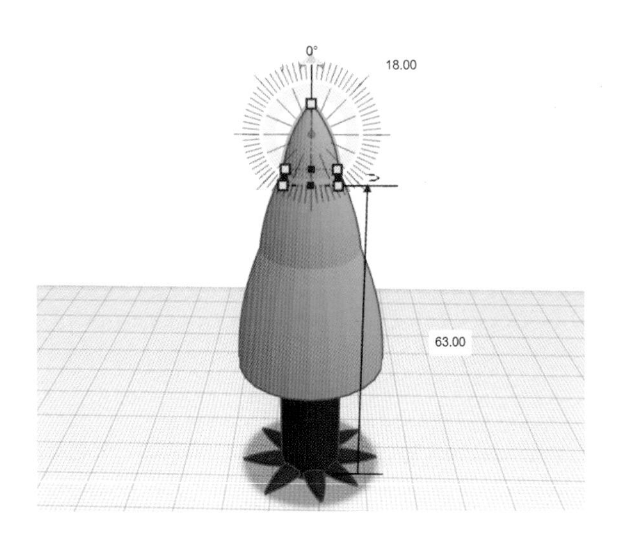

㉗ 가로, 세로 10mm의 오자이브 도형을 높이 18mm만큼 위로 끌어올린다.

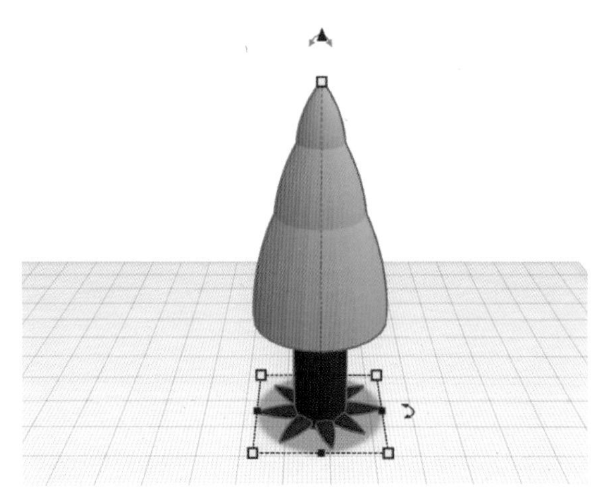

㉘ 나무 전체를 선택하여 [Ctrl + G] 그룹화한다.

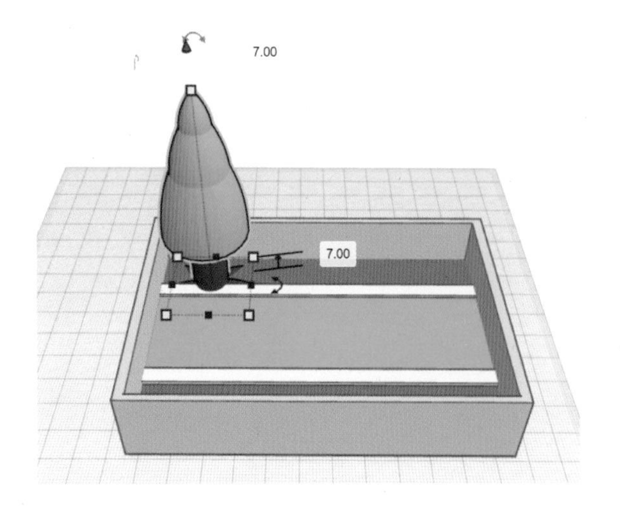

㉙ 아까 만든 공원 틀에 나무를 적당한 위치에 놓고 높이 7mm만큼 끌어올린다.

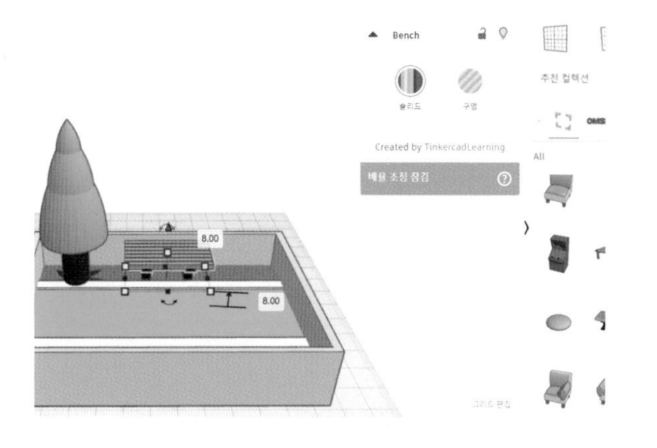

㉚ [추천 컬렉션]의 [Bench] 도형을 가져와 적당한 위치에 놓은 후 높이 8mm 만큼 끌어 올린다.

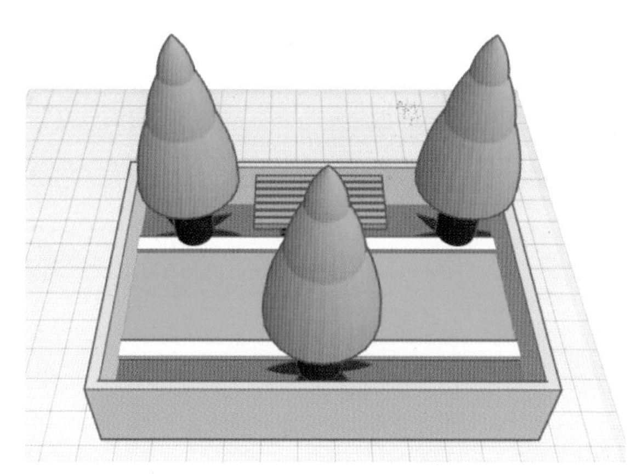

㉛ 나무를 2개 더 복사하여 적당한 위치에 놓으면 공원 완성!

[공원 출력물]

7) 판다 charm

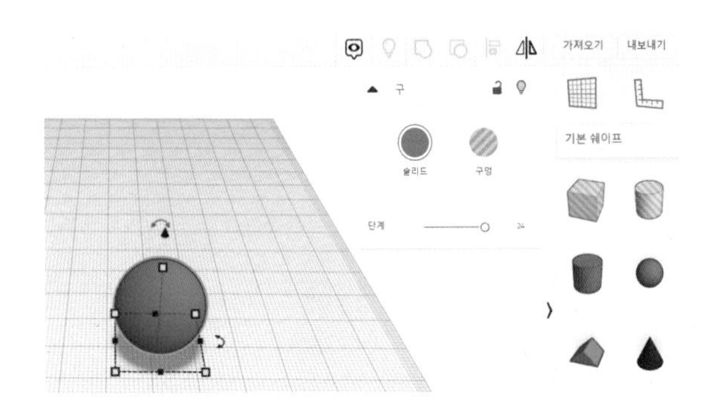

① 판다의 다리 부분을 만들기 위해서 [기본 쉐이프]의 구 도형을 1개 가져 온다.

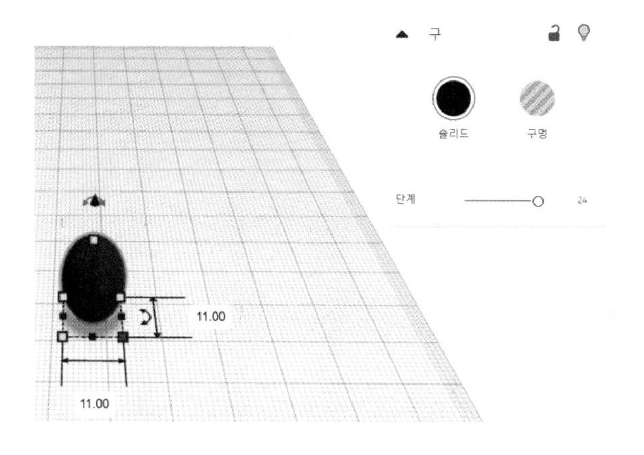

② 구 도형의 색을 솔리드에서 검은색으로 바꾸고, 가로 11mm, 세로 11mm, 두께 17mm로 바꾼다.

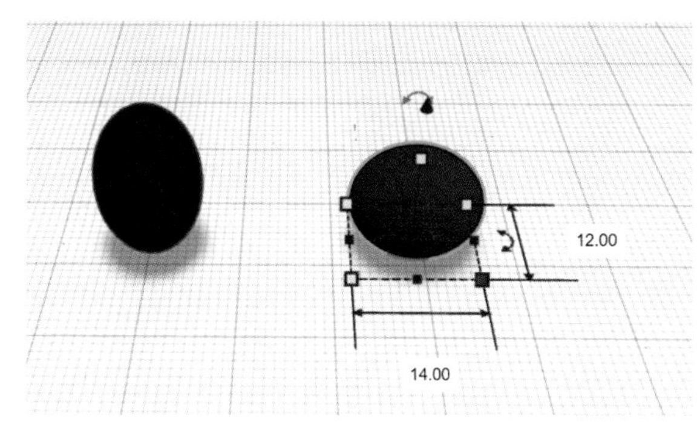

③ 구 도형을 [Ctrl+C] 복사, [Ctrl+V] 붙여넣기를 해 1개를 더 만들고, 가로 14mm, 세로 12mm, 두께 11mm로 만든다.

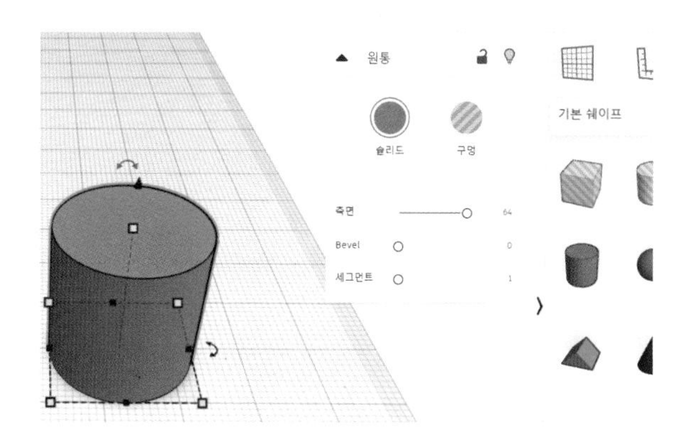

④ [기본 쉐이프]의 [원통 도형]을 가져와 측면을 64로 설정한다.

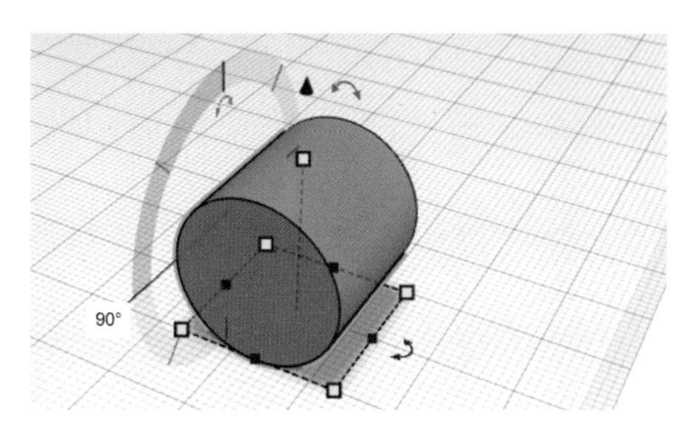

⑤ 화면을 살짝 돌려 원통 도형을 앞으로 90도 회전한다.

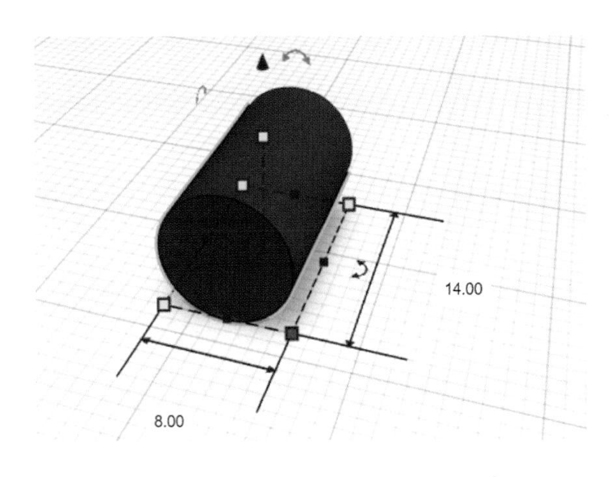

⑥ 원통 도형을 가로 8mm, 세로 14mm, 두께 8mm로 설정하고, 색도 검은색으로 바꾼다.

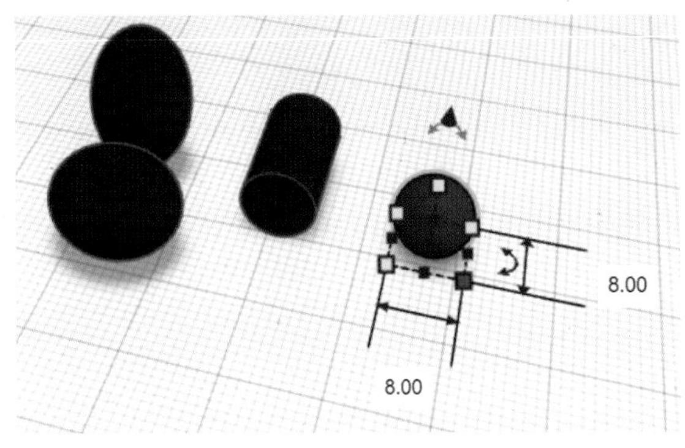

⑦ 다시 구 도형을 가져와 검은색으로 바꾸고, 가로, 세로, 두께를 8mm로 만든다.

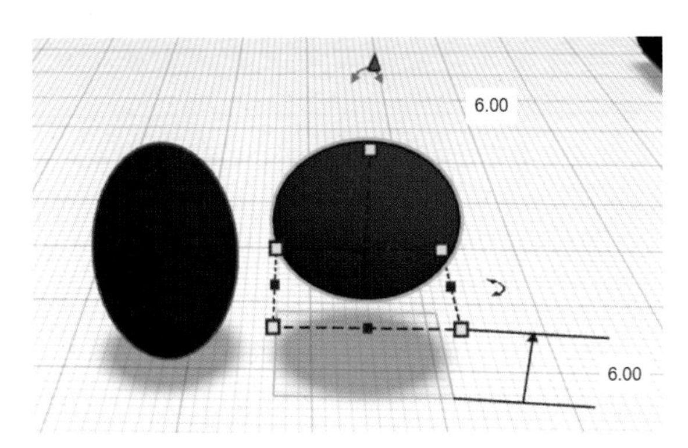

⑧ 두 번째에 만들었던 구 도형을 6mm 만큼 위로 띄운다.

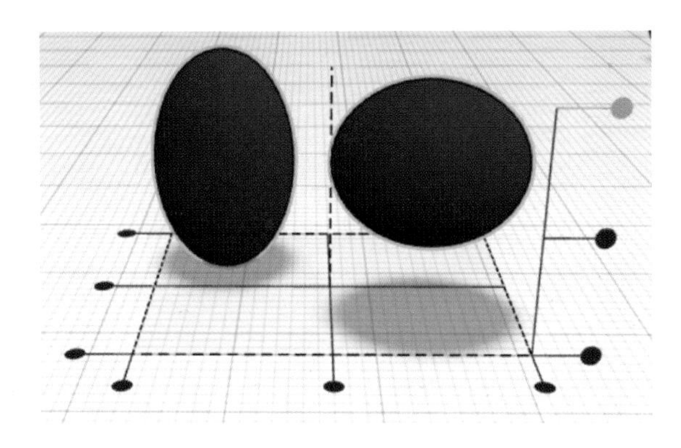

⑨ 처음 만든 구 도형과 6mm만큼 띄운 구 도형을 [단축키 L] 정렬 기능을 사용해 양옆으로 가운데 정렬한다.

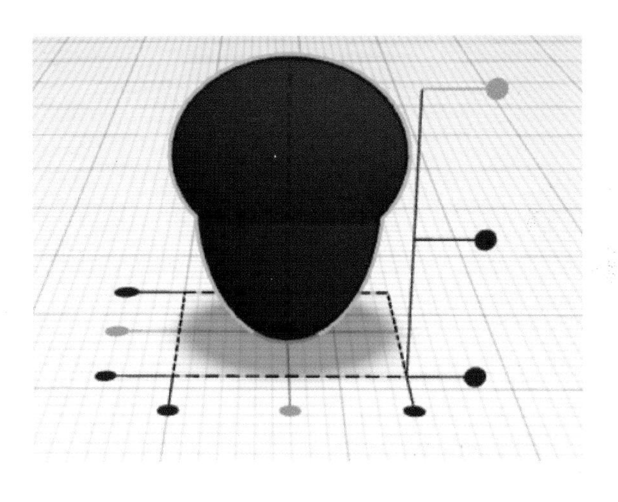

⑩ 이 모양이 만들어졌으면, [Ctrl + G] 그룹화를 한다.

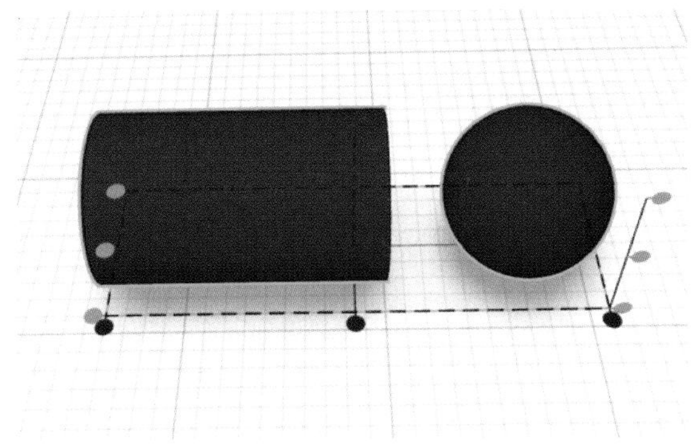

⑪ 세 번째, 네 번째 만들었던 도형들을 세로 기준으로 가운데 정렬한다.

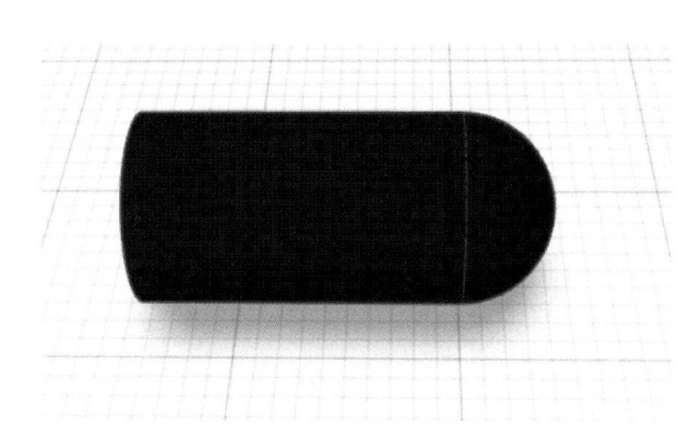

⑫ 키보드를 이용해 구 도형을 움직여 이러한 모형을 만든다.
마찬가지로 [Ctrl+G] 그룹화를 한다.

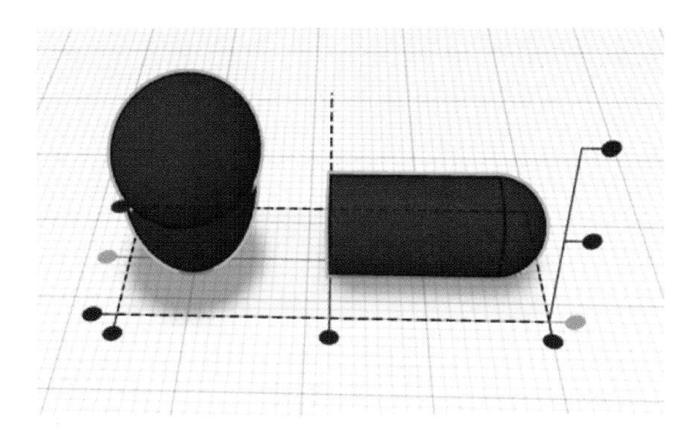

⑬ 두 도형을 세로 기준으로 가운데 정렬한다.

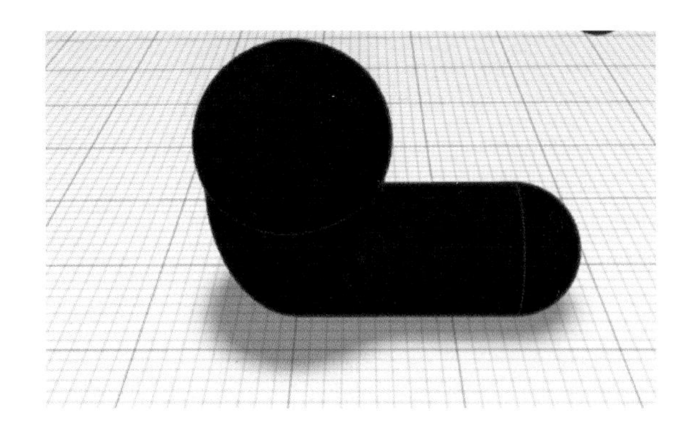

⑭ 키보드를 이용해 두 도형을 합치고, [Ctrl+G] 그룹화를 한다.

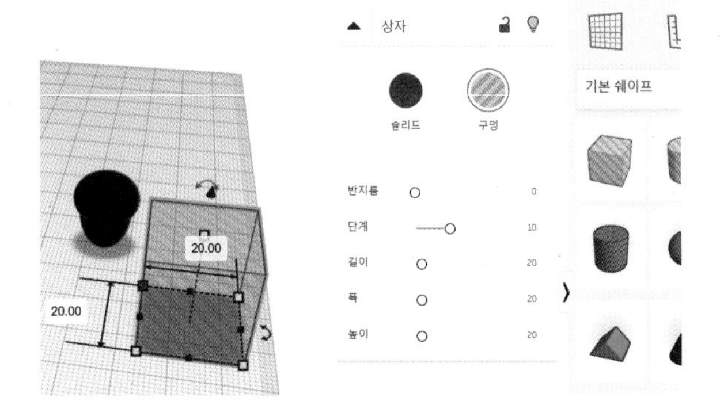

⑮ [구멍 상자 도형]을 가져온다.

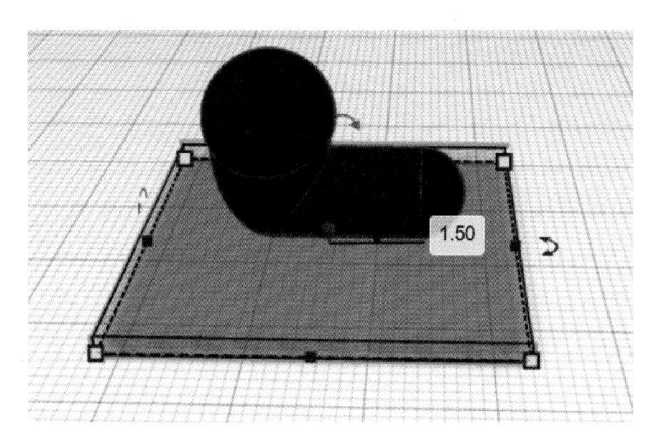

⑯ 구멍 상자 도형의 가로, 세로길이는 다리보다 길게 설정하고, 두께는 1.5mm로 설정한다.

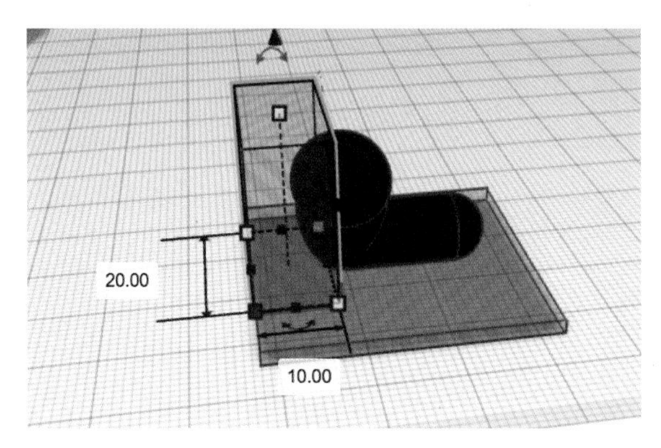

⑰ 구멍 도형을 하나 [Ctrl+C] 복사, [Ctrl+V] 붙여넣기를 하여, 발바닥 부분이 다 들어갈 만한 크기로 설정하고, 적당한 자리에 배치한다.

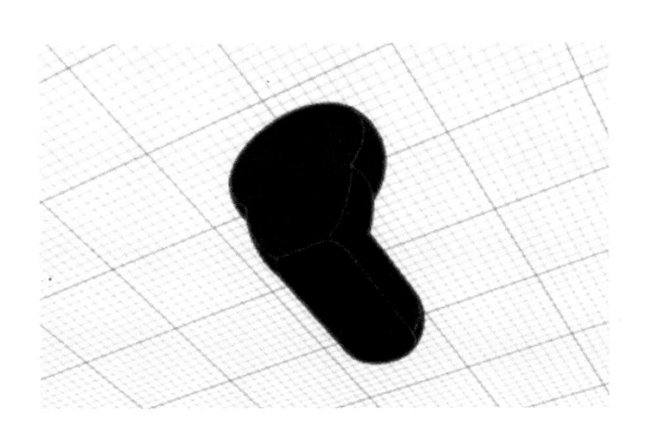

⑱ [Ctrl+G] 그룹화를 하면 이런 모양의 다리가 완성된다.

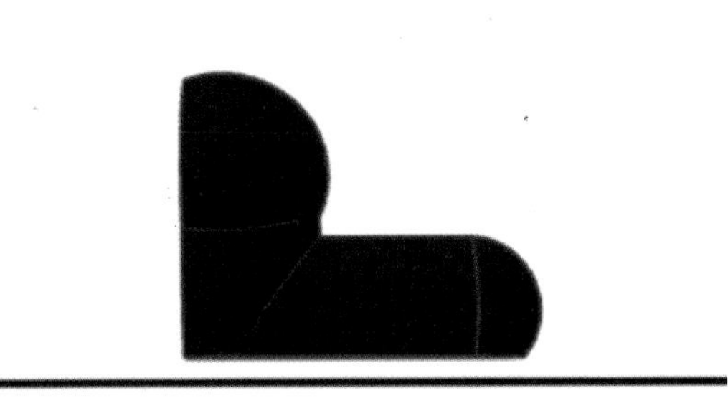

⑲ 만약 이런 식으로 다리가 공중에 떠 있다면, [단축키 D]를 눌러 바닥 면에 붙인다.

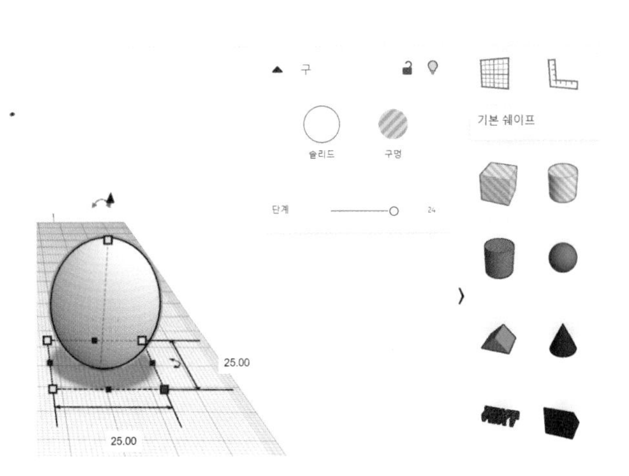

⑳ 판다의 몸통을 만들기 위해 [구 도형]을 가져와 가로, 세로 25mm, 두께 30mm로 설정하고, 색도 흰색으로 바꾼다.

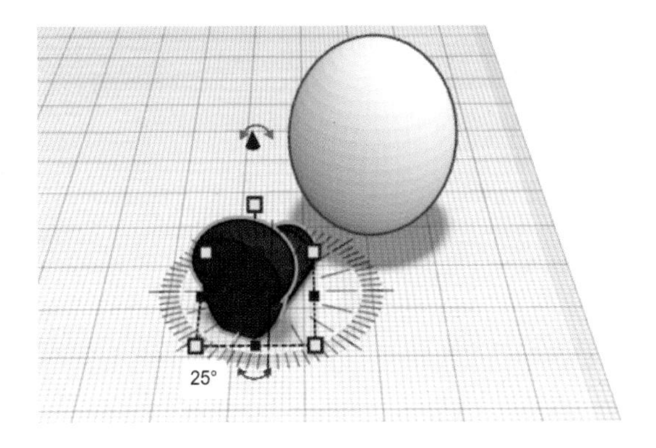

㉑ 아까 만들어 둔 다리를 왼쪽 방향으로 25도 회전한다.

㉒ 다리를 몸통에 적당한 자리에 갖다 놓는다.

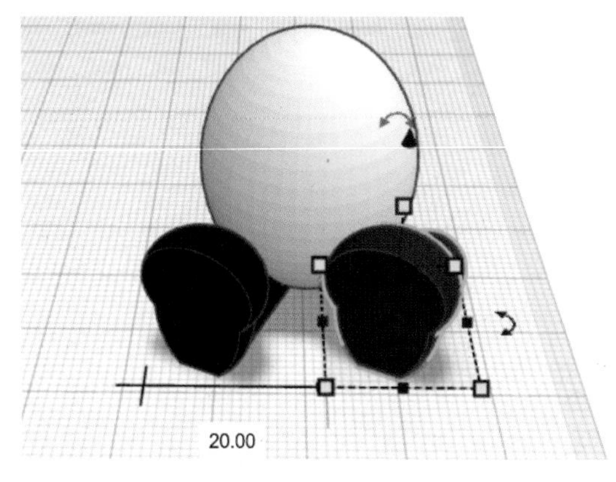

㉓ 다리를 1개 [Ctrl+D] 복제를 하여 [Shift]를 누른 상태로 오른쪽으로 20mm만큼 이동한다.

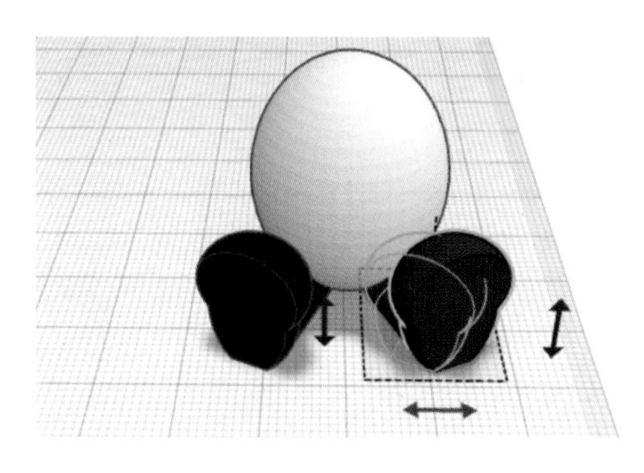

㉔ [단축키 M] 대칭 기능을 사용하여 오른쪽 다리 좌우 대칭을 하고, 몸통과 다리 전체를 [Ctrl+G] 그룹화한다.

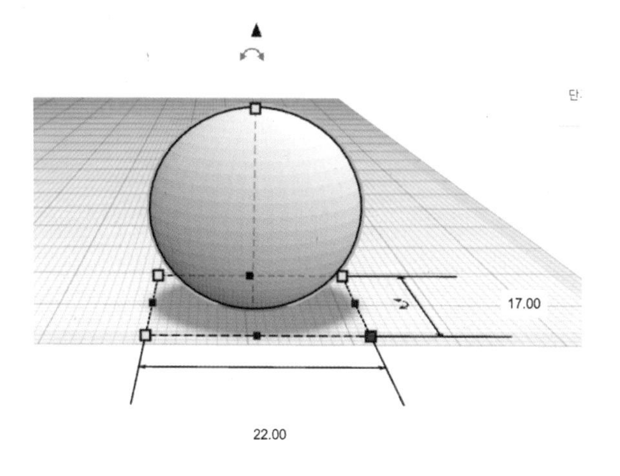

㉕ 판다의 얼굴 부분을 만들기 위해 [구 도형]을 가져와 흰색으로 바꾸고, 가로 22mm, 세로 17mm, 두께 20mm로 설정한다.

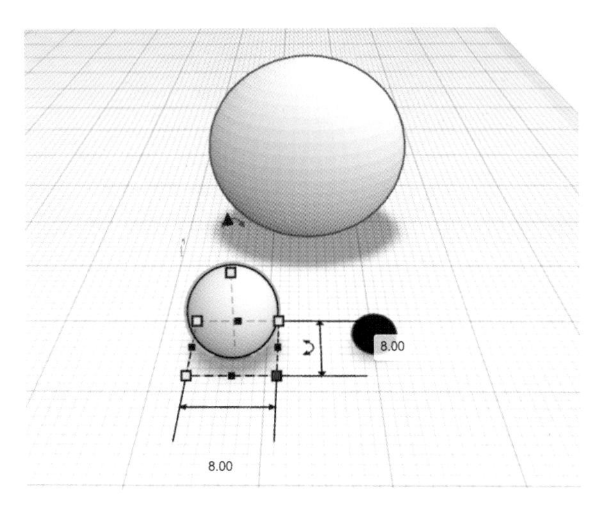

㉖ 판다의 코 부분을 만들기 위해 구 도형을 2개 [Ctrl+C] 복사, [Ctrl+V] 붙여넣기를 하여 한 개의 구는 가로, 세로, 두께 8mm로 설정한다.

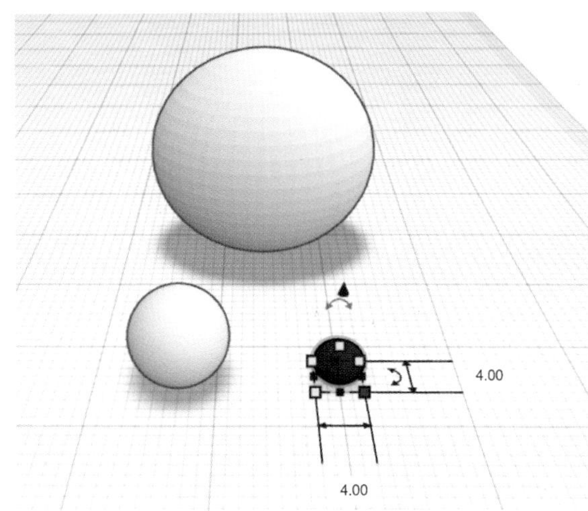

㉗ 나머지 한 개의 구는 검은색으로 바꾸고, 가로, 세로 4mm, 두께 3mm로 바꾼다.

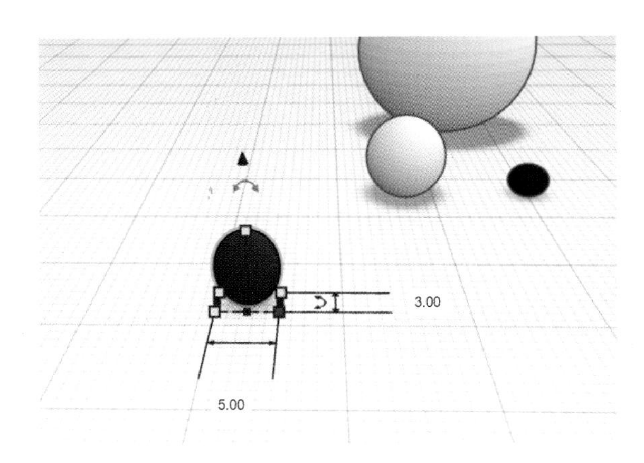

㉘ 판다의 눈을 만들기 위해 구를 2개 더 [Ctrl+C] 복사, [Ctrl+V] 붙여넣기 하여 1개의 구를 가로 5mm, 세로 3mm, 두께 6mm로 설정한다.

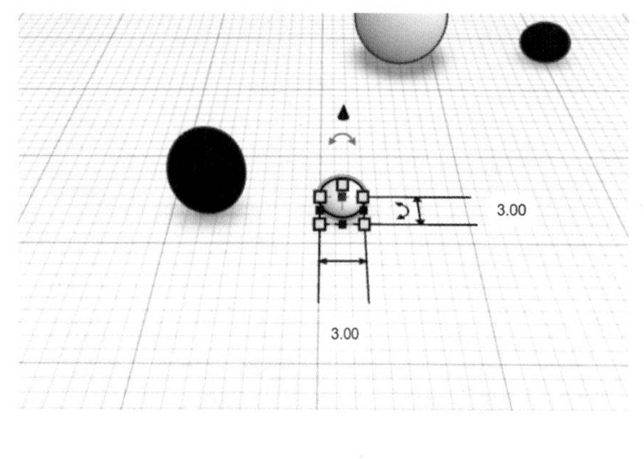

㉙ 나머지 1개의 구는 흰색으로 바꾸고, 가로, 세로 3mm, 두께 2mm로 설정한다.

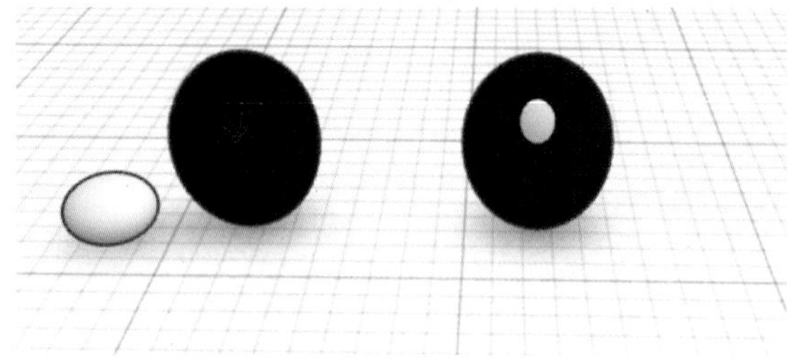

㉚ 눈의 검은자에 흰자를 적당한 위치에 놓고, [Ctrl+G] 그룹화한다.

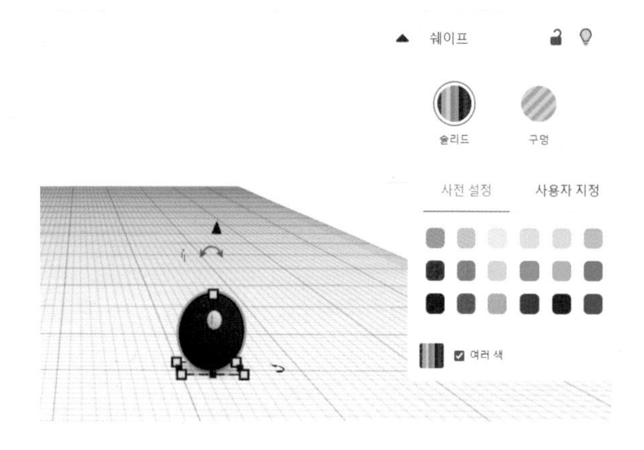

㉛ 그룹화를 했는데 색이 한 가지 색으로 통일되면, 솔리드의 여러 색을 체크 한다.

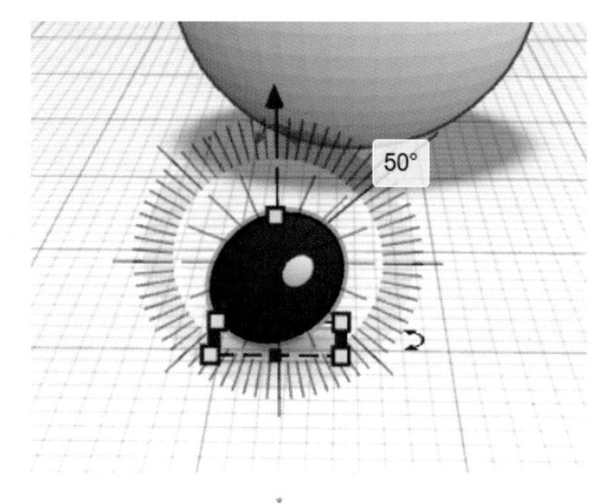

㉜ 만들어진 눈을 오른쪽으로 50도 회전한다.

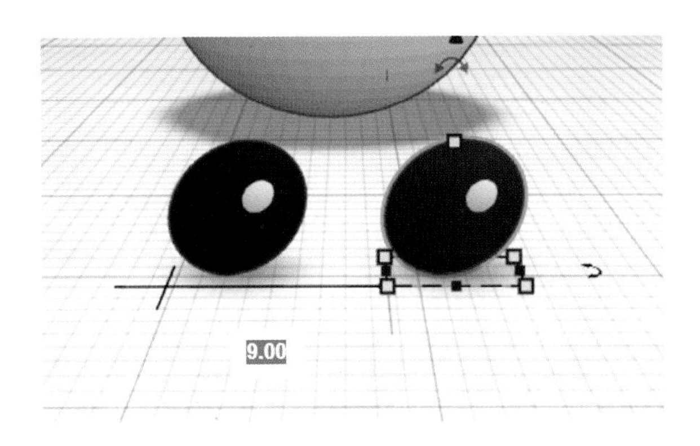

㉝ 눈을 1개 [Ctrl+D] 복제하여 [Shift]를 누른 상태로 오른쪽으로 9mm만큼 이동한다.

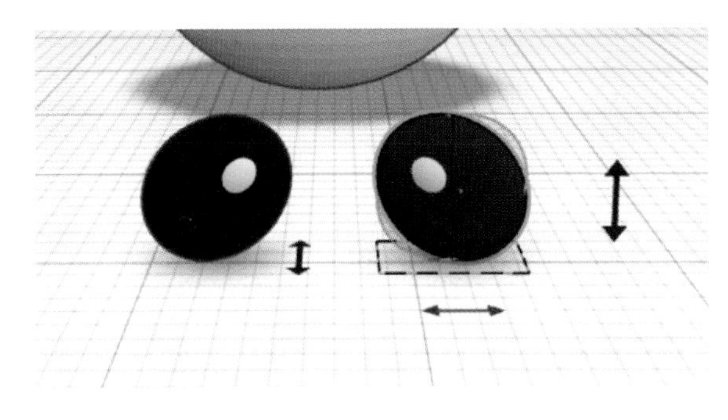

㉞ [단축키 M] 대칭 기능을 사용하여 좌우 대칭을 하고, 두 개의 눈을 [Ctrl+G] 그룹화한다.

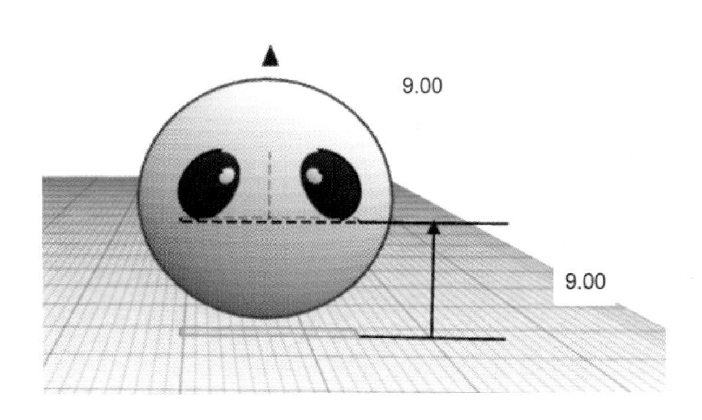

㉟ 눈을 9mm만큼 띄워 얼굴 중 알맞은 위치에 갖다 놓는다.

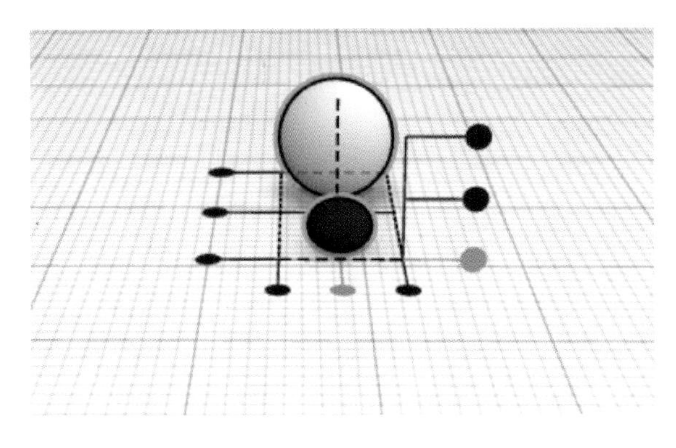

㊱ 아까 만들어둔 코 부분을 가로를 기준으로 가운데 정렬한다.

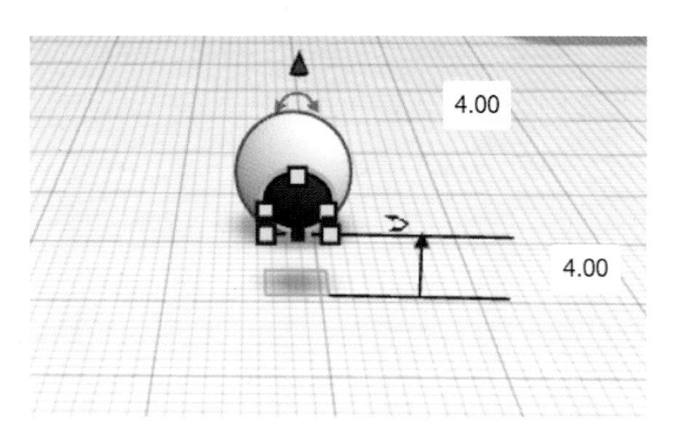

㊲ 높이를 4mm만큼 위로 띄운다.

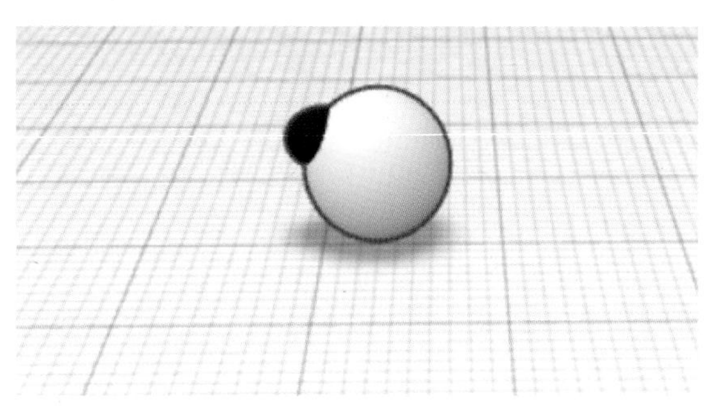

㊳ 검은색의 코를 흰 코의 적당한 부분에 갖다 놓고 [Ctrl+G] 그룹화를 한다.

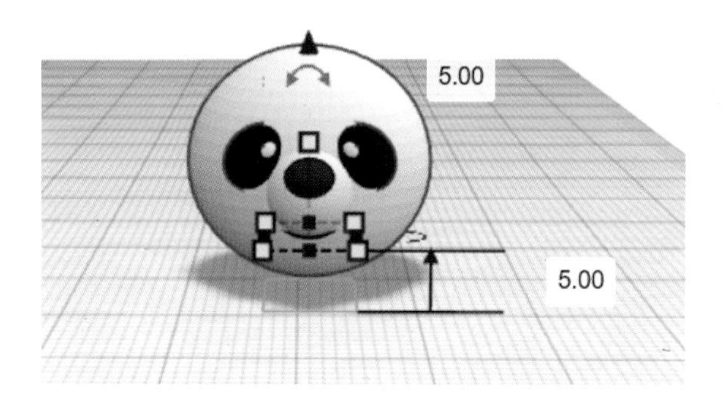

㊴ 마찬가지로 코도 5mm만큼 띄워 판다 얼굴의 적당한 위치에 놓는다.

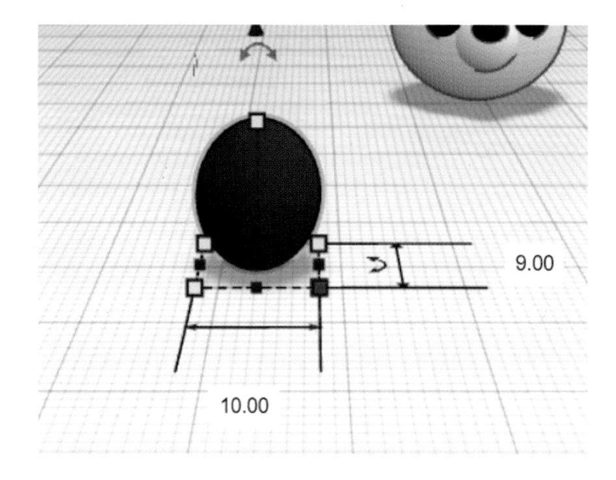

㊵ 판다의 귀를 만들기 위해 [구 도형]을 가져와 가로 10mm, 세로 9mm, 두께 12mm로 설정한다.

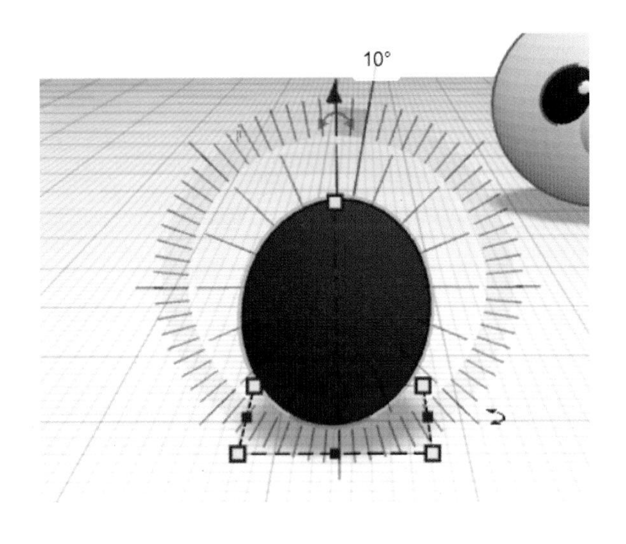

㊶ 도형을 오른쪽으로 10도 회전한다.

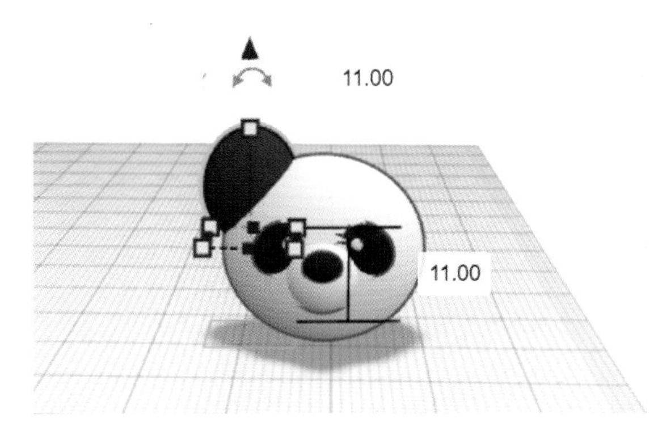

㊷ 귀 도형을 11mm만큼 띄우고, 판다의 얼굴 적당한 위치에 갖다 놓는다.

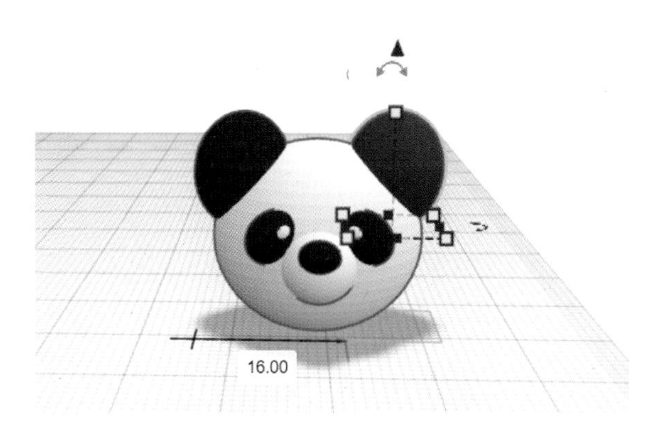

㊸ [Ctrl+D] 복제를 하여 [Shift]를 누른 채로 오른쪽으로 16mm만큼 옮긴다.

㊹ 오른쪽 귀를 [단축키 M]을 눌러 좌우 대칭한다.

㊺ 얼굴 전체를 선택해 [Ctrl+G] 그룹화를 하면 얼굴 부분 완성이다.

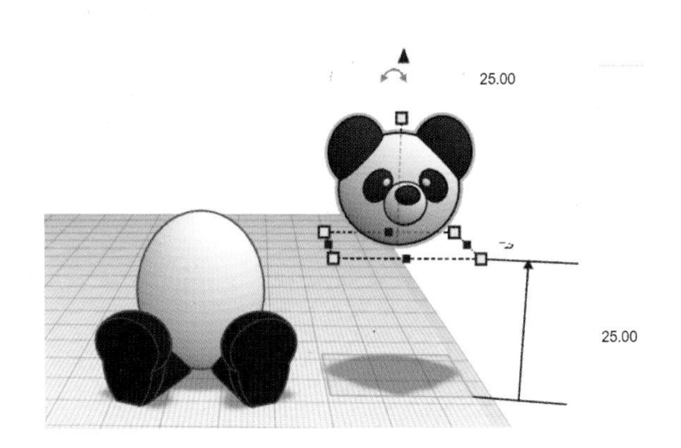

㊻ 아까 만들어둔 몸통과 다리를 옆에 놓고, 만들어둔 판다 얼굴을 높이 25mm만큼 위로 띄운다.

㊼ 얼굴과 몸통을 전체 선택하여 [단축키 L] 정렬을 눌러 가운데 정렬한다.

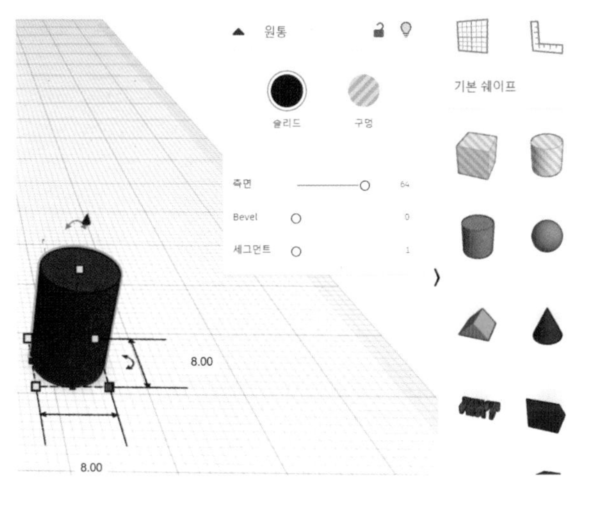

⑱ 판다의 팔을 만들기 위해서 [원통 도형]을 가져와 측면을 64로 설정하고, 가로, 세로 8mm, 두께 12mm로 설정한다.

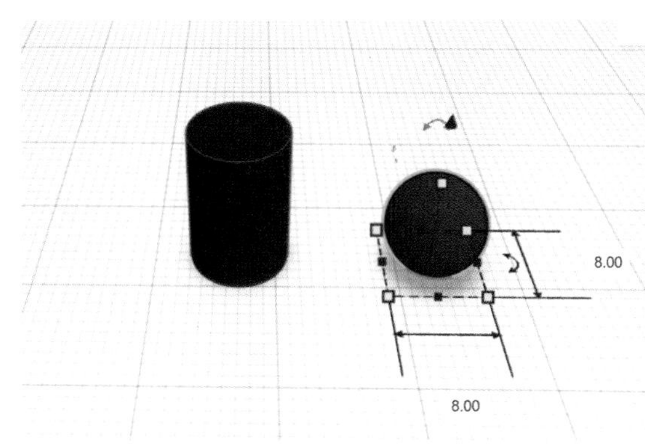

⑲ [구 도형]을 가져와 가로, 세로, 두께 모두 8mm로 설정한다.

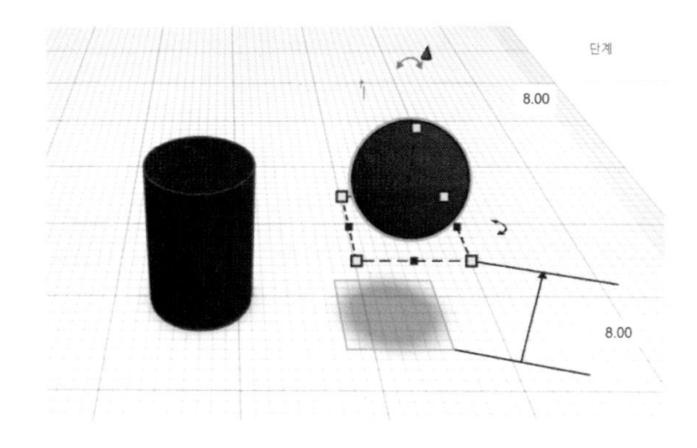

⑳ 구 도형을 높이 8mm만큼 위로 띄운다.

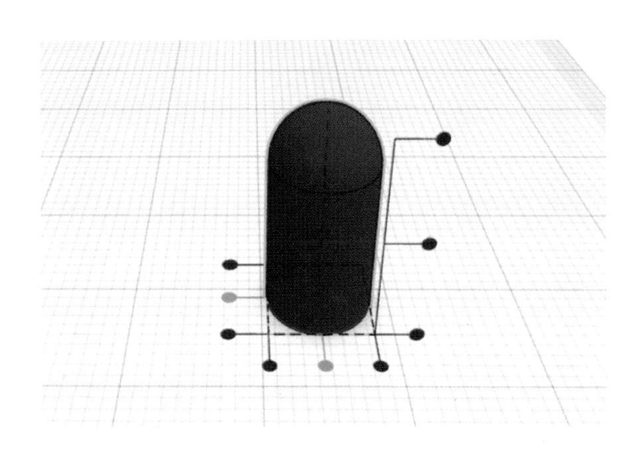

㉛ 원통 도형과 구 도형을 전체 선택하여 가운데로 정렬한다.

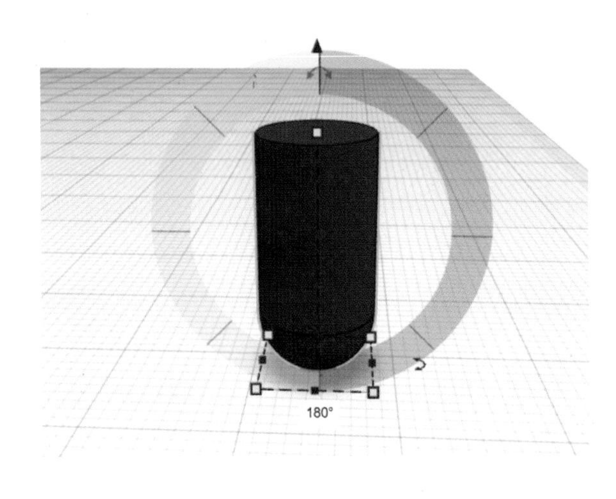

㉜ 원통 도형과 구 도형을 180도 회전한다.

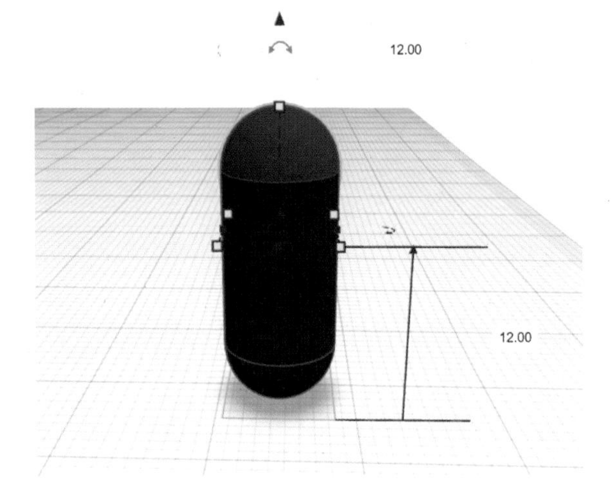

㉝ 구 도형을 [Ctrl+D] 복제하여 높이 12mm를 띄운다.

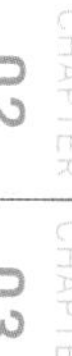

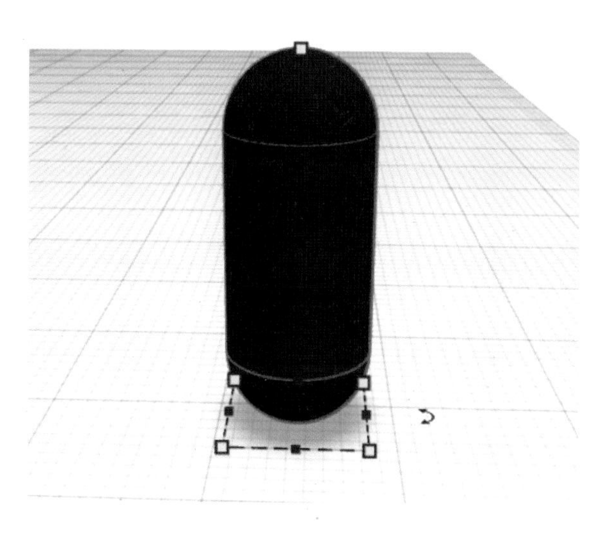

㊹ [Ctrl+G] 그룹화를 한다.

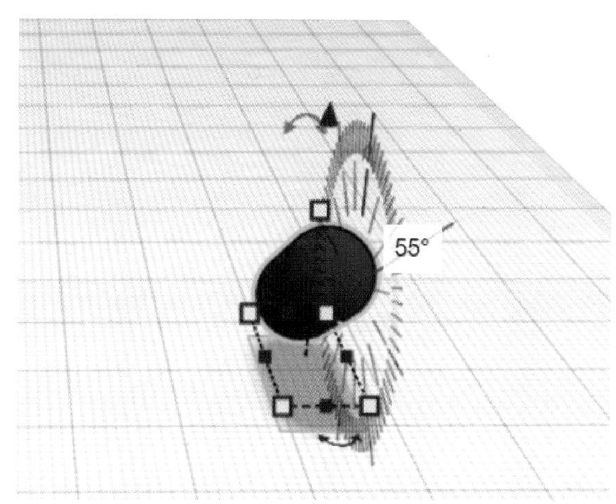

㊺ 팔 도형을 앞으로 55도 회전한다.

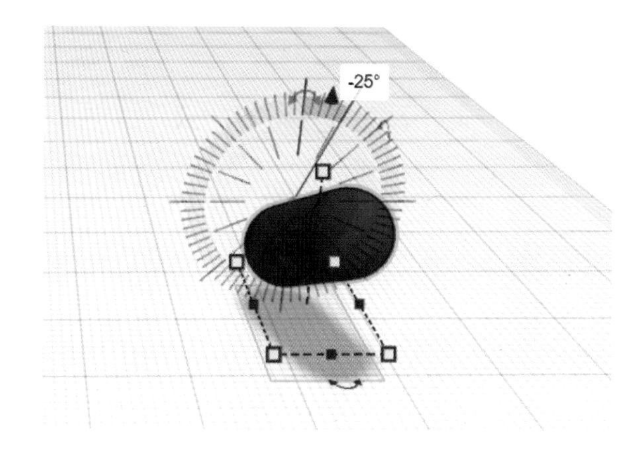

㊻ 팔 도형을 오른쪽으로 -25도 회전한다.

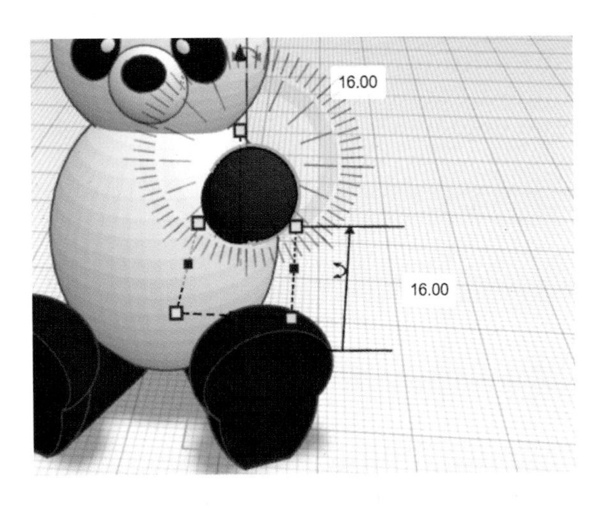

⑰ 팔 도형을 적당한 위치에 위치시킨 후 높이를 16mm 위로 올린다.

⑱ 팔 도형을 [Ctrl + D] 복제하여 [Shift]를 누른 채로 왼쪽으로 18mm 이동한다.

⑲ 왼쪽 팔을 선택하여 [단축키 M] 대칭을 누르고 좌우 대칭을 한다.

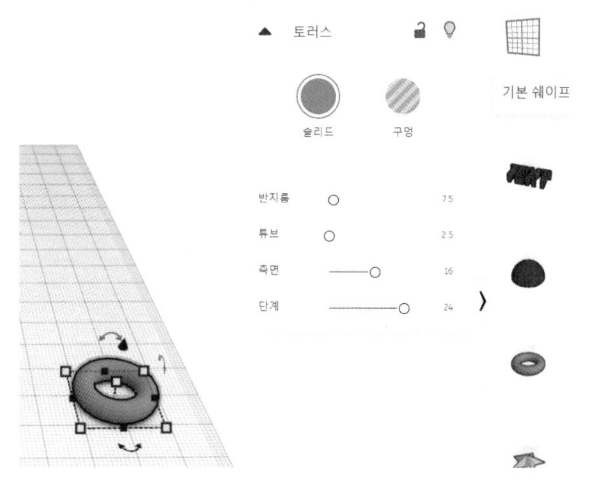

⑥⓪ 고리 부분을 만들기 위해 [토러스 도형]을 가져온다.

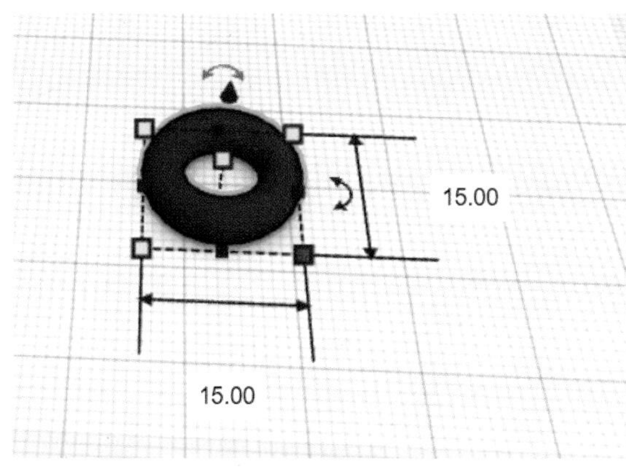

⑥① 가로, 세로 15mm, 두께 4mm로 설정하고, 검은색으로 바꾼다.

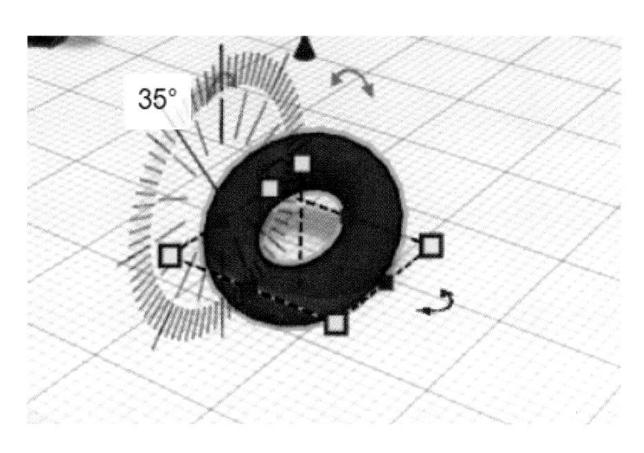

⑥② 토러스 도형을 35도 뒤로 회전한다.

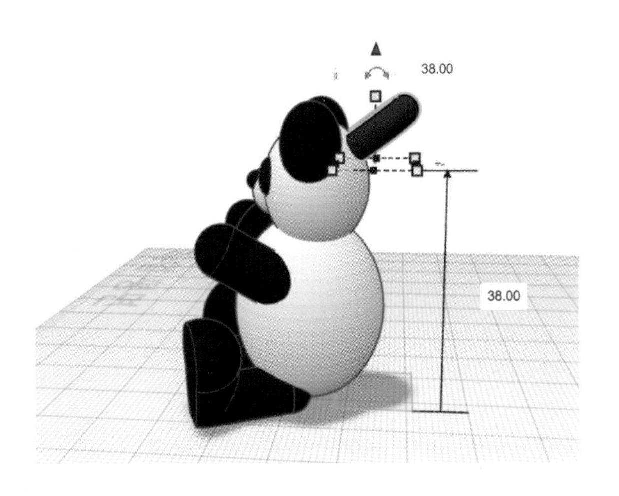

⑥③ 토러스 도형을 높이 38mm만큼 위로 띄우고, 적당한 위치에 갖다 놓는다.

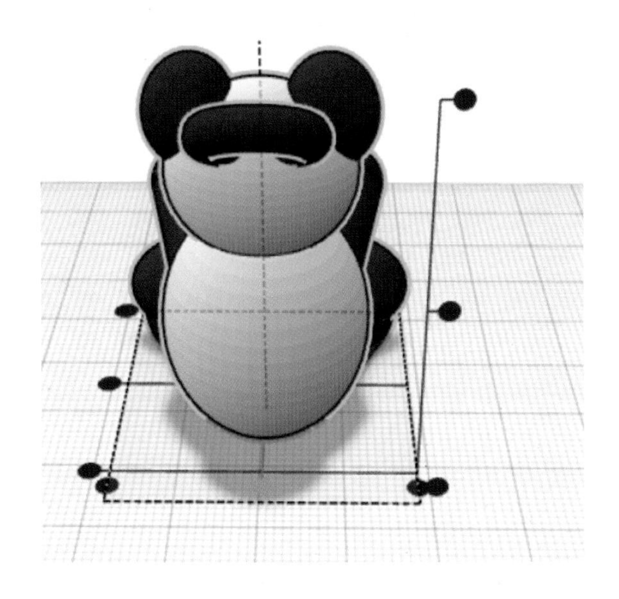

⑥④ 판다와 토러스를 [단축키 L] 정렬을 이용해 가운데 정렬하고, 전체 [Ctrl+G] 그룹화를 한다.

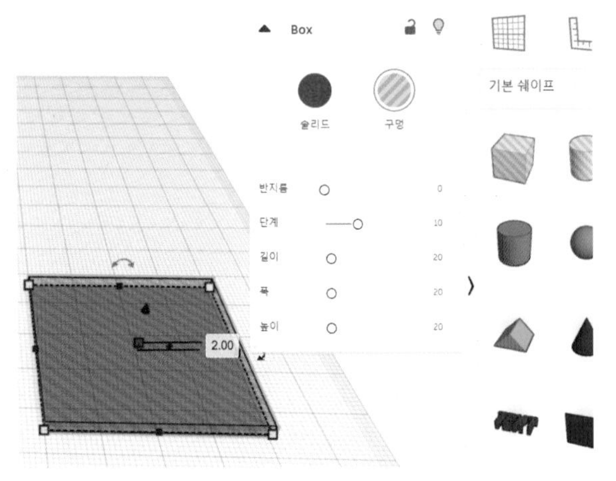

⑥⑤ 판다의 바닥 면을 평평하게 만들기 위해 [구멍 상자 도형]을 가져오고 가로, 세로는 판다의 몸보다 크게 설정, 두께는 2mm로 설정한다.

⑥⑥ 판다와 구멍 도형을 같은 자리에 위치시킨다.

⑥⑦ [Ctrl+G] 그룹화를 하면 판다 참 완성!

[판다 charm 출력물]

4-3 멀티컬러에 최적화된 두꺼비 타워를 아시나요?

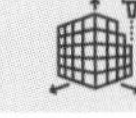

1) 두꺼비 타워 활용하기

(1) 두꺼비 타워 제작 배경

두꺼비 타워(이하 두타)는 두꺼비님께서 80년대 후반 PC 통신 천리안 시절부터 사용해 온 아이디 두꺼비(dukuby)에서 빌려온 것이라고 한다.

두타를 만들게 된 계기는, 2021년 2월 5일 국내 멀티컬러 3D 프린터의 대표주자이자 선두기업이라 할 수 있는 Yally3D의 5색 멀티컬러 프린터 O2를 만나게 된 것이 그 첫 출발이었다.

당시 전혀 예상하지 못했던 Yally3D와의 운명적인 인연으로 생애 처음 멀티컬러 3D 프린팅을 경험하면서 정말 뜨악했던 놀라움을 느끼셨다고 했다.

여기부터는 두꺼비님의 경험에서 작성한 글을 소개한다.

첫 번째 놀라움은 이런 멋진 멀티컬러 출력을 손쉽게 할 수 있다는 것이지만, 이에 못지않은 사실 하나가 바로 사진의 원기둥 모양으로 만들어진 프라임타워였다.

멀티컬러 프린팅을 경험해본 분들은 모두 느끼겠지만, 멀티컬러 프린팅에서 색 변경을 위해 만들 수밖에 없는 프라임타워에 소모되는 재료와 시간의 낭비는 상당히 많았다.

이후 멀티컬러 프린팅 경험을 쌓아가면서, 프라임타워의 여러 설정 항목을 찾아 최적화해 보았지만, 큐라라는 일반 범용 슬라이서가 제공하는 타워 옵션으로는 한계가 있었다.

큐라의 프라임타워 기능을 보면서 느낀 가장 큰 문제는 색상 변경이 발생하지 않는 레이어에서도 타워는 무조건 그려져야 한다는 부분이었다.

노즐의 Z축 위치를 항상 동기화해서 그 어떤 경우에도 출력 사고가 발생하지 않도록 하는 슬라이서의 범용성 때문이라고 생각할 수 있었지만, 사용자가 노즐의 Z축 이동 시 갠트리 구조에 따른 최소 안전거리 등을 판단하여 타워의 위치나 크기를 결정하게 하는 등, 단순히 타워를 위해 타워를 그리는 구간은 발생하지 않도록 만들 수 있으리라 판단했다.

그렇게 하여 두타를 만들기 시작한 것이 2월 10일이었다.

O2와 첫 만남을 가진 지 불과 5일도 되지 않아 작업을 시작했는데, 지금 생각해도 당시의 나는 참 무모했던 것 같다. 파이썬이라는 프로그래밍 언어를 유튜브 영상 등으로 혼자 독학하기 시작한 지 불과 며칠 지나지 않은 상태였는데, 무슨 자신감에 배짱이었는지 무식하기 그지없는 시작이었다.

실패도 많이 겪었다. (2월 11일)
그래도 이렇게 꾸역꾸역 만들어 가고 있었다. (2월 12일)

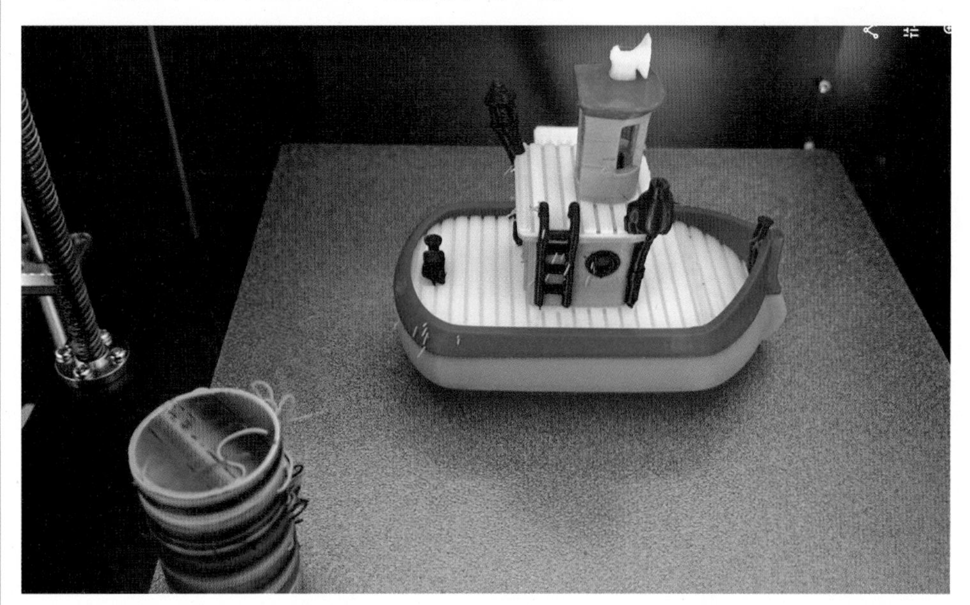

계속 파이썬을 공부하면서, 조금씩 두타를 다듬어 나갔다. (2월 13일)

원형의 두타를 사각형 모양으로 바꾸는 전환이 있었고, 두타는 위 사진과 같이 특정 레이어에서만 색상 변경이 발생하는 출력물에서 뛰어난 효율을 발휘할 수 있었다. (2월 15일)

이렇게 혼자 사용하면서 다듬어오던 두타를 처음으로 공개한 것은 2월 19일.

https://cafe.naver.com/makerfac/134471

공개는 했지만, 이후에도 거의 혼자 사용하는 개인 툴에 가까웠다.

2월 21일 출력. 이렇게 계속 혼자 사용하면서 조금씩 다듬고 수정해 나갔다.
4월에는 지금까지 만들었던 두타의 코드를 완전히 새로 작성하는 선택을 했다.

https://cafe.naver.com/makerfac/138125

사용자 인터페이스를 구성했던 GUI 툴 Tkinter에서보다 다양한 화면 구성을 쉽게 할 수 있는 PyQT로 갈아타기 위해서였다. 이렇게 완전히 갈아엎은 새로운 버전의 두타를 선보인 것은 4월 19일이었다.

https://cafe.naver.com/makerfac/139456

이때 만들었던 화면 구성이 지금도 거의 비슷하게 유지되고 있다.
6월에는 거의 안정화된 두타 버전을 유튜브에 사용 설명과 함께 올릴 수 있었다.

https://youtu.be/87KKNNXbt_4

이후로도 많이 안정화되었다.
그런데 평소에는 아무 문제가 없다가도, 간헐적으로 레이어가 비는 등의 이상한 현상이 발생하고 있어서…
지코드를 분석해보면, 슬라이서가 슬라이싱 하여 만드는 G-CODE가 일정한 규칙성을 보이지 않는 이상한 상황들이 발생했다.

슬라이서가 만든 지코드 결과를 가지고 후작업을 하는 두타의 특성상, 이런 예상치 못한 상황들이 발생하기 전에는 예측이 어려워, 문제가 발생하면 그 원인을 찾아 해결해 나가야 했다. 이렇게 꾸준히 보완해오면서, 이제는 웬만한 예외 사항은 대부분 반영되었다고 판단한다.

이상으로, 다소 장황하게 두타의 시작에서부터 지금까지의 이야기를 정리해 보았다.

다음은 두타의 설치 방법부터 사용 방법에 대해 최대한 쉽고 상세하게 설명한 내용이다.

가. 두타 설치

그동안 두타 설치파일을 블로그나 카페 등에 그때그때 새로 포스팅을 했었는데, 그러다 보니 오랜 시간이 지나면 가장 최근 버전이 어디에 있는 어떤 것인지를 판단하기 어려웠다.

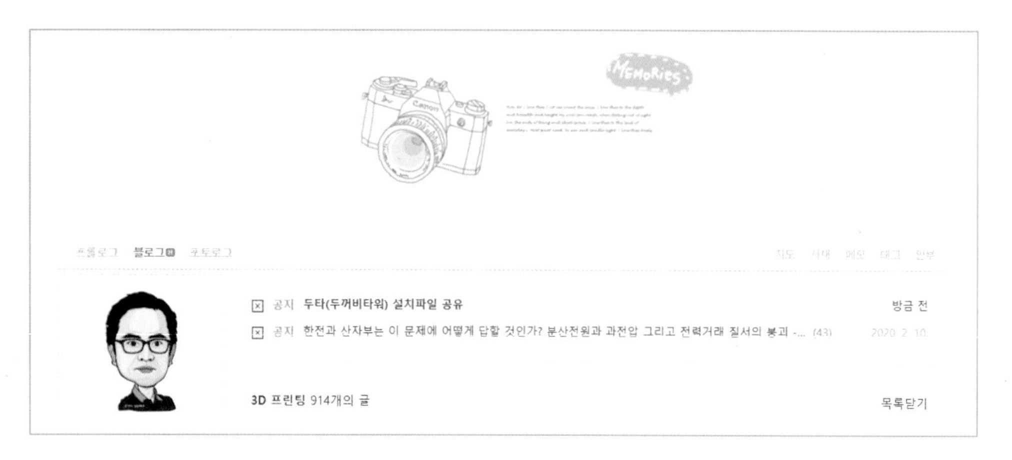

그래서 이번부터는 블로그의 공지글로 포스팅을 하고, 앞으로 새로 수정되는 것도 새롭게 포스팅을 하지 않고, 위의 포스트에 수정 버전을 추가함으로써, 그 이력까지 확인할 수 있도록 할 예정이다.

https://blog.naver.com/dukuby/222667948862 (위 공지글의 링크 주소)

해당 링크로 가서 3개로 분할된 압축파일을 모두 받아 압축을 풀고 실행하면 설치할 수 있다.

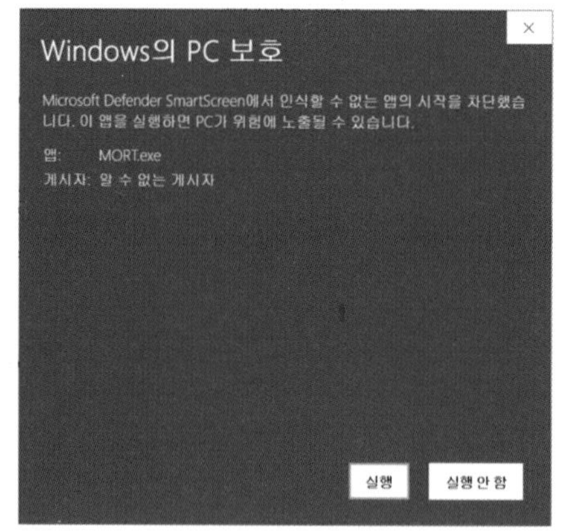

설치 프로그램을 실행하면 위의 왼쪽과 같은 경고창이 팝업될 수 있다.

이 창에서 '추가정보'라고 밑줄 그어진 부분을 클릭하면, 위 그림과 같이 [실행] 단추가 표시되고 설치를 진행할 수 있다. 오른쪽 유튜브 큐알코드에도 설치과정과 첫 실행 및 기초 사용법이 설명되어 있다.

나. 두타 실행 및 사용법

두타는 슬라이서에서 만들어진 지코드에 프라임타워를 삽입해주는 프로그램이지만, 지원하는 슬라이서는 현재 큐라와 프루사 둘 뿐이다.

두타를 처음 만들기 시작할 때 사용했던 슬라이서가 큐라였던 이유는, 처음엔 큐라의 지코드에 적용되도록 만들었다가, 이후 멀티컬러 프린팅에는 프루사가 최고라는 결론에 이르면서 프루사의 지코드를 포함했고, 그러다가 최근엔 거의 프루사만 사용하고 있다. 수정과 보완 및 최적화도 프루사만 작업하고 있다. 멀티컬러 프린팅을 한다면 프루사를 사용하라고 권해드리고 싶다.

① 슬라이서 커스텀 지코드

두타를 사용하기 위해서는 두타의 타워가 삽입되는 위치를 알려주는 특정한 커스텀 지코드를 규칙에 맞게 삽입해주어야 한다. 먼저 큐라를 사용하는 경우의 지코드 설정이다.

Extruder Start G-code	Extruder End G-code
; Extrude Start G1 F7200 E32 ; End of Extruder Start	; Extruder End G1 F7200 E-35 ; End of Extruder End

위의 커스텀 코드에서 ' ; '로 시작하는 주석문은 띄어쓰기, 대소문자 등 토씨 하나 틀리지 않게 그대로 입력되어야 한다.

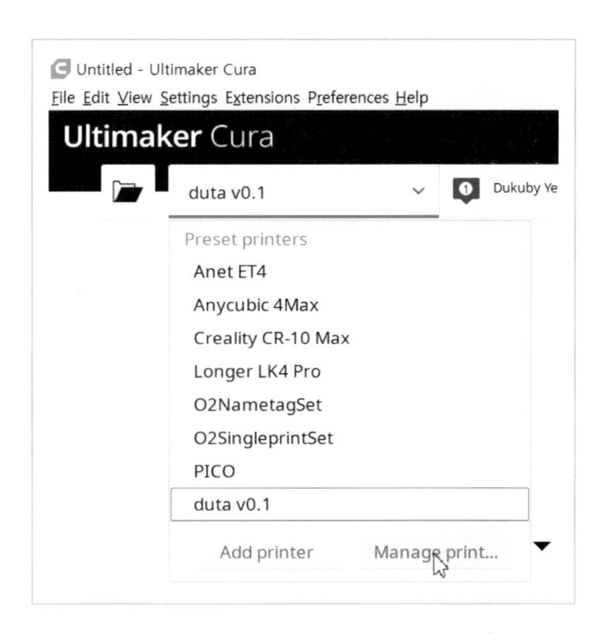

큐라의 [Manage Printer]로 들어가서 팝업되는 아래 입력창에 모두 복사해서 붙여 넣어주면 된다.

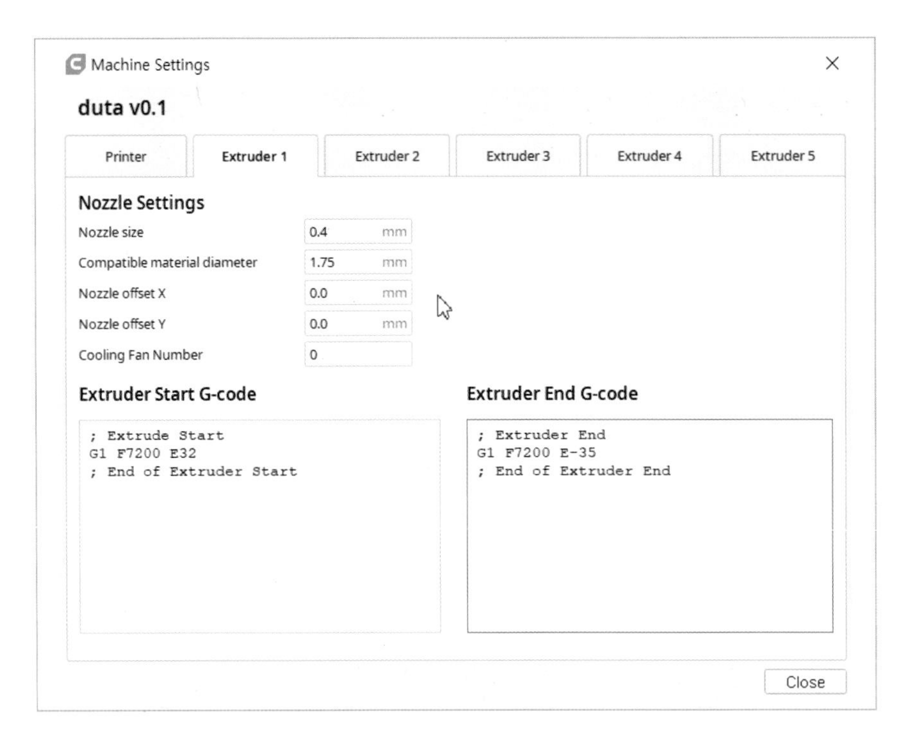

다음은 프루사 슬라이서이다.

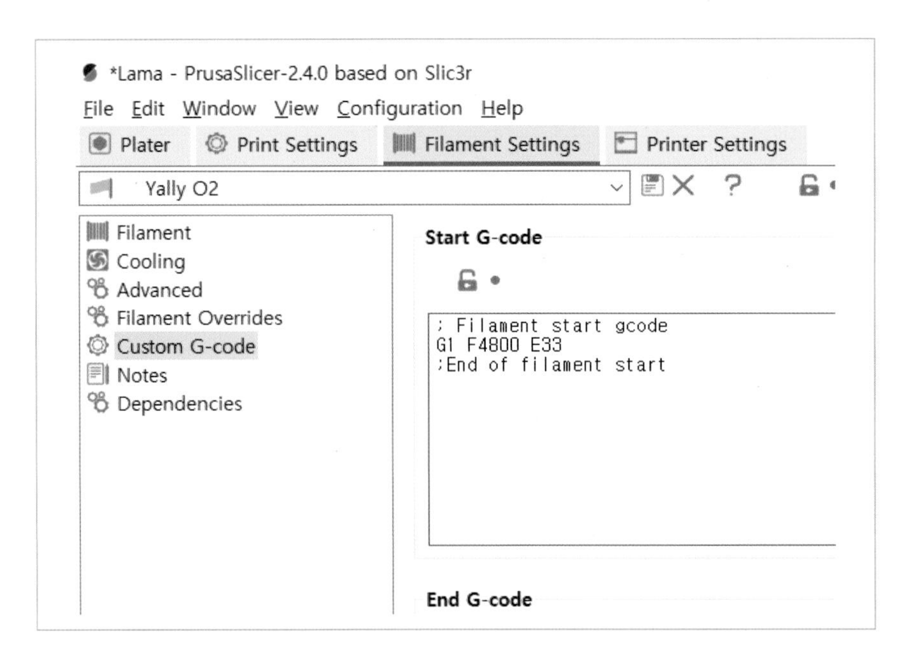

프루사에서는 위 그림처럼 [Filament Settings] 탭의 Custom G-code 입력 창에 입력해야 한다.

Start G-code	End G-code
; Filament start gcode G1 F4800 E33 ;End of filament start	; Filament end code G1 F14400 E-29 ; End of filament end

마찬가지로 'G1'으로 시작하는 리트렉션 길이 등은 임의로 설정해도 되지만, 해당 명령 전, 후로 삽입되어 있는 주석 문은 있는 그대로 복사하여 붙여넣기 하는 것이 좋다.
이상의 사전 설정을 마치고 컬러 출력물을 슬라이싱 할 때는 큐라나 프루사의 프라임타워 옵션은 모두 꺼야 한다.

큐라의 경우 위의 [*Enable Prime Tower*] 항목이 체크 해제되어 있어야 한다.

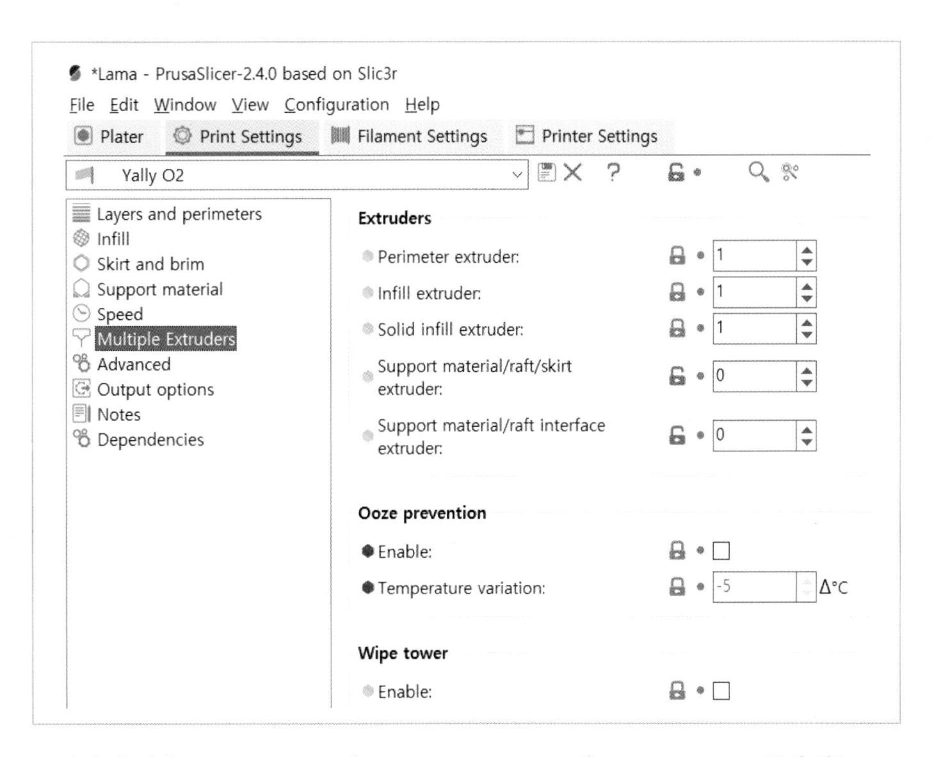

프루사의 경우 [Print Settings] 탭,]Multiple Extruders]의 [Wipe tower] 그룹에 있는 [Enable] 항목이 체크 해제되어야 한다.
이상의 사전 설정을 모두 마치면, 그대로 슬라이싱 하여 그 결과를 지코드 파일로 만들고, 이후 두타에서 타워를 그리는 코드를 삽입할 것이다.

② 두타 실행

큐라나 프루사에서 지코드를 만들었으면, 이제 두타를 실행하고 슬라이서에서 추가하지 않았던 프라임타워를 대신하여 두타를 그리는 코드를 삽입한다.

먼저 설치한 두타를 실행하면 다음과 같은 메인화면이 뜬다.

처음 실행하는 경우 대부분의 값들이 비워진 상태지만, 일단 해당 항목에 값이 입력되면 다음 실행부터는 가장 최근에 입력된 값을 그 초기값으로 표시한다.

가장 먼저 [파일 열기] 명령 단추를 이용하여 타워를 삽입할 지코드 파일을 불러온다.

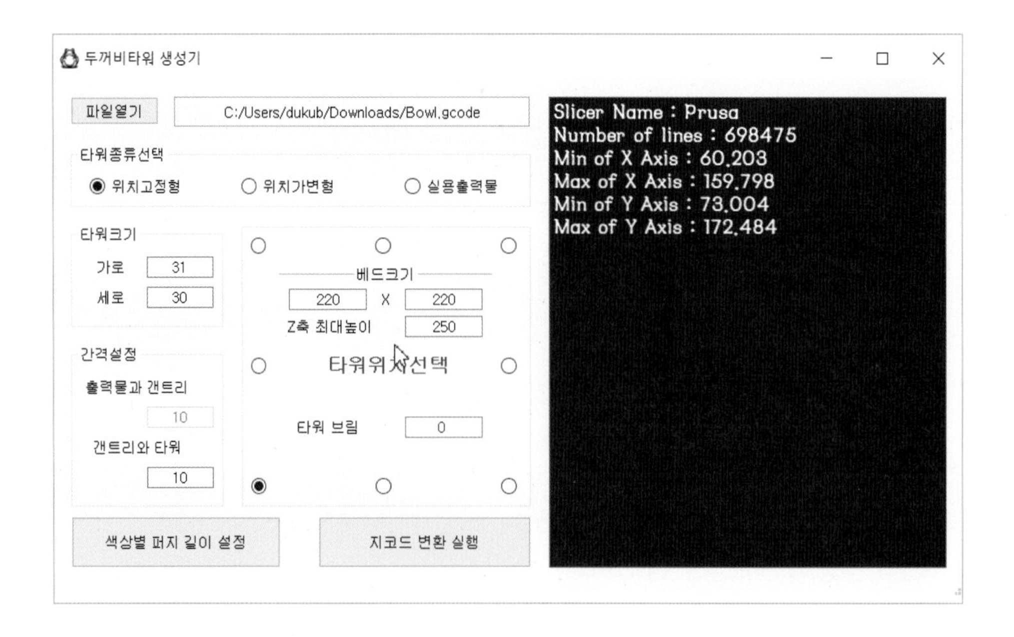

파일 열기 브라우저에서 불러올 파일을 선택하면 그림과 같이 해당 지코드가 만들어진 슬라이서 종류와 출력물의 X, Y 좌표 최소, 최대값을 표시하여 베드 위에서 출력물이 어떻게 점유하는지를 짐작할 수 있게 해준다.

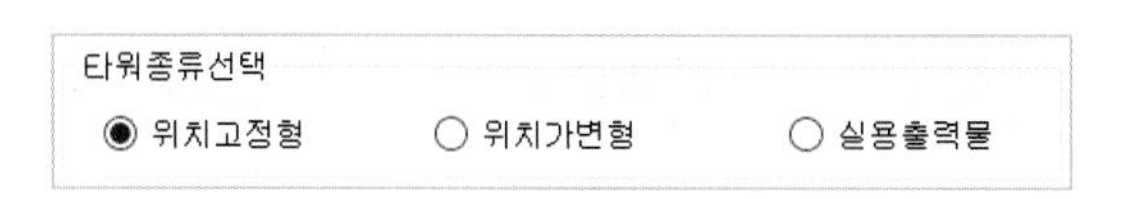

타워 종류를 선택하는 라디오 버튼에서 [위치고정형]은 우리가 미리 정해 둔 베드 위의 특정 좌표에 타워를 만드는 선택이다.

이 경우에도 베드에서 타워의 위치는 선택할 수 있다. [위치고정형]은 이렇게 선택된 베드 위치에서 가장 한계의 위치라 할 수 있는 가장자리에 타워를 위치시킨다.

한편, [위치가변형]의 경우는 사용자가 입력하는 '출력물과 갠트리', '갠트리와 타워' 간격을 적용한 후 선택한 좌하귀, 정면 중앙 등의 위치에 타워를 만들어주는 차이가 있다. 출력물의 크기가 작은 경우 베드 가장자리 왼쪽 아래 모서리보다, 출력 범위에서 일정거리 떨어진 왼쪽 아래 가장자리에 타워를 그림으로써, 출력물과 타워 간의 이동 거리를 줄이고 그만큼 출력시간을 줄일 수 있게 해준다. [위치고정형]의 경우도 '갠트리와 타워'의 간격을 설정할 수 있다.

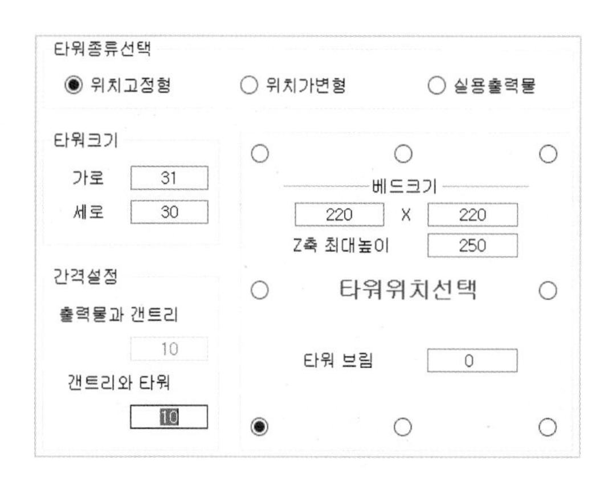

③ 색상별 퍼지 길이 설정

본격적인 두타 삽입에 앞서, 색상별 퍼지 길이를 설정하는 방법부터 먼저 살펴본다.

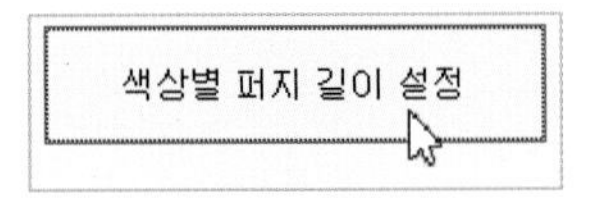

메인화면 하단에 있는 위의 명령단추를 실행하면,

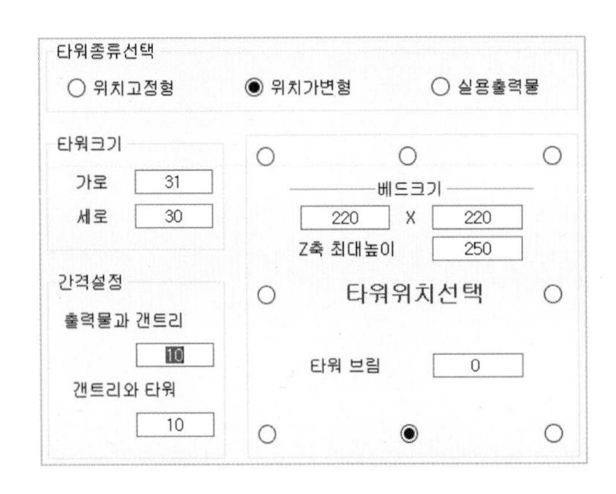

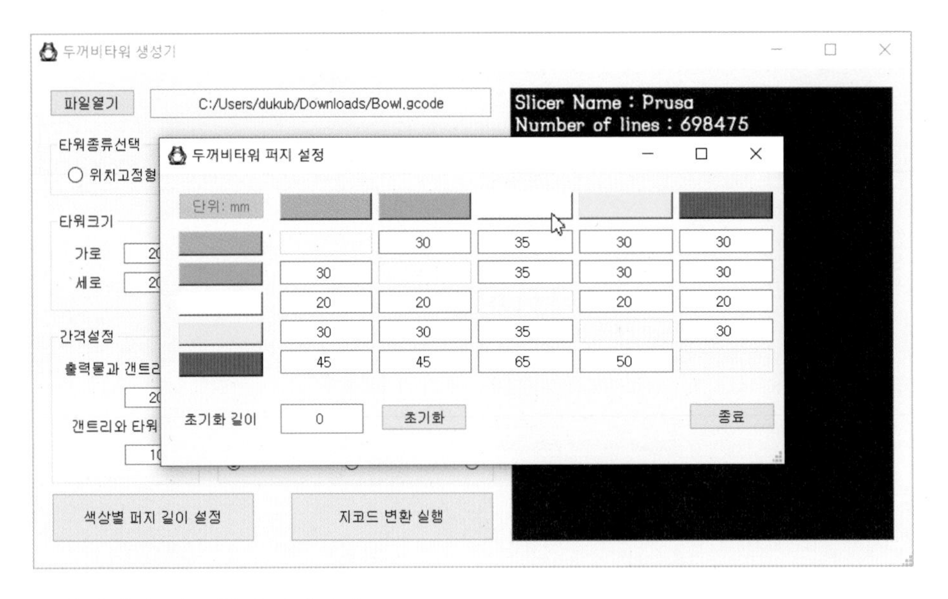

그림과 같은 서브 창이 나타난다.

위에서부터 1~5번 익스트루더를 나타내고, 색상의 변경은 좌측의 색상 박스를 클릭해서 수행할 수 있다.

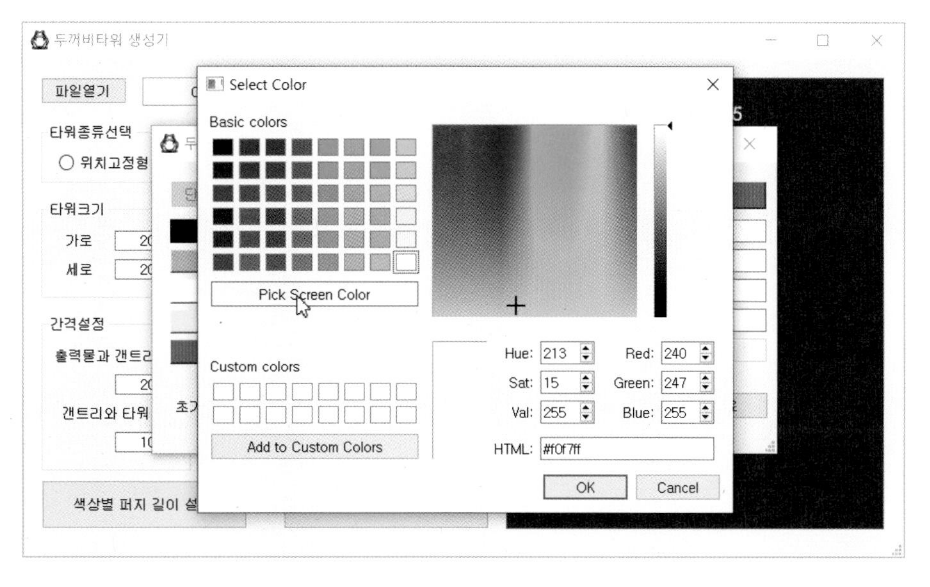

색상표에서 새로운 색을 선택하면,

색상 테이블 좌측과 상단의 색상 박스에 동시에 새로운 색이 적용된다.
그림에서 입력되는 퍼지 길이는 붉은색에서 파란색으로 변경될 때 퍼지되는 길이를 'mm' 단위로 입력하는 결과가 된다.

④ 두타 삽입

색상별 퍼지 길이 설정이 마무리되었다면, 이제 본격적으로 두타를 삽입해 본다.

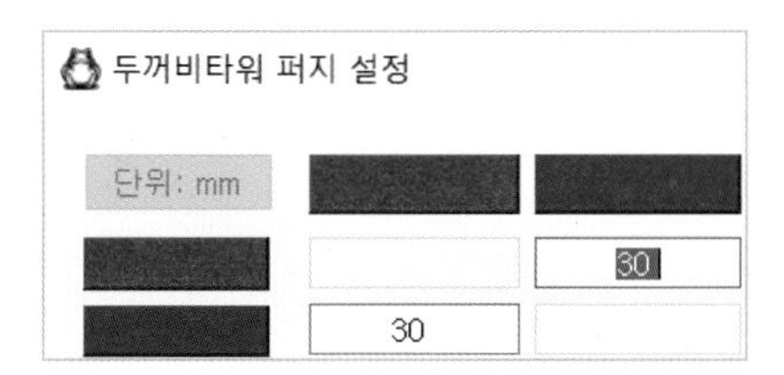

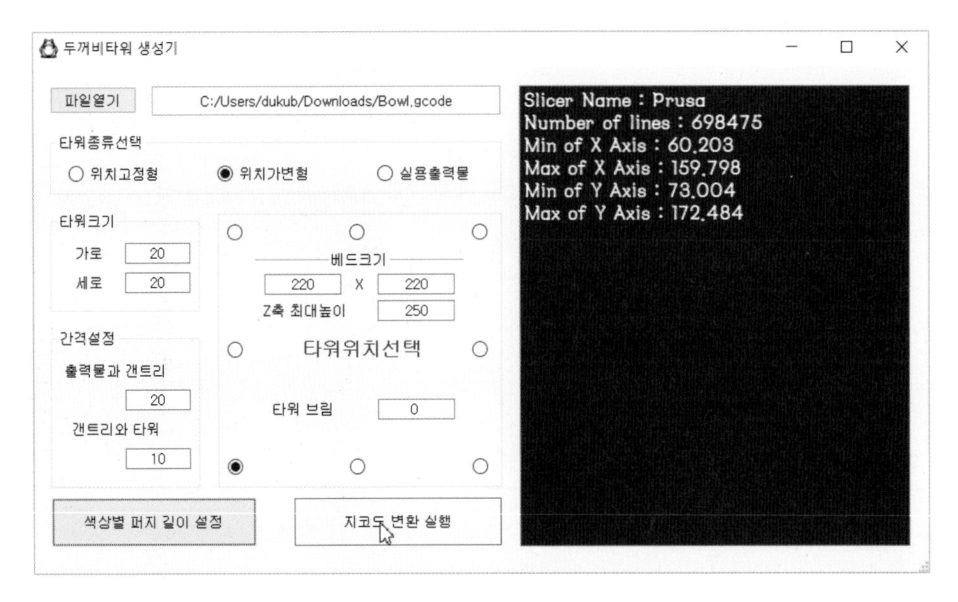

슬라이싱된 지코드 파일을 읽어온 상태에서, 타워 종류, 크기, 위치 및 간격을 모두 설정하고 [지코드 변환 실행] 명령 단추를 클릭하면,

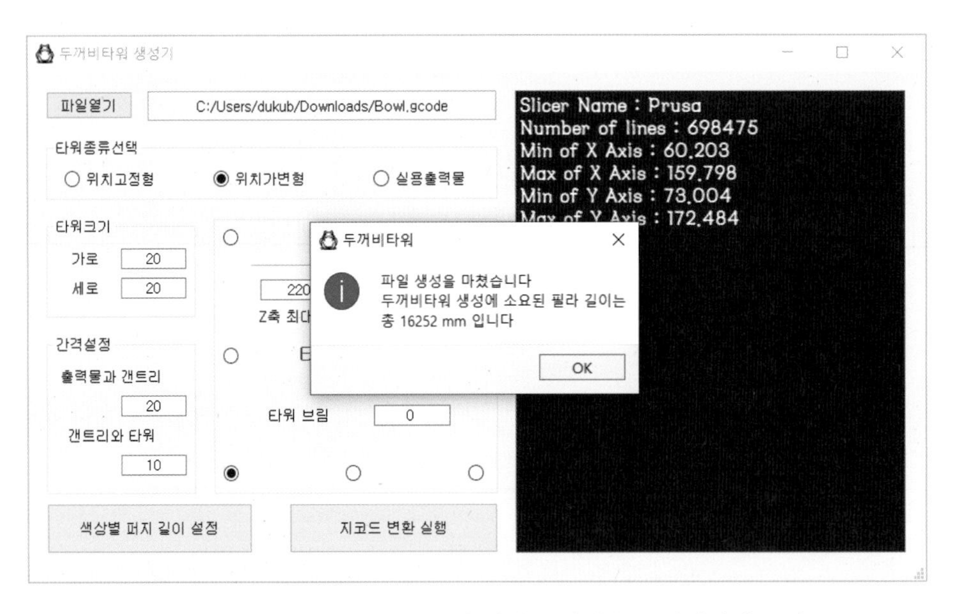

그림처럼 타워 생성에 소요되는 필라멘트의 길이를 알려주는 메시지가 뜬다.
[OK] 단추로 창을 닫으면,

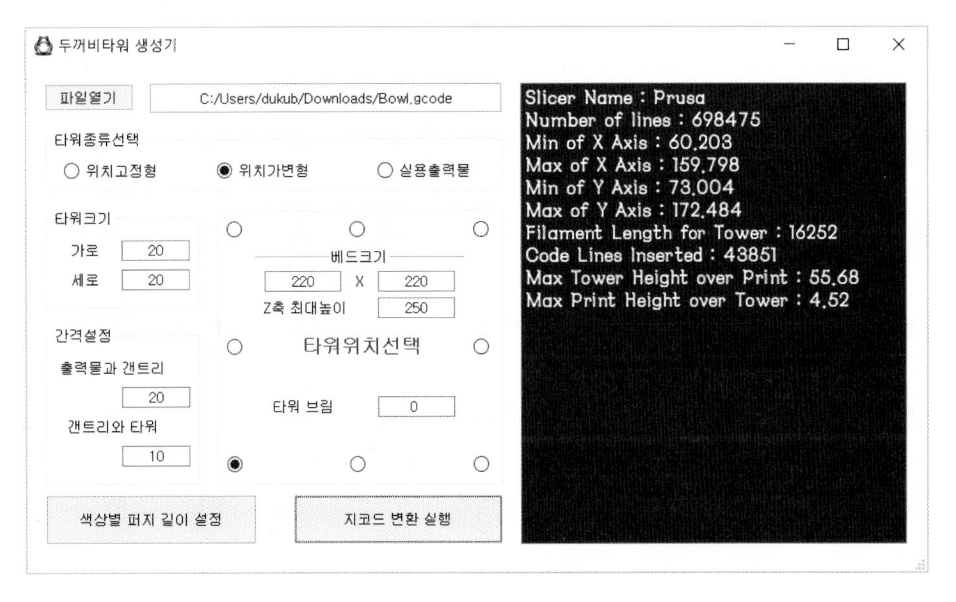

두타 실행화면 우측의 파란 바탕 모니터 영역에 타워 삽입 결과가 표시된다.

해당 정보 중, "Max Tower Height over Print"와 "Max Print Height over Tower" 정보에 유의해야 한다. 위의 경우에서는 "Max Print Height over Tower"는 별 의미가 없다. 이 높이의 차이는 프린터 초반 타워 생성 없이 출력물이 올라가면서 발생할 수밖에 없는 결과이다.

하지만, "Max Tower Height over Print"는 타워의 베이스 면적이 좁아서 타워가 출력물보다도 더 높게 올라가는 높이를 나타내고, 위의 경우에서 55mm 이상 더 높게 타워가 올라가는 것은 매우 좋지 않은 결과이다. 이런 결과를 보게 된다면, [타워 크기]에서 타워의 가로, 세로 크기를 키워 다시 타워를 삽입할 필요가 있다.

두꺼비타워 생성기
파일열기
C:/Users/dukub/Downloads/Bowl.gcode
타워종류선택
위치고정형
위치가변형
실용출력물
타워크기
가로 40
세로 40
베드크기
220 X 220
Z축 최대높이 250
타워위치선택
간격설정
출력물과 갠트리 20
갠트리와 타워 10
타워 브림 0
색상별 퍼지 길이 설정
지코드 변환 실행
Slicer Name : Prusa
Number of lines : 698475
Min of X Axis : 60.203
Max of X Axis : 159.798
Min of Y Axis : 73.004
Max of Y Axis : 172.484
Filament Length for Tower : 16252
Code Lines Inserted : 43851
Max Tower Height over Print : 55.68
Max Print Height over Tower : 4.52
Filament Length for Tower : 16762
Code Lines Inserted : 27239
Max Tower Height over Print : 0
Max Print Height over Tower : 16.12

이번에는 타워의 베이스 면적을 가로, 세로 40mm로 키웠을 경우의 결과이다.
이 결과로 타워가 출력물보다 더 높게 올라가는 경우는 생기지 않지만, 출력물이 타워보다 최대 16mm 이상까지 높게 올라가게 된다는 것을 알 수 있다. 이 상태로도 사고 없이 출력될 수 있지만, 이런 높이의 차이가 크면 클수록 더 큰 이격거리가 필요하고, 노즐이 위, 아래로 움직이면서 갠트리가 타워나 출력물을 건드리는 사고가 발생할 가능성이 커진다.

높이의 차이가 노즐의 크기인 약 10mm 이내라면, 타워나 출력물과 갠트리의 간격이 노즐 크기 반경 정도만 떨어져도 되지만, 그보다 더 커지면, 노즐 위로 히트 블럭과의 간섭이 생기고, 또 더 위로 가면 쿨링팬 덕트나 각종 전선들과의 간섭도 발생하게 된다.

따라서, 타워를 삽입한 후 그 결과로 표시되는 "Max Tower Height over Print"와 "Max Print Height over Tower"의 크기는 10mm 이내로 최소화되는 것이 가장 안전하다.
이런 이상적인 결과를 위해 두타에서는 매번 그 결과를 보면서 타워의 크기를 조절하여 여러 차례 작업을 반복할 수 있다.

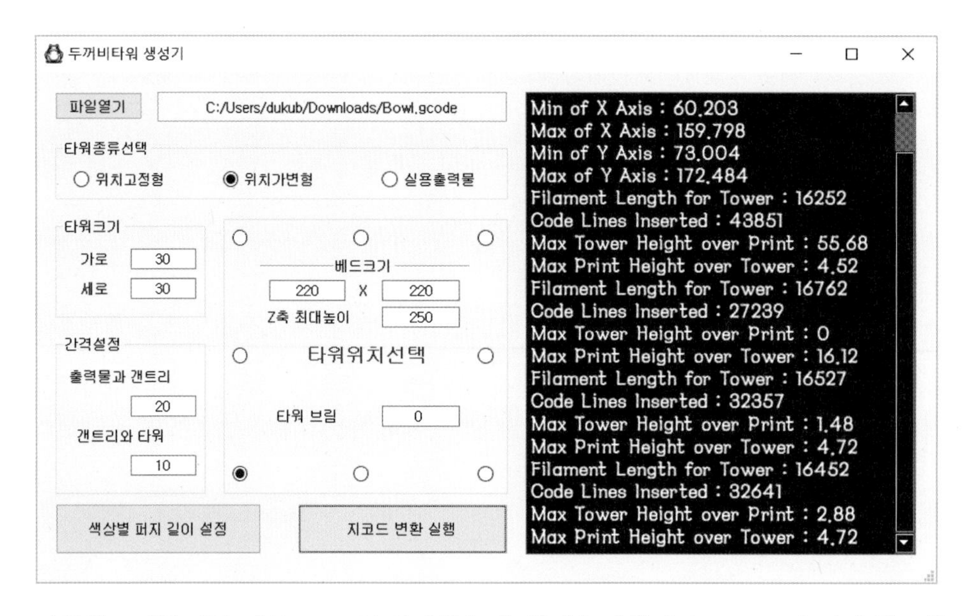

타워의 크기를 가로, 세로 30mm로 변경했을 때, 최대 높이 차이가 2.88mm가 되어 히트 블럭 조차도 타워나 출력물과 간섭할 수 없는 결과가 된다.
두타를 사용할 때는 이렇게 타워 크기 조절을 통해 타워와 출력물의 최대 높이 차이가 최소가 될 수 있는 조건을 찾아 주는 것이 좋다. 이렇게 해서 만들어진 최종 파일은 원본 파일과 같은 폴더에 파일 이름이 '원본 이름_v05.gcode'로 생성된다.

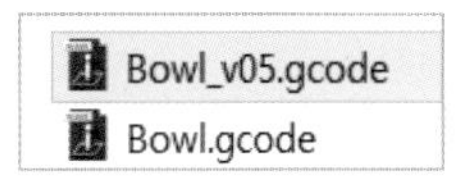

마지막으로 [타워 브림] 항목은 타워와 출력물의 최대 높이 차이가 최소가 되는 타워 크기가 그 베이스 면의 면적은 아주 작으면서 타워가 높게 올라가는 경우, 타워가 베드에서 떨어지는 사고 가능성을 낮추기 위해 타워 바닥 면에 브림을 붙여주는 기능이다.
필요하다고 판단되는 경우 해당 입력창에 적정한 값을 입력해주면, 타워 첫 레이어에 해당 값에 해당하는 브림을 붙여서 타워가 베드에 안정적으로 붙어있도록 만들어준다.

이상으로 Yally O2와 인연을 맺으면서 서툰 솜씨로 만들어 본 두타에 대한 소개와 사용법을 간단히 설명해 보았다.

CHAPTER

05

팅커캐드를 활용한 아두이노 회로 구성하기

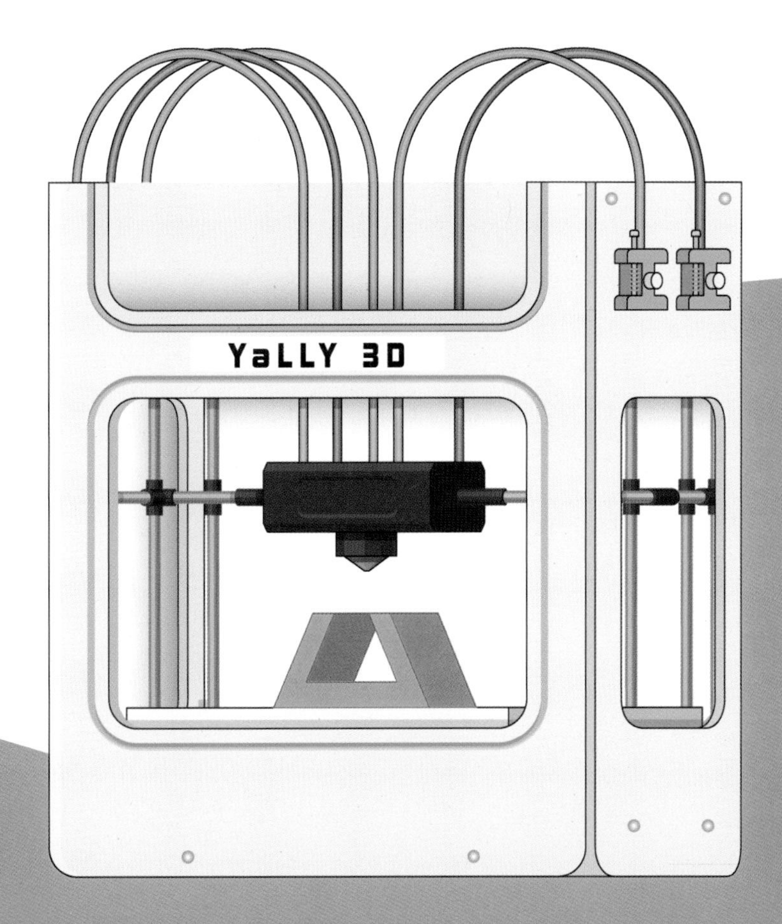
YaLLY 3D

5-1 아두이노란?

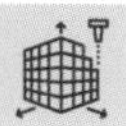

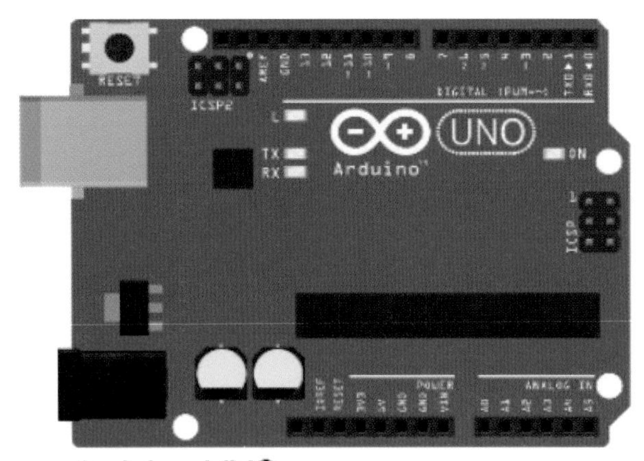

Arduino UNO

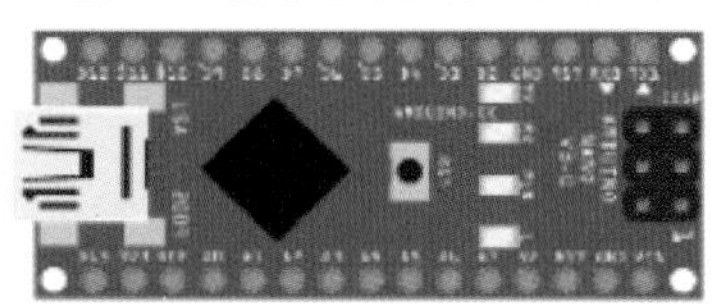

Arduino Nano

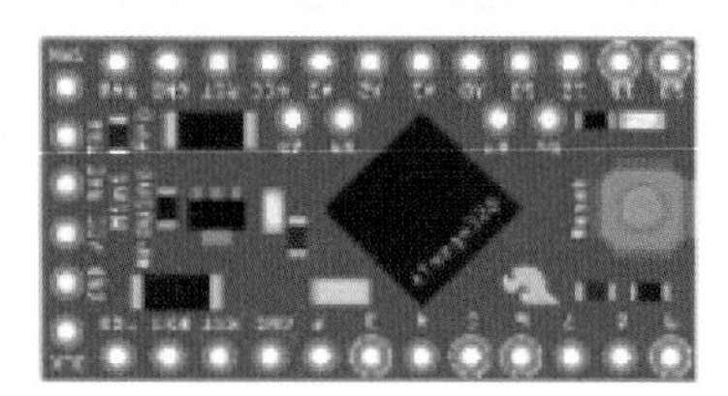

Arduino Pro Mini

아두이노(이탈리아어: Arduino 아르두이노)는 오픈소스를 기반으로 한 단일 보드 마이크로컨트롤러로 완성된 보드(상품)와 관련 개발 도구 및 환경을 말한다.

2005년 이탈리아의 IDII(Interaction Design Institute lvera)에서 하드웨어에 익숙지 않은 학생들이 자신들의 디자인 작품을 손쉽게 제어하려고 고안된 아두이노는 처음에 AVR을 기반으로 만들어졌으며, 아트멜 AVR 계열의 보드가 현재 가장 많이 판매되고 있다. ARM 계열의 Cortex－M0(Arduino M0 Pro)과 Cortex－M3(Arduino Due)를 이용한 제품도 존재한다.

아두이노는 다수의 스위치나 센서로부터 값을 받아들여, LED나 모터와 같은 외부 전자 장치들을 통제함으로써 환경과 상호작용이 가능한 물건을 만들어 낼 수 있다. 임베디드 시스템 중의 하나로 쉽게 개발할 수 있는 환경을 이용하여 장치를 제어할 수 있다.

아두이노 통합 개발 환경(IDE)을 제공하며, 소프트웨어 개발과 실행코드 업로드도 제공한다. 또한 어도비 플래시, 프로세싱, Max/MSP와 같은 소프트웨어와 연동할 수 있다. 오픈소스이기 때문에 아두이노를 기반으로 여러 가지 프로젝트를 수행할 수 있다.

아두이노의 가장 큰 장점은 마이크로컨트롤러를 쉽게 동작시킬 수 있다는 것이다. 일반적으로 AVR 프로그래밍이 AVR Studio와 WinAVR(avr－gcc)의 결합으로 컴파일하거나 IAR E.W.나 코드비전(CodeVision) 등으로 개발하여, 별도의 ISP 장치를 통해 업로드 해야 하는 번거로운 과정을 거쳐야 한다. 이에 비해 아두이노는 컴파일된 펌웨어를 USB를 통해 쉽게 업로드 할 수 있다. 또한, 아두이노는 다른 모듈에 비해 비교적 저렴하고, 윈도우를 비롯해 맥 OS X, 리눅스와 같은 여러 OS를 모두 지원한다. 아두이노 보드의 회로도가 CCL에 따라 공개되어 있으므로, 누구나 직접 보드를 만들고 수정할 수 있다.

1) 아두이노 보드 종류

- 아두이노 우노 ARDUINO UNO
- 아두이노 나노 ARDUINO NANO
- 아두이노 레오나르도 ARDUINO LEONARDO
- 아두이노 마이크로 ARDUINO MICRO
- 아두이노 메가 ARDUINO MEGA

등 여러 가지가 있다.

2) 보드 성능에 따른 분류

- 아두이노 보드 이름
  예 Uno, Nano, Micro, Mega, 101, Due, Pro, Zero 등
- 프로세서 이름
  예 AR9331 Linux, ATmega168V, ATmega328P, ATmega2560, ATmega32U4, ATSAM3X8E, ATSAMD21G18 등
- 프로세서 : 디지털 시스템의 핵심 부분으로, 명령어와 데이터 등 정보를 처리하는 요소나 장치
- 프로세서는 시스템의 중앙처리장치(CPU)를 나타내는 데 자주 사용
- 작동, 입력 전압
  예 3.3V, 2.7－5.5V / 5V, 7－12V / 3.3V, 7－12V
- 아두이노 보드가 작동될 때 사용하는 전압과 아두이노 보드에 입력할 수 있는 전압
- 범위 밖의 전압을 사용하는 것은 고장의 원인이 될 수 있음
- CPU 속도
  예 8MHz, 16MHz, 32MHz, 48MHz, 400MHz
- CPU가 1초에 처리 가능한 데이터의 양으로 속도를 표현함
- 아날로그 핀 개수
  예 X, 1/0, 4/0, 6/0, 7/1, 12/2, 16/0 등
- 아날로그 센서 또는 모듈을 아두이노에 연결하여 사용할 때 필요한 핀
- 아날로그 입력과 출력 개수가 다름
- 디지털 핀 개수, PWM 개수
  예 X / 3, 2 / 8, 4 / 14, 10 / 20, 6 / 54, 15 등
- 디지털 센서 또는 모듈을 아두이노에 연결하여 사용할 때 필요한 핀
- PWM은 디지털 신호를 아날로그 신호처럼 사용할 수 있도록 해주는 것, 0과 1의 디지털 출력이 아니라 서보모터의 각도 제어와 같은 아날로그 신호를 출력할 때 이용

- EEPROM 용량

  예 X, 0.5, 1, 4 등

- EEPROM(Electrically Erasable Programmable ROM), 비휘발성 메모리 중 하나로 필요할 때 기억된 내용을 전기적으로 빠르게 지우고 다른 내용을 기록할 수 있음. 용량이 부족한 경우 RAM 대용으로 상수나 자주 사용하지 않는 변수 등을 담아 활용
- 실시간으로 사용하는 메모리라기보다는 중요한 데이터들을 백업해 놓는 형태로 사용하는 것이 적합

- SRAM 용량

  예 0.5, 1, 2, 2.5, 8, 12, 32, 96 등

- SRAM(Static Random Access Memory), 전원이 공급되는 동안만 내용이 보존되는 RAM

- Flash 메모리 용량

  예 8, 16, 32, 256 등

- 비휘발성 반도체 저장장치
- 자유롭게 재기록이 가능

- USB 타입

  예 없음, Mini, Regular, Micro 등

- PC에서 아두이노에 스케치(프로그램)를 업로드 시 USB를 연결해 아두이노와 PC를 연결하는데, 이 때 아두이노 포트에 있는 USB 타입이나 개수를 의미

- UART 개수

  예 0, 1, 2, 4

- 병렬 데이터의 형태를 직렬 방식으로 전환하여 데이터를 전송하는 컴퓨터 하드웨어의 일종

3) 보드 종류에 따른 특징

(1) 아두이노 우노 특징

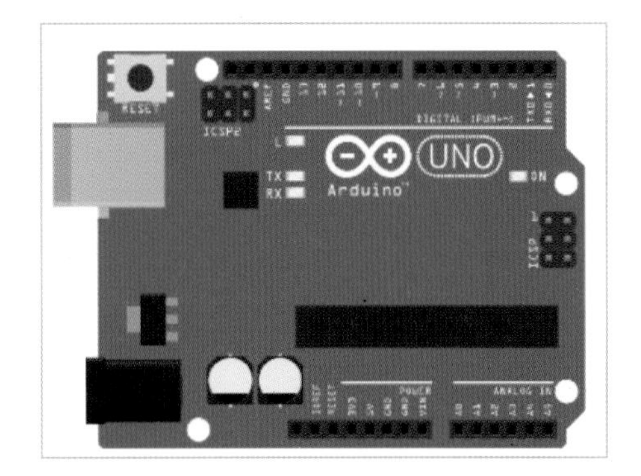

- ATmega328 마이크로컨트롤러 사용
- 아두이노 교육용으로 가장 많이 쓰이며 초보자가 쓰기에 가장 좋은 보드
- 아두이노의 가장 기본이 되는 제품
- 0~13번의 디지털 핀이 있음
- 0, 1번 핀은 시리얼 통신의 RX(0), TX(1)와 연결되어 있음(시리얼 통신할 때 사용 불가능, 실제로 거의 사용하지 않음)
- 디지털 핀 중 PWM(~로 표시, 3, 5, 6, 9, 10, 11번 핀)은 아날로그 신호처럼 제어 가능
- PC에서 아두이노에 스케치(프로그램)를 업로드 할 때, 시리얼 통신을 이용함
- USB 케이블에서 공급되는 5V 전압 사용

(2) 아두이노 나노 특징

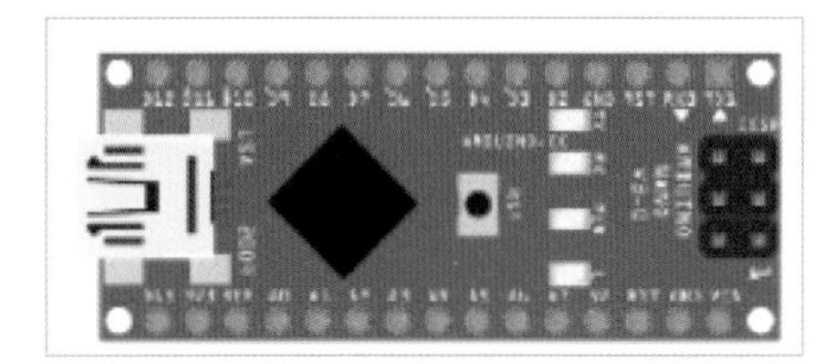

- ATmega328 마이크로컨트롤러 사용
- 크기가 작은 것이 특징임
- Mini-B USB 케이블을 통해 5V 전원 공급 가능
- 정전압인 경우, 5V의 27번 핀을 통해 전원 공급받을 수 있음

8개의 아날로그 입력이 있고, 각 입력은 1,024개의 다른 값을 제공

(3) 아두이노 레오나르도 특징

- ATmega32U4 마이크로컨트롤러 사용
- ATmega32U4는 USB 통신 기능이 내장되어 있어 PC 연결 시 키보드 및 마우스 같은 장치로 인식시킬 수 있음

- 입-출력 핀이 많아 활용도가 높음
- 디지털 핀 13에 연결된 내장 LED가 있음. 핀이 HIGH 값이면 LED가 켜지고 핀이 LOW이면 꺼짐

(4) 아두이노 마이크로 특징

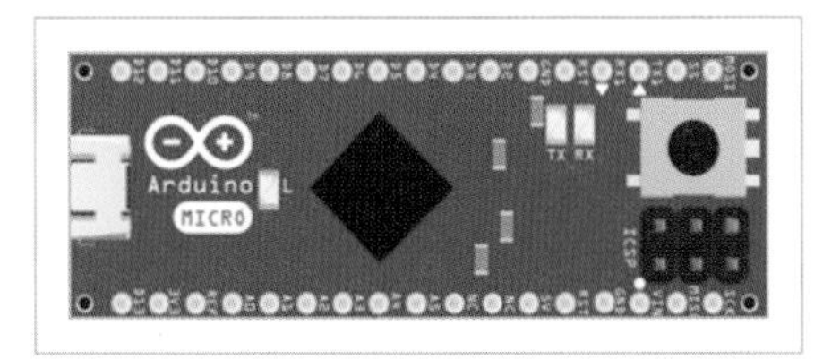

- ATmega32U4 마이크로컨트롤러 사용
- ATmega32U4는 USB 통신 기능이 내장되어 있어 PC 연결 시 키보드 및 마우스 같은 장치로 인식시킬 수 있음
- 입-출력 핀이 많아 활용도가 높음
- 디지털 핀 13에 연결된 내장 LED가 있음. 핀이 HIGH 값이면 LED가 켜지고 핀이 LOW이면 꺼짐
- 배터리, DC 전원 사용 가능(GND, Vin 핀과 연결 가능)
- 자동 소프트웨어 리셋 기능. 가상 직렬/COM 포트가 1200 보드에서 열리고 닫힐 때 리셋됨

(5) 아두이노 메가 특징

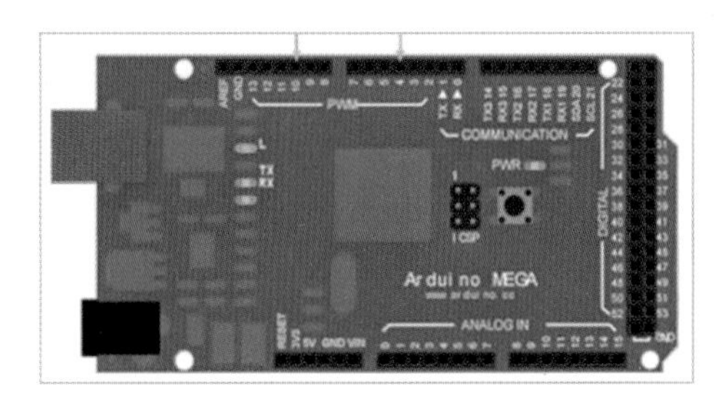

- ATmega2560 마이크로컨트롤러 사용
- 외부 하드웨어 프로그래머를 사용하지 않고도 새 코드를 업로드 할 수 있는 부트스트랩 로더가 미리 프로그래밍 되어 있음
- 디지털 핀 13에 연결된 내장 LED가 있음. 핀이 HIGH 값이면 LED가 켜지고 핀이 LOW이면 꺼짐
- 16개의 아날로그 입력이 있고, 1,024개의 다른 값을 제공

4) LED 제어하기(점차적으로 LED 켜고 끄기)

(1) 첫 화면

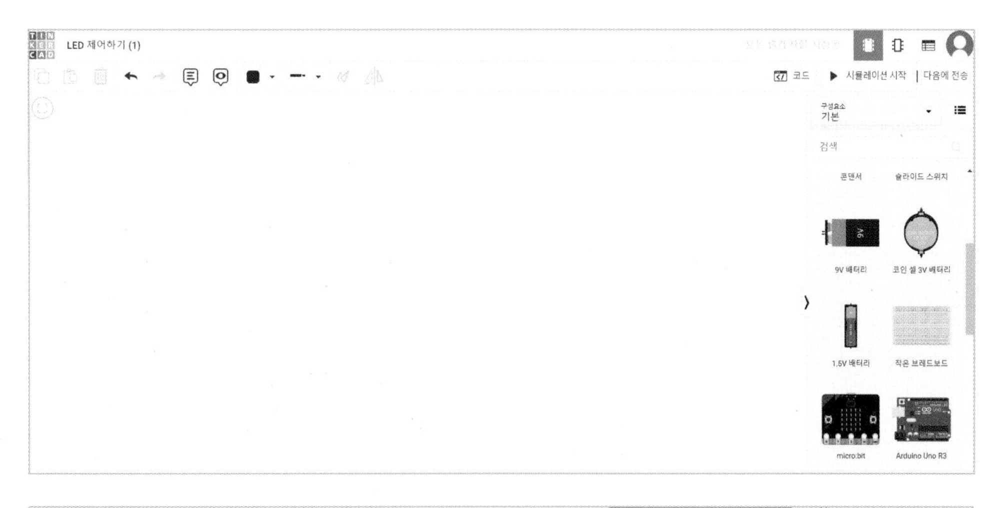

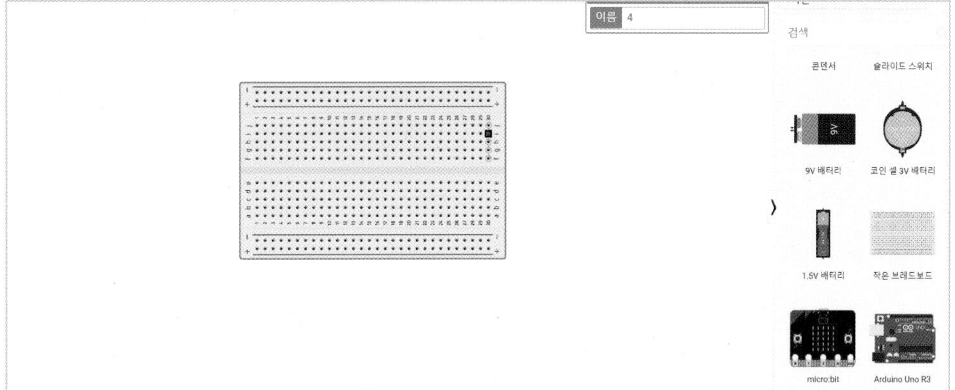

1. 빈 화면에 브레드보드 1개를 가져온다.

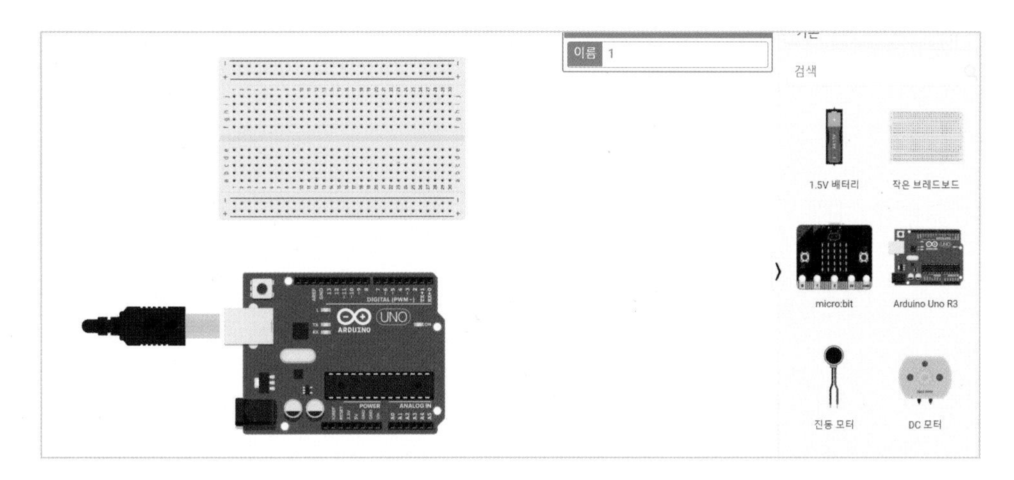

2. 브레드보드 아래에 Arduino Uno 보드도 가져온다.

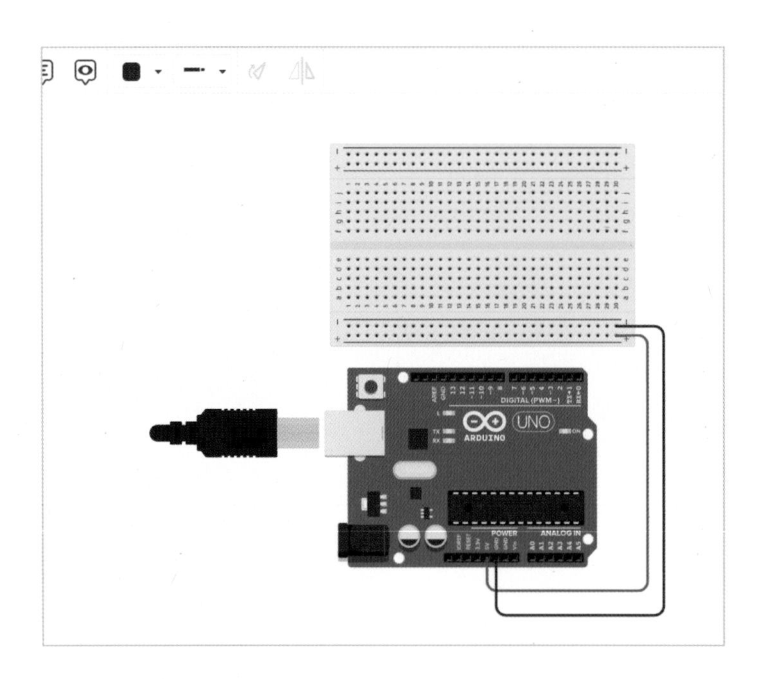

3. 아두이노 보드의 5V와 브레드보드의 (+)를 연결, 아두이노 보드의 GND와 브레드보드의 (−)를 연결한다.

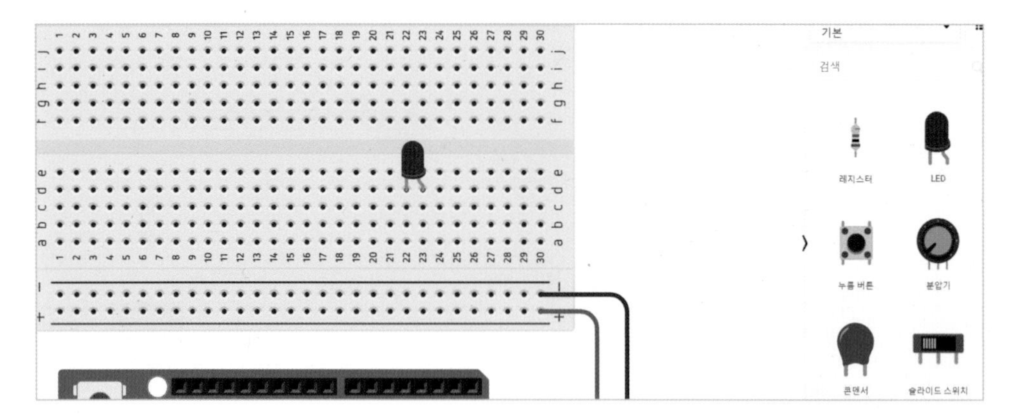

4. 브레드보드 위에 LED 전등을 가져온다.

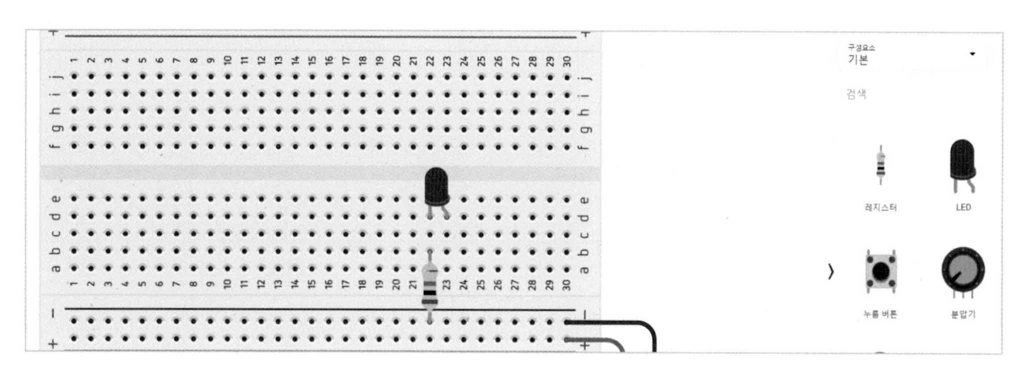

5. 레지스터를 LED 음극 줄과 (−) 값에 연결되도록 놓는다.

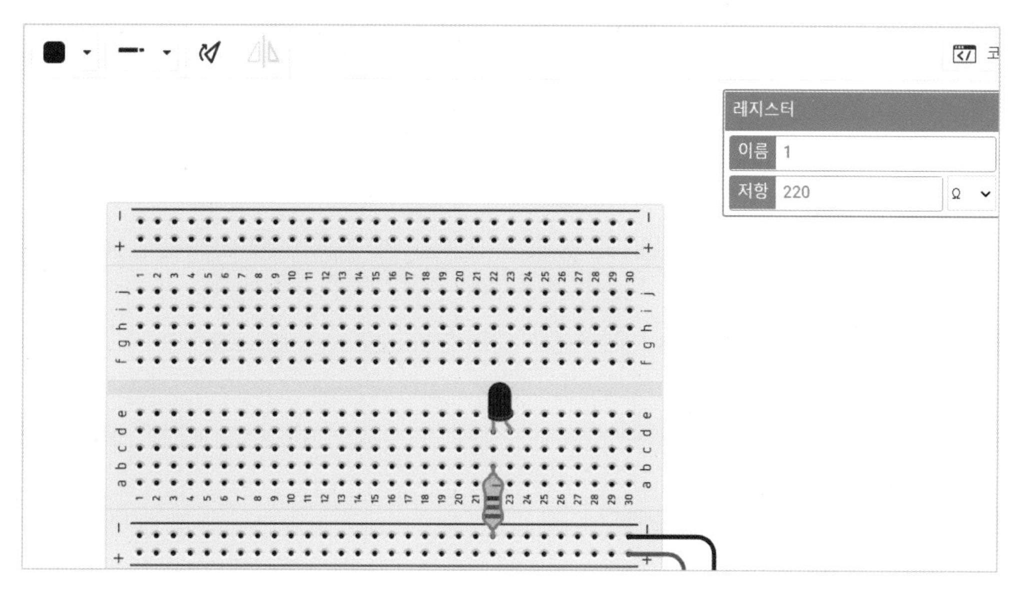

6. 레지스터의 저항값을 220Ω 으로 바꿔준다. (일반적으로 아두이노 회로에 사용되는 LED 전구는 220Ω 저항을 많이 사용한다.)

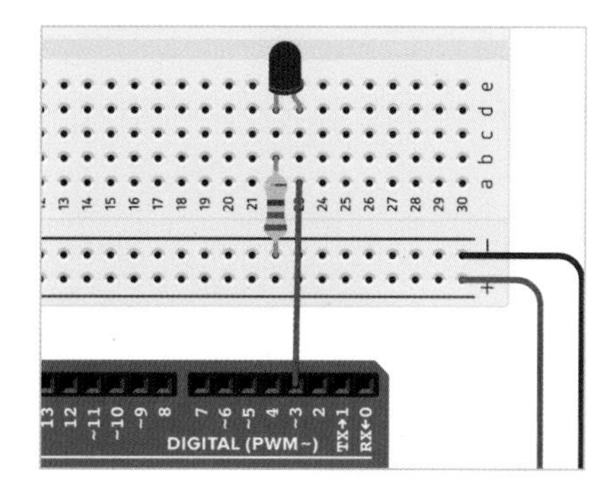

7. LED의 양극(+) 부분과 아두이노 보드의 DIGITAL 핀 ~3을 연결한다.

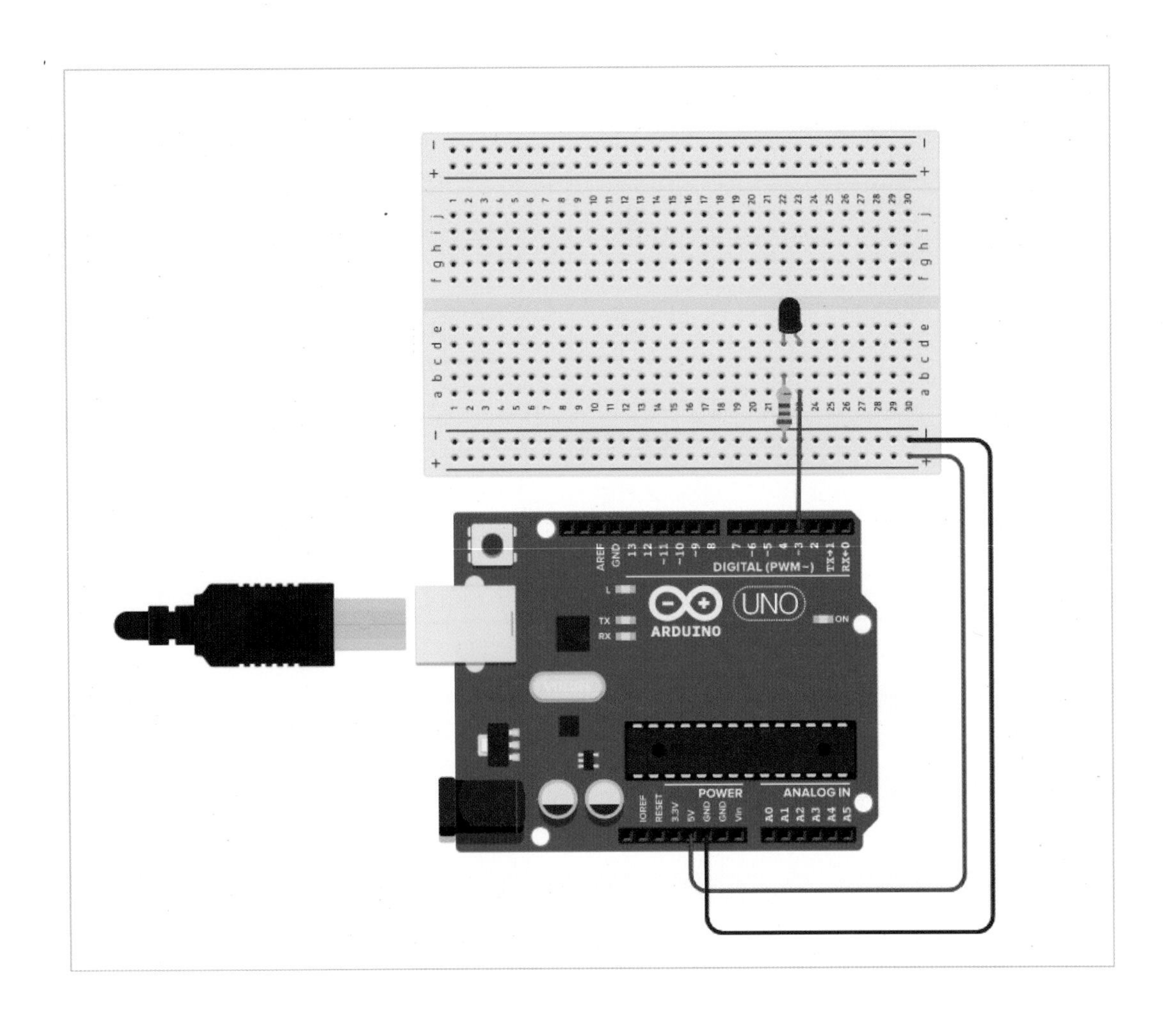

LED 제어하기 회로 완성!

(2) 회로에 따른 블록 코드

신호에는 크게 디지털 신호와 아날로그 신호 두 가지가 있다. 디지털 신호는 0 과 1, 전기가 들어갈 때와 들어가지 않을 때, 두 가지로만 구분된다. 하지만 온도 센서값만 보더라도 20도가 될 수도 있고 21도가 될 수도 있고 32도가 될 수도 있다. 그래서 0과 1, 이 두 가지의 신호만으로는 표현할 수 없다.
또 다른 예로 LED를 서서히 밝기를 높였다가 서서히 밝기를 낮추고자 할 때 디지털 출력으로만 사용하게 되면 켜짐, 꺼짐밖에 할 수 없다. 그럴 때 사용하는 것이 바로 아날로그 신호이다.
아날로그는 연속적인 값을 표현해 준다. 그래서 온도 센서의 값 또는 색을 표현하는 그런 값들 그리고 거리 센서에서 이제 거리를 측정할 때 이러한 모든 값을 아날로그로 입력받거나 아날로그로 출력해줄 수 있다. 디지털 입력과 출력이 있는 것처럼 아날로그도 입력과 출력이 있다.

LED는 출력이다.
아날로그 출력은 아두이노 보드에서 PWM이라고 되어 있는 게 있다. PWM은 Pulse Width Modulation의 약자로 펄스 폭 변조를 말하는 것이다. 쉽게 말해, 디지털 신호를 아날로그 신호처럼 흉내 내는 것이라고 보면 된다. PWM에 보면 끝에 이렇게 물결 모양이 있다.
이 ~ 물결 모양이 되어 있는 구간이 바로 아날로그 출력이 가능한 핀들이다.

~3번, ~5번, ~6번, ~9번, ~10번, ~11번

아날로그 출력은 0에서부터 255까지의 단위로 출력할 수 있고, 총 256가지의 표현이 가능하다.

앞서 디지털 핀 3번에 연결하였으니, 물결 모양이 있는 3번 핀을 사용한다.
우측 상단 코드를 클릭하면 블록쌓기를 할 수 있는 화면이 나타난다.

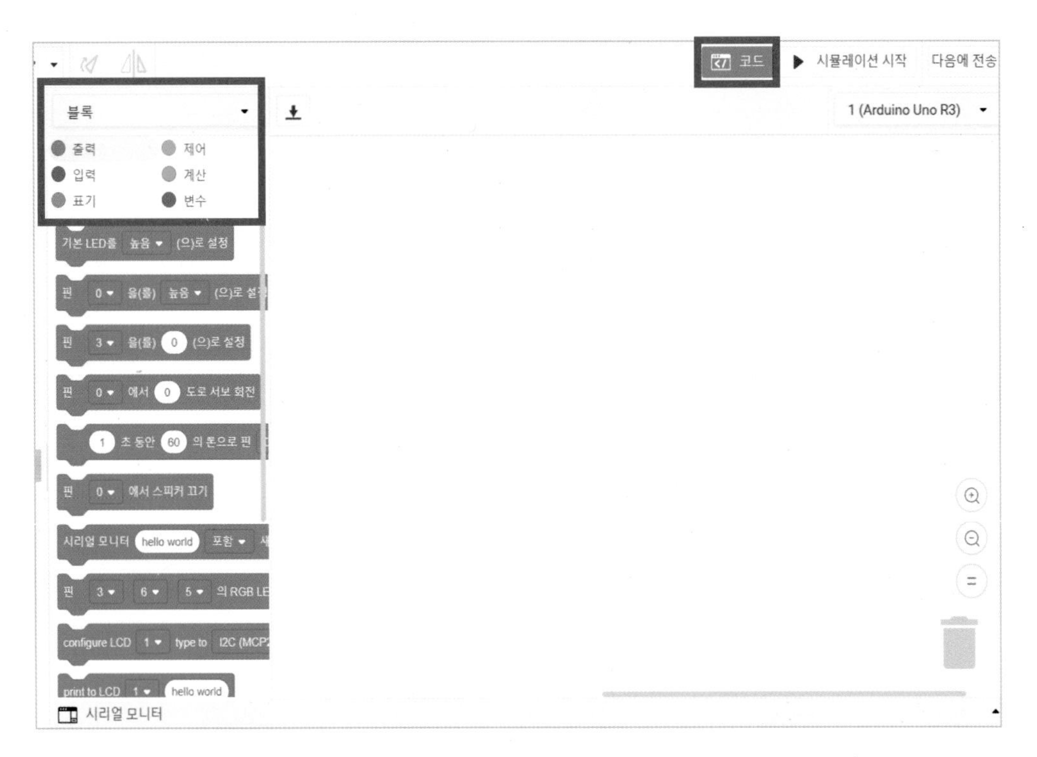

LED는 출력이기에 출력을 클릭하고, 아날로그 핀과 범위를 설정할 수 있는 블록을 가져온다. 블록을 보면 물결 모양이 있는 그 숫자들 핀만 나와 있다.

앞에서 3번에 연결했다. 따라서 3으로 넣어준다.
한편 이 안에 있는 숫자는 0에서부터 255까지의 값으로 출력이 간다. 그러므로 이 안에 있는 숫자 값을 넣어주면 된다.
255 최고의 값으로 켰다가 짧게 대기하고(제어 블록에서 대기를 가져온다.) 200 정도 낮춰준다. 그리고 150, 100 이런 식으로 서서히 한번 꺼지도록 만든다.

시뮬레이션을 클릭하고 작동 상태를 확인한다. 밝았다가 서서히 어두워지는 것이 확인되면 성공적으로 코딩한 것이다.

(3) 블록 코드, 문자 코드 비교

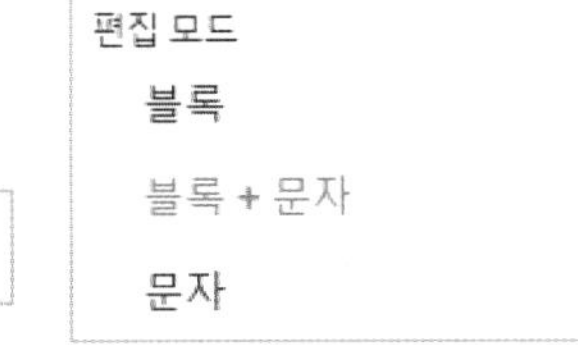

블록 + 문자

```
1  // C++ code
2  //
3  int i = 0;
4
5  void setup()
6  {
7    pinMode(6, OUTPUT);
8  }
9
10 void loop()
11 {
12   analogWrite(6, 255);
13   delay(300); // Wait for 300 millisecond(s)
14   analogWrite(6, 200);
15   delay(300); // Wait for 300 millisecond(s)
16   analogWrite(6, 150);
17   delay(300); // Wait for 300 millisecond(s)
18   analogWrite(6, 100);
19   delay(300); // Wait for 300 millisecond(s)
20   analogWrite(6, 50);
21   delay(300); // Wait for 300 millisecond(s)
22   analogWrite(6, 0);
23   delay(300); // Wait for 300 millisecond(s)
24 }
```

지금 상태의 아두이노에서는 우리가 작성한 코딩에서 무한 반복이 되고 있으므로 지금 계속 어두워졌다가 다시 켜지고 다시 점차적으로 어두워지는 코딩이 계속 적용되고 있는 것이다.

이렇게 반복적으로 코딩되는 부분은 제어 항목의 카운트 블록을 활용해서 For 구문으로 바꿔줄 수도 있다.

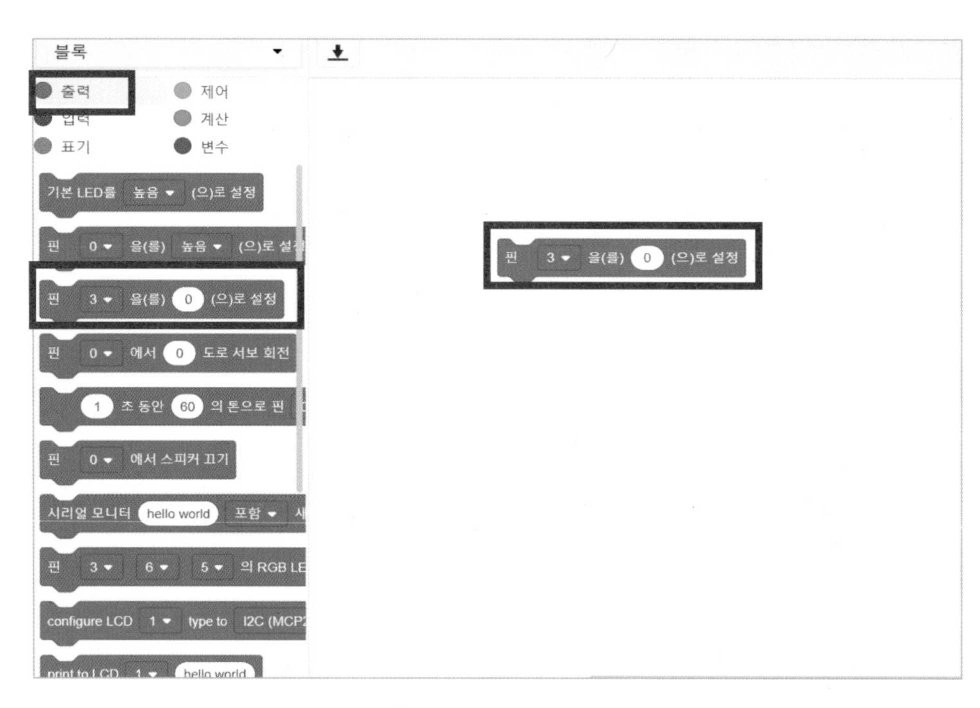

1. [출력] - 〈핀 3을 □로 설정〉 블록을 옆으로 가져온다.

2. [제어] - 카운트 블록을 〈위로/아래로 단위□, □ 동안□부터 □까지〉 수행 블록을 가져와서 [출력] 블록 바깥으로 놓는다.

3. [변수] – 출력 값에 변수 i를 넣는다.

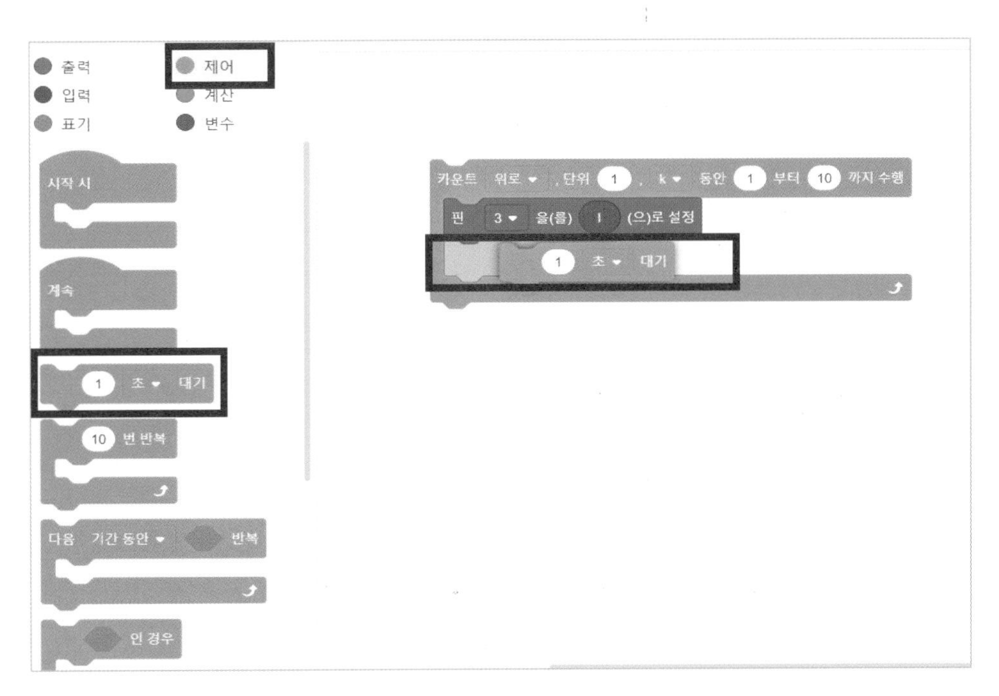

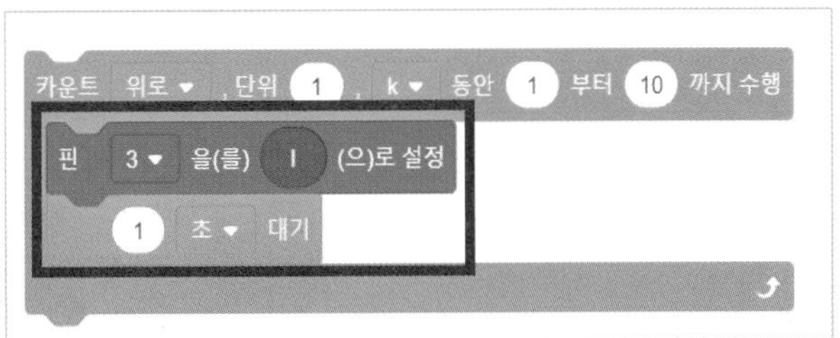

4. [제어] – 〈□ 초 대기〉 블록을 출력 블록 아래에 넣는다.

5. [제어]–〈□초 대기〉 블록의 숫자 값을 0.01로 넣는다.

6. [제어]–카운트 블록을 〈아래로, I 동안, 255, 0〉 차례로 값을 입력한다.

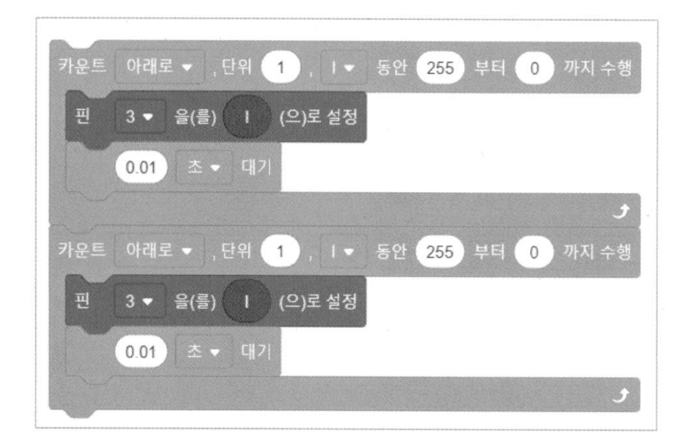

7. 오른쪽 마우스를 눌러 [중복됨]을 클릭하고 똑같은 블록 1개를 복사한다.

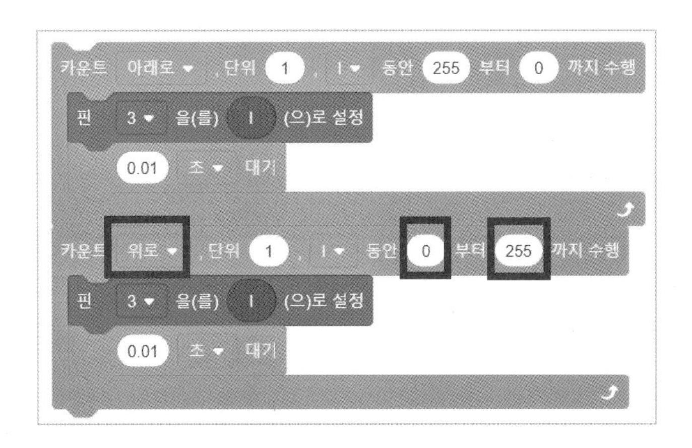

8. 위의 것과 반대로 〈위로, I 동안, 0, 255〉를 차례로 입력한다.

블록 코딩 완성!

(4) 블록 코드, 문자 코드 비교

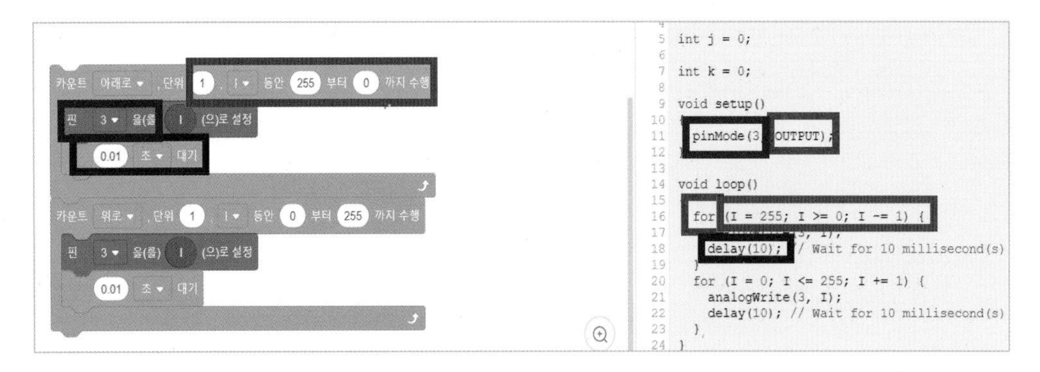

시뮬레이션 시작을 누르면 LED가 반복적으로 밝아졌다가 어두워지는 현상을 볼 수 있다.

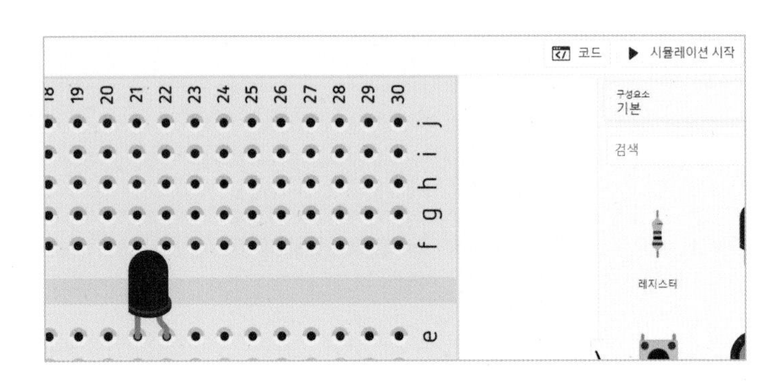

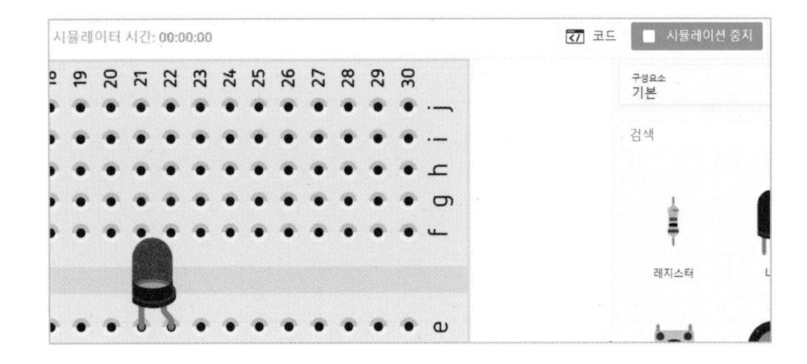

5) 조도 센서 – 스마트가로등

이번에는 빛을 감지하는 조도 센서를 활용해서 스마트가로등을 구성한다. 아두이노 우노 보드와 브레드 보드를 구성하고 조도 센서를 가져와서 회로를 구성한다. (조도 센서는 포토 레지스터라고 되어 있다.)

포토 레지스터가 바로 조도 센서이다. 조도 센서는 빛의 양에 따라서 저항값이 달라진다.
빛이 많이 들어오면 저항값이 작아지고, 빛이 조금밖에 들어오지 않으면 저항값이 높아진다. 그래서 어두울 때는 저항이 높고 밝은 낮일 때는 저항이 작아지는 성질을 갖고 있다. 이러한 원리를 이용해서 빛이 많을 때는 LED 전구를 꺼주고, 빛이 적게 들어올 때는 LED 전구를 켜도록 코딩해줄 수 있다.
따라서, 스마트가로등을 만들거나 자동차 헤드라이트에 적용하여 어두워지면 켜고 밝아지면 꺼지도록 하는 기능이 가능하다.

조도 센서를 살펴보면 터미널 1, 터미널 2라고 되어 있다. 여기는 극성이 따로 없다. 그래서 한쪽은 플러스, 한쪽은 마이너스로 연결해주면 된다. 조도 센서는 보통 10KΩ 을 사용한다.

(1) 첫 화면

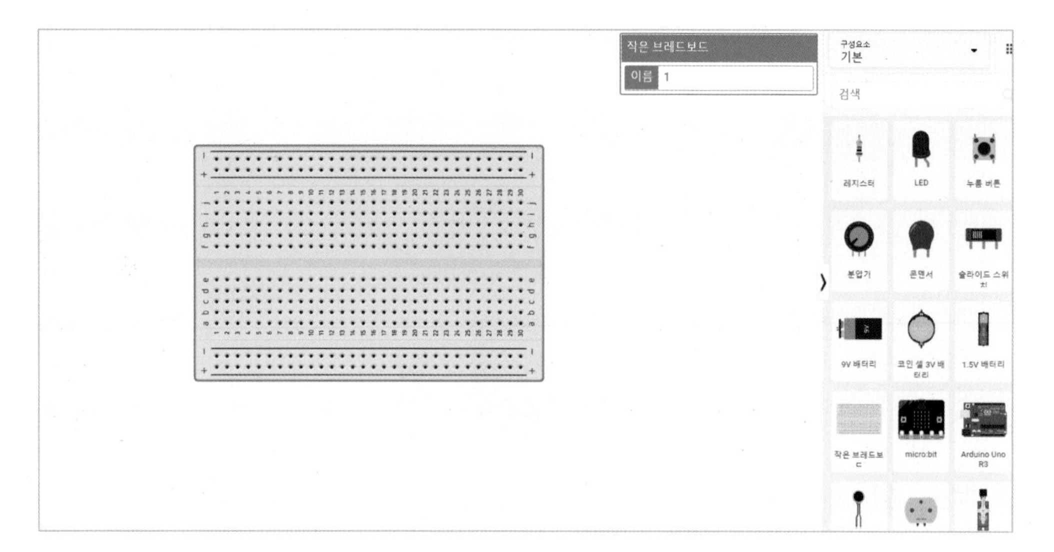

1. 빈 화면에 브레드보드 1개를 가져온다.

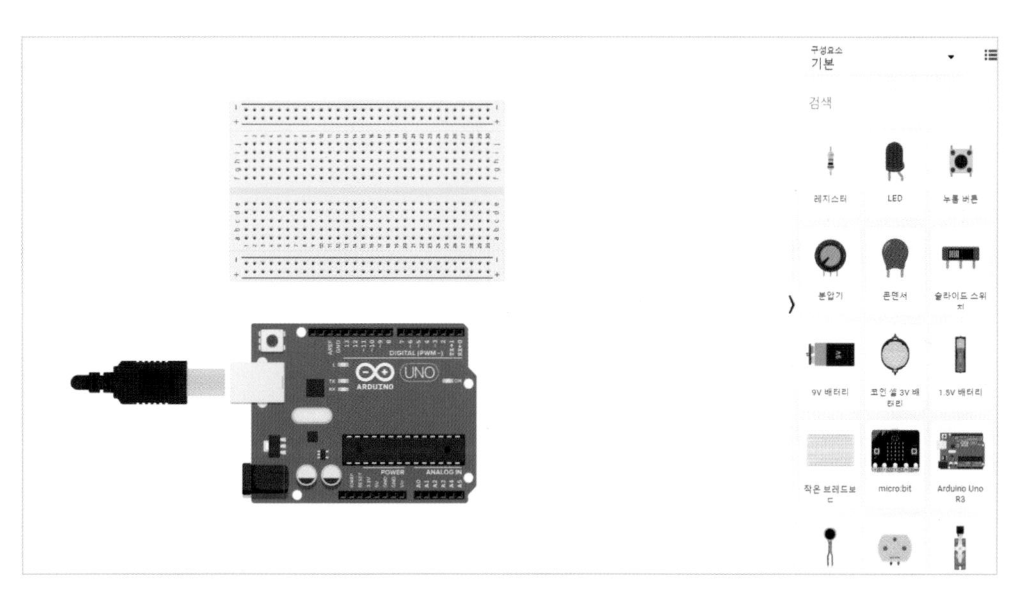

2. 브레드보드 아래에 Arduino Uno 보드도 가져온다.

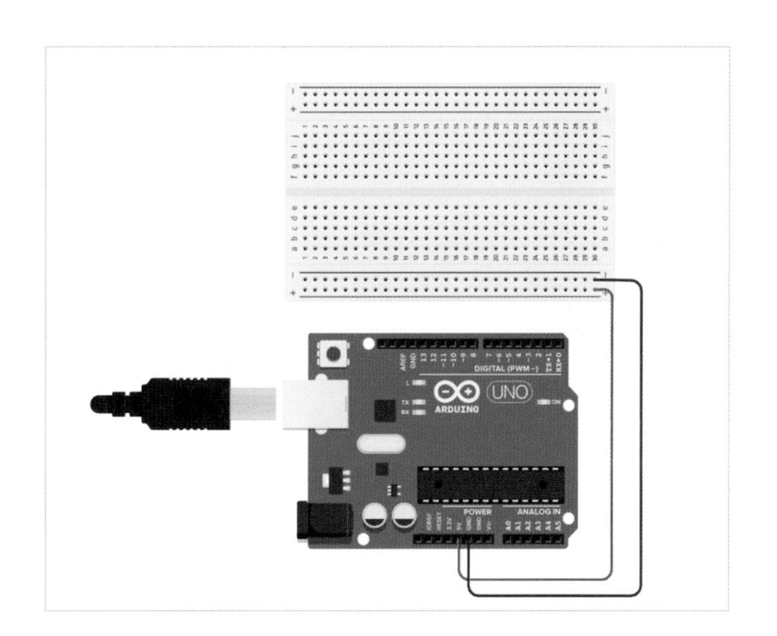

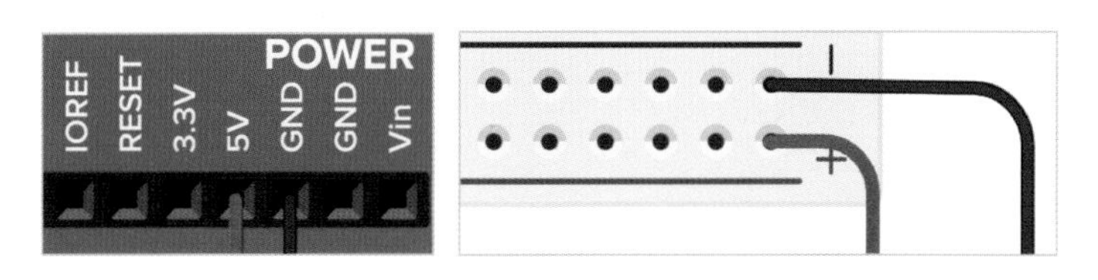

3. 아두이노 보드의 5V와 브레드보드의 (+)를 연결, 아두이노 보드의 GND와 브레드보드의 (−)를 연결한다.

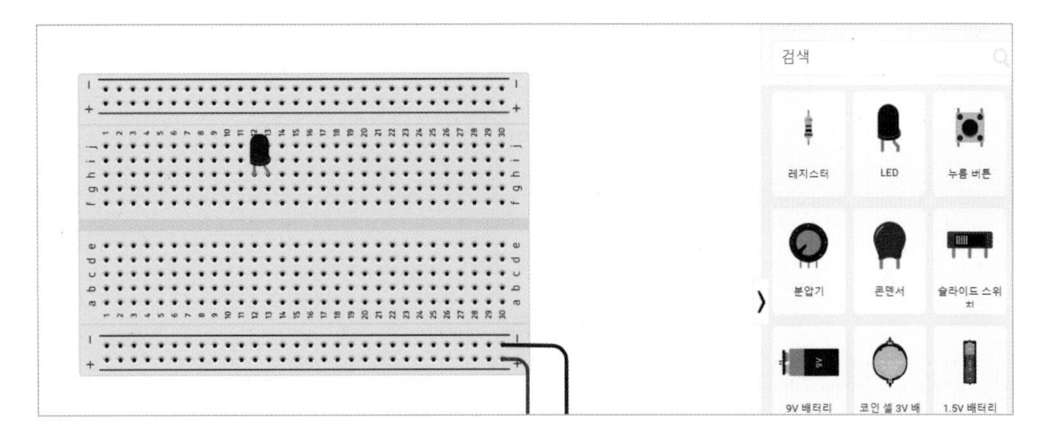

4. 브레드보드 위에 LED 전등을 가져온다.

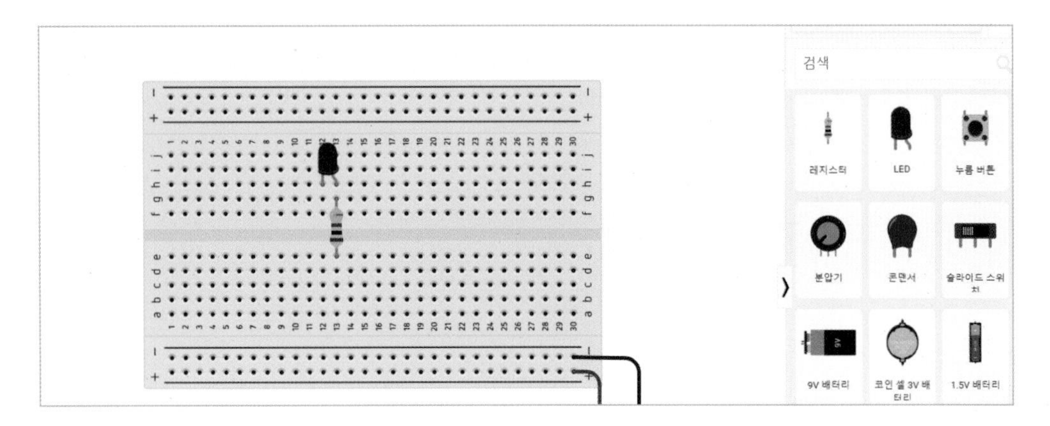

5. 레지스터를 LED 양극 줄과 (-)값에 연결되도록 놓는다.

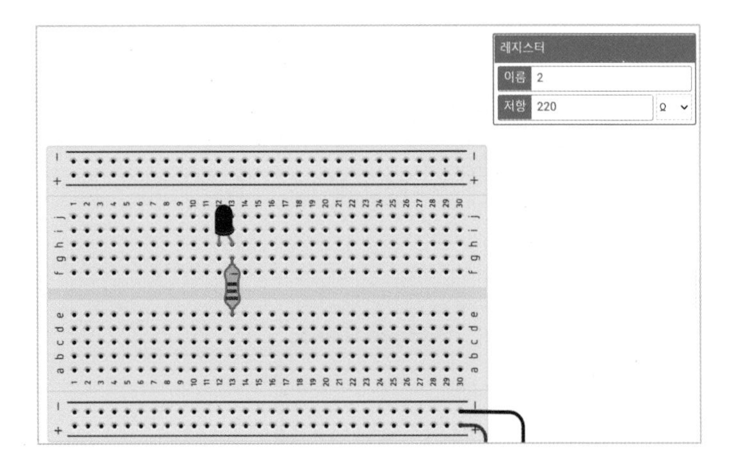

6. 레지스터의 저항값을 220Ω 으로 바꿔준다.

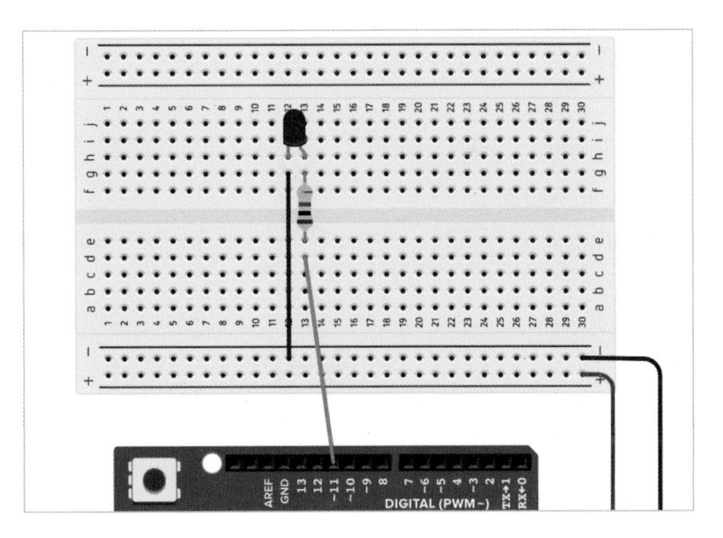

7. LED 음극 줄을 브레드보드의 (-) 줄에 연결하고, 레지스터가 연결된 LED의 양극 줄에는 11번 핀을 연결한다.

– 11번 핀을 통해서 LED에 코딩을 넣어주고 전류가 흐르게 되면 불을 밝히고 저항을 통과해서 그라운드로 빠져나가는 회로로 구성이 되어 있다.

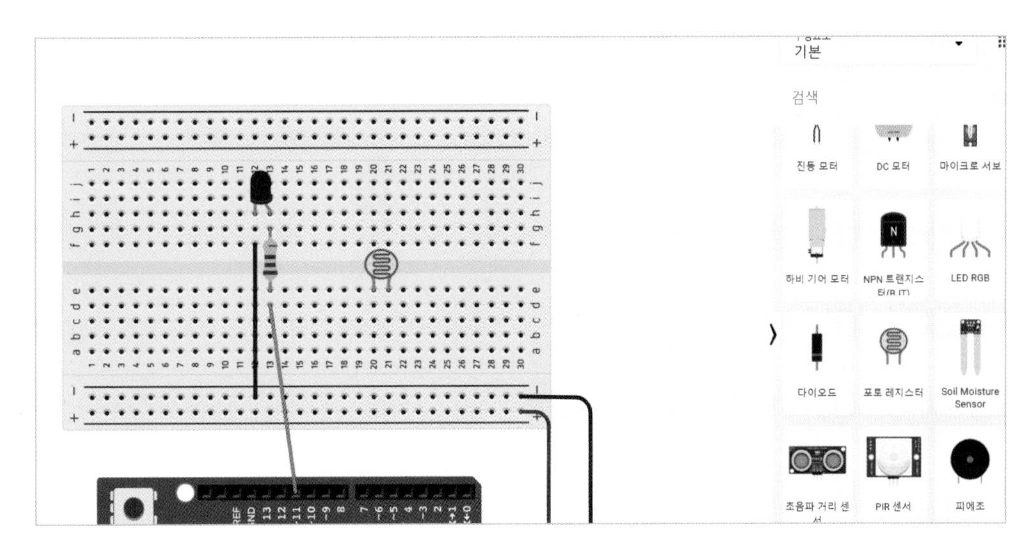

8. 포토 레지스터(조도 센서)를 브레드보드 위로 가져온다.

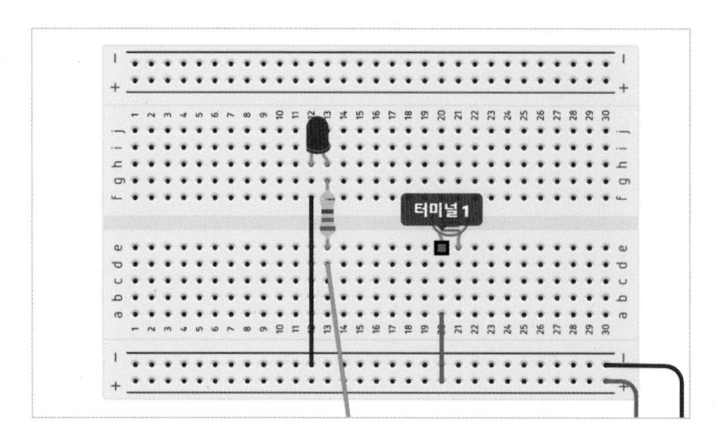

9. 터미널 1번 줄과 브레드보드의 (+) 줄을 연결한다.

조도 센서 같은 경우에는 빛이 들어오는 양을 센서가 감지해서 그 값을 아두이노 우노 보드로 보내준다. 즉, 입력되는 것이다.
그런데 그 경우에는 빛이 들어오는 값이 들어왔다 안 들어왔다 하며 0과 1, 이 두 가지로 구분하는 것이 아니라 들어오는 빛의 양을 다양하게 표현해 주기 위해서 아날로그 신호를 사용한다.
아날로그 입력은, 아날로그 IN으로 되어 있는 곳으로 해야 하기에 A0 값으로 설정한다.
저항값을 10KΩ 사용한다.

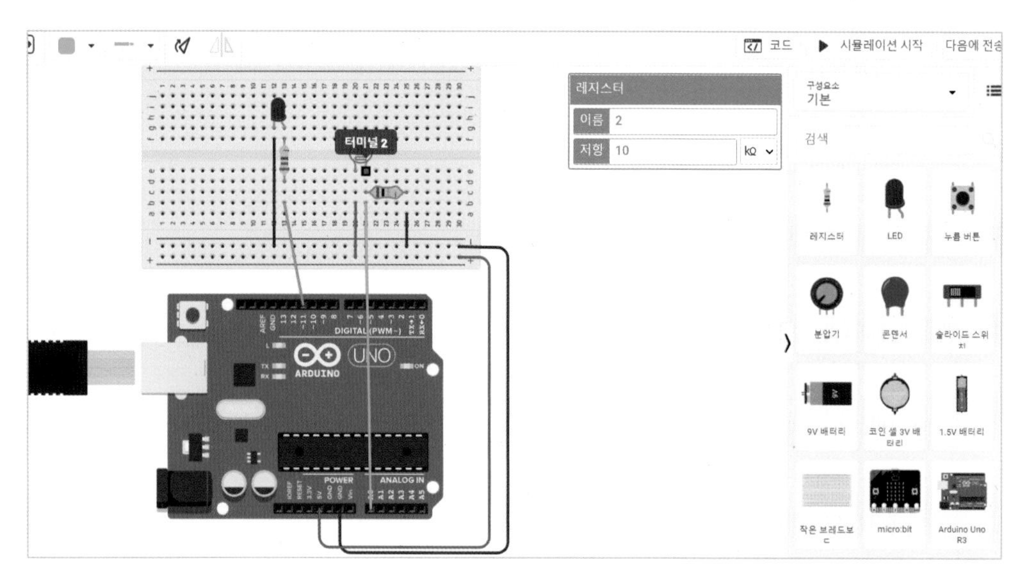

10. 레지스터를 가져와서 90도 회전하고, 터미널 2번 줄에 가져온다. 저항값을 10KΩ 으로 바꾼다.

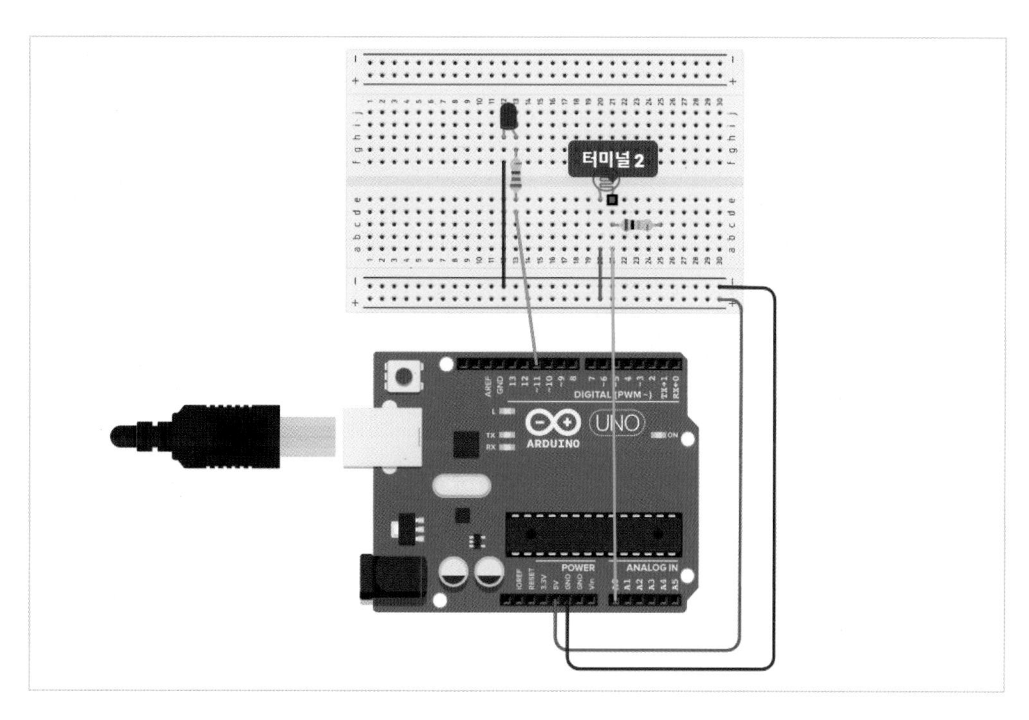

11. 터미널 2번 줄과 아날로그 IN의 A0 핀을 연결한다.

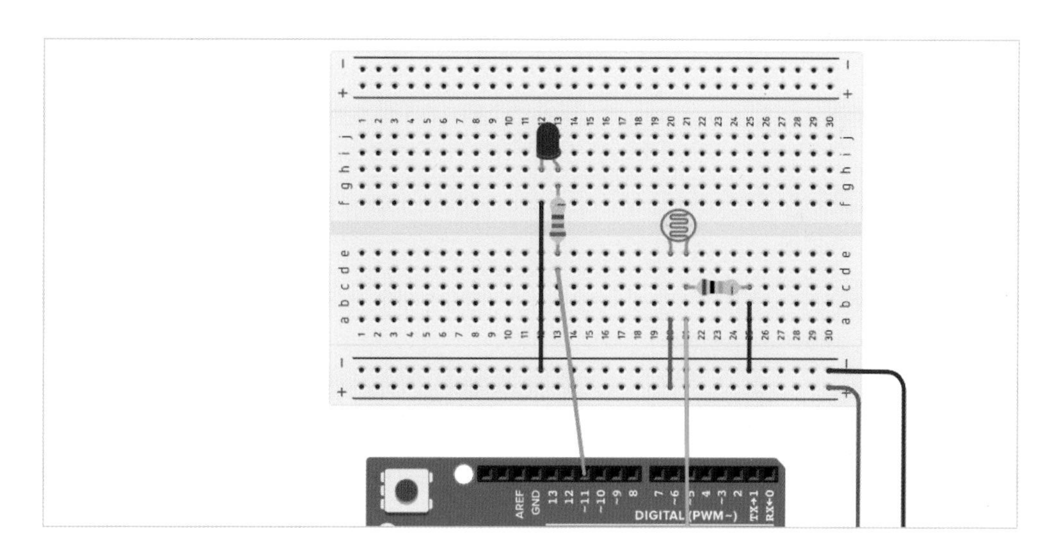

12. 레지스터의 남은 부분과 브레드보드의 (–) 줄을 연결한다.

조도 센서 – 스마트가로등 회로 완성!

(2) 회로에 따른 블록 코드

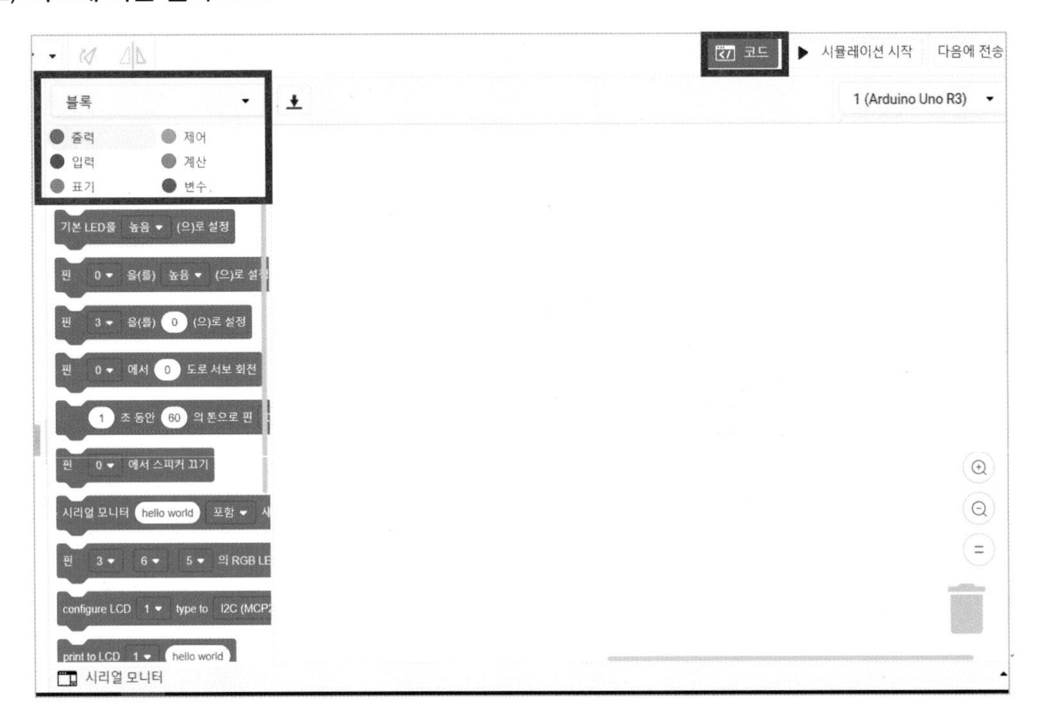

우측 상단 코드를 클릭해 블록 코딩 창을 띄운다.

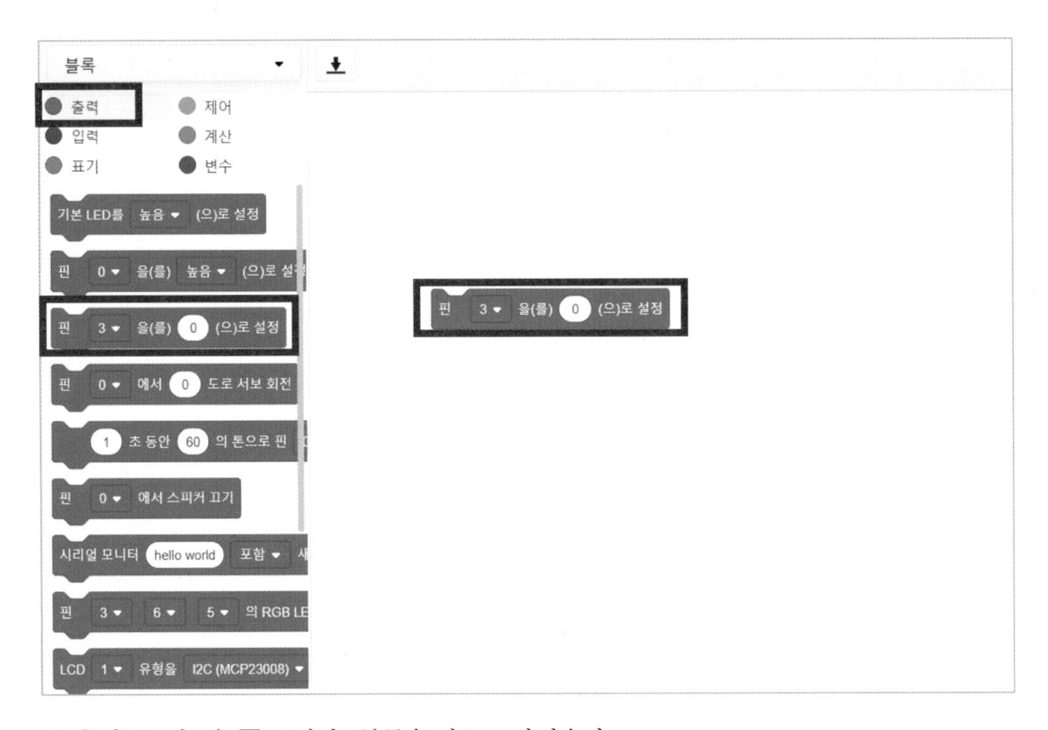

1. [출력] – 〈핀 3을 □로 설정〉 블록을 옆으로 가져온다.

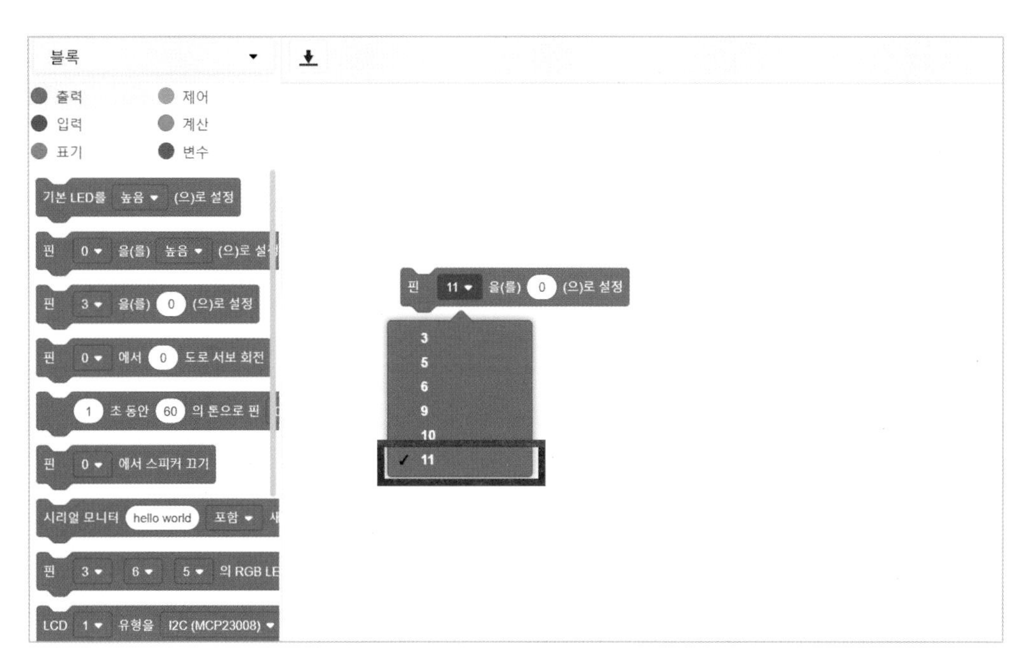

2. 핀 번호를 11번으로 바꾼다.

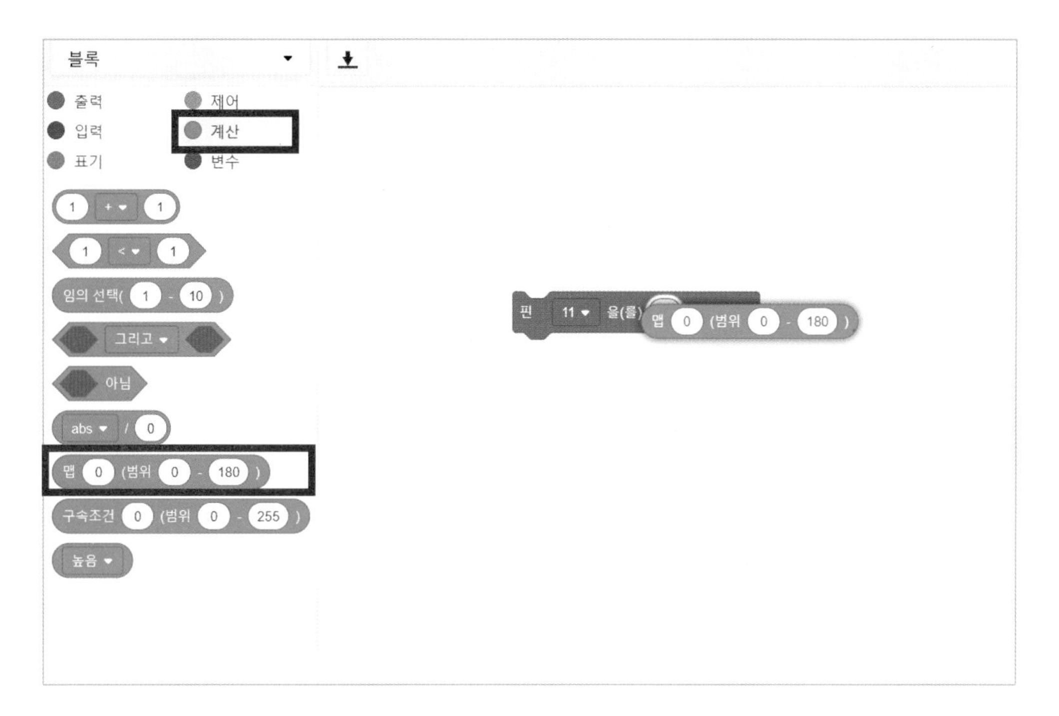

3. [계산] – 〈맵 □ (범위)〉 블록을 가져와 출력 블록 안에 넣는다.

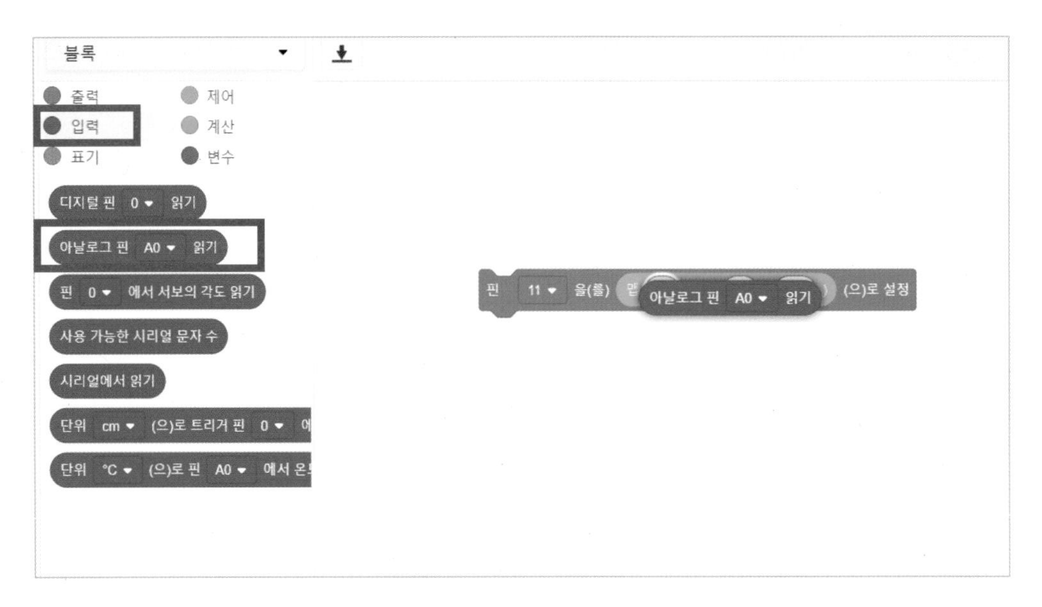

4. [입력]–〈아날로그 핀 읽기〉 블록을 가져와 맵 □ 자리에 넣는다.

5. 숫자 범위를 255, 0 순서대로 넣는다.

블록 코딩 완성!

(3) 블록 코드, 문자 코드 비교

```
// C++ code
//
void setup()
{
  pinMode(A0, INPUT);
  pinMode(11, OUTPUT);
}

void loop()
{
  analogWrite(11, map(analogRead(A0), 0, 1023, 255, 0
  delay(10); // Delay a little bit to improve simulat
}
```

3) 초음파센서 HC-SR04 _ 거리 감지 센서

거리를 측정할 수 있는 초음파 센서에 대한 설명이다. 구성요소에서 보면 현재 기본으로 되어 있다. 구성요소에서 모두를 클릭해준다.

조금만 아래쪽으로 내리면 여기에 초음파 거리 센서가 두 가지 타입이 있다.

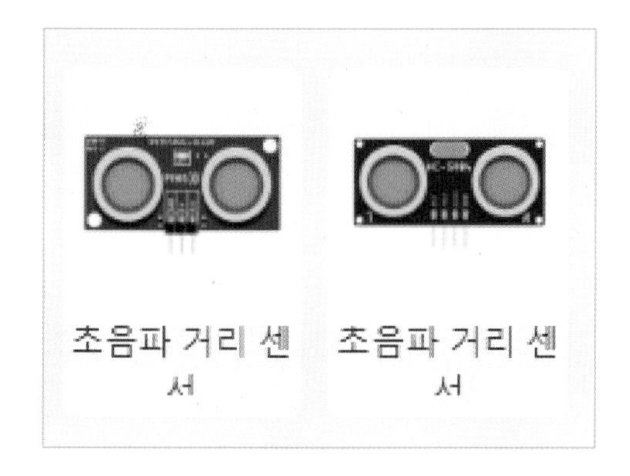

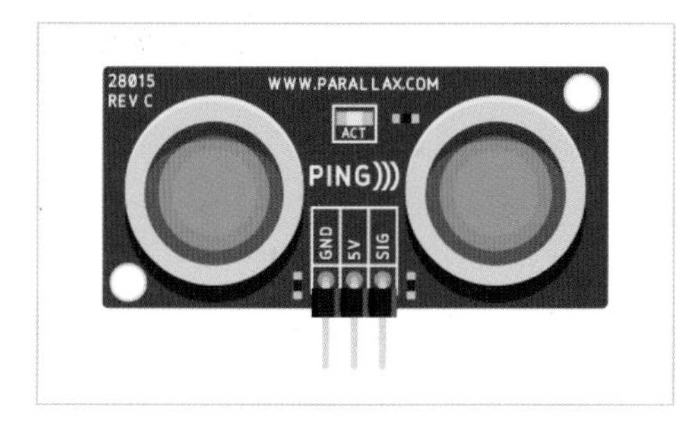

[아래쪽에 핀이 3개 있음]

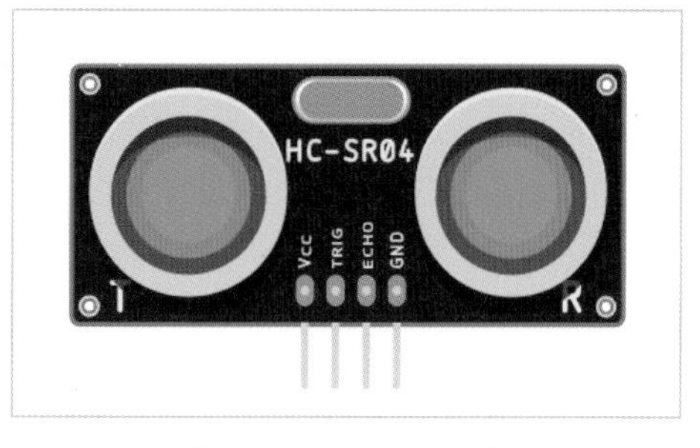

[아래쪽에 핀이 4개 있음]

일반적으로 4개짜리 핀이 가장 많이 사용되고 있다. 그래서 이 4개짜리 핀을 이용해서 회로를 구성하고 코딩하는 방법에 대해 설명한다.

(1) 첫 화면

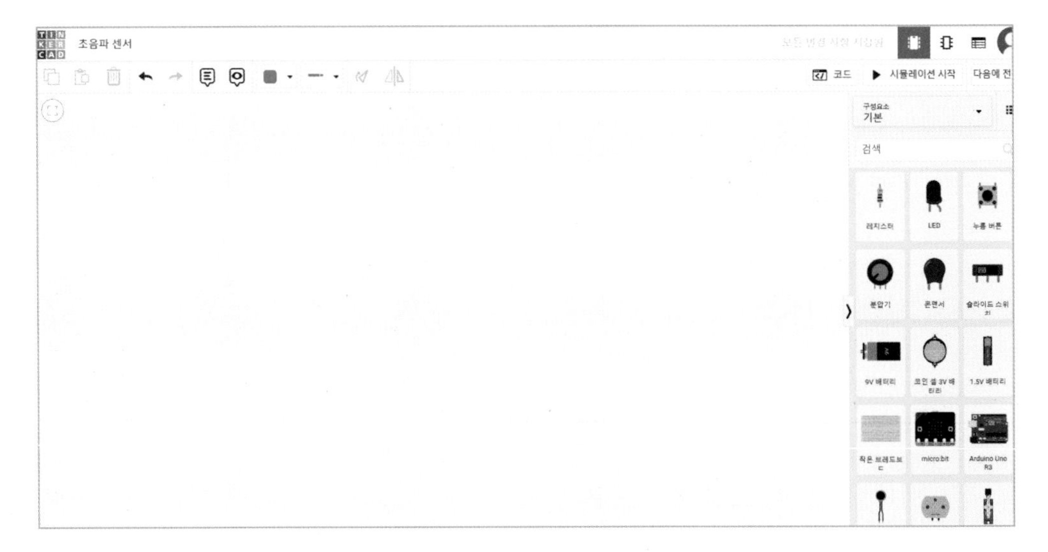

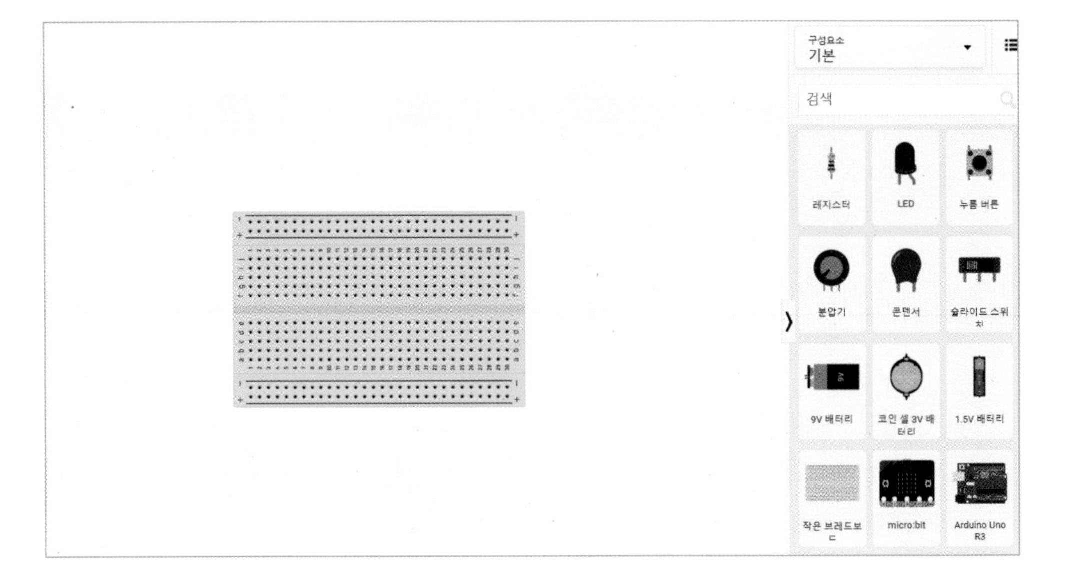

1. 빈 화면에 브레드보드 1개를 가져온다.

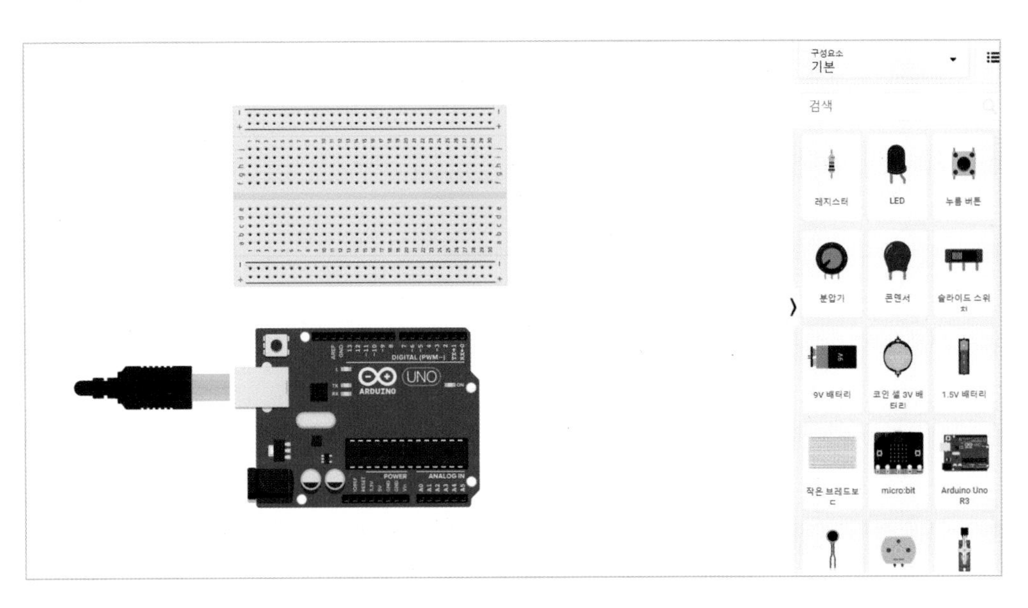

2. 브레드보드 아래에 Arduino Uno도 가져온다.

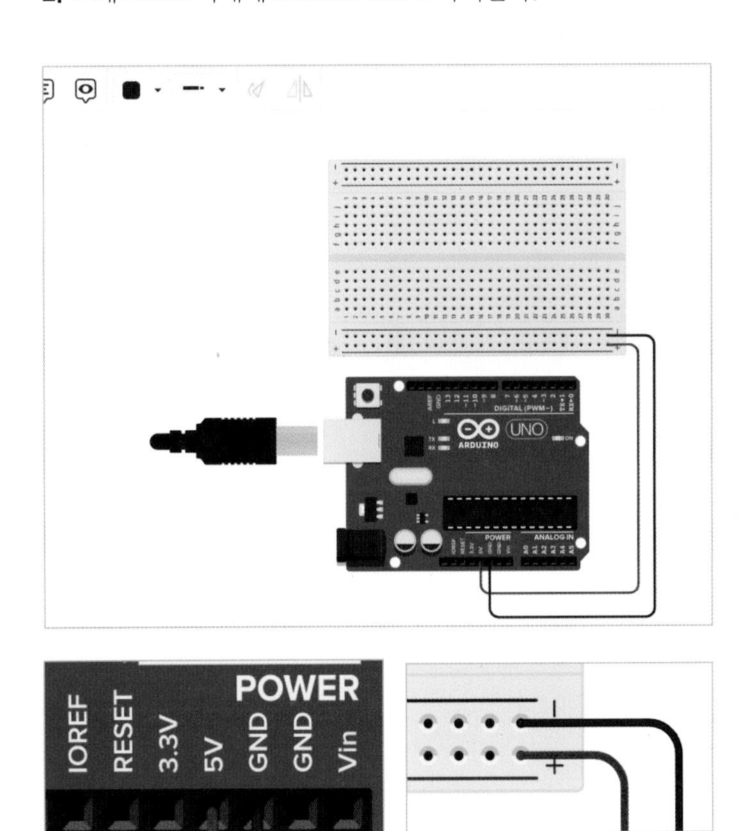

3. 아두이노 보드의 5V와 브레드보드의 (+)를 연결, 아두이노 보드의 GND와 브레드보드의 (−)를 연결한다.

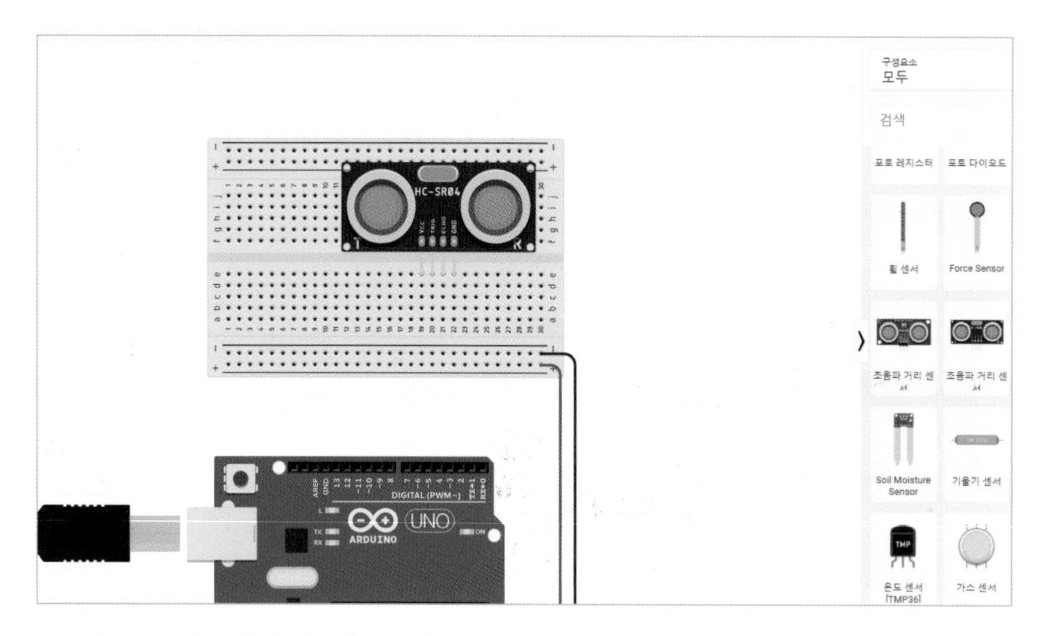

4. 브레드보드에 초음파 거리센서를 가져온다.

초음파 거리센서를 좀 더 상세히 살펴보자.

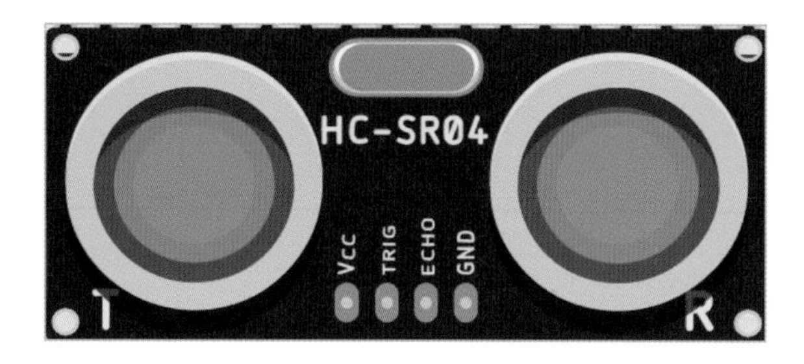

위의 [T]라고 되어 있는 부분에서 초음파를 발사한다.
TRIG 핀 쪽으로 전원이 공급되면 그때 초음파가 발사된다. 앞쪽에 만약 장애물이 있다면, 이 장애물을 막고 반사가 된다.

반사되어 돌아오는 이 초음파를 [R]에서 읽는다. 여기서 반사되어 되돌아오는 초음파가 있는지 읽어내는 핀이 바로 ECHO 핀이다. 이 초음파 같은 경우에는 날아가는 속도가 일정하므로 장애물을 막고 반사해서 돌아오는 시간만 알고 있으면 그 거리를 계산할 수 있다. 이런 원리를 이용해서 거리를 측정하는 센서가 바로 초음파 거리 센서이다.
따라서, 처음에 [R]이라는 구간은 LOW로 설정이 되어 있고, 장애물에 반사되어서 돌아오는 순간은 HIGH로 바뀐다.

VCC : 전원 공급선이다.
GND : TRIG 핀과 ECHO 핀 모두 디지털 핀 쪽으로 연결해준다.

TRIG 핀 : 아두이노에서 전기를 공급하면 초음파를 발사하기 때문에 아두이노에서 전기를 공급하냐 하지 않느냐에 따라 값이 달라진다.

ECHO 핀 : 되돌아오는 초음파를 감지한다. 그리고 그 값을 아두이노에 보내주는 입력 핀으로 쓰인다. 그래서 TRIG는 출력, ECHO는 입력 핀으로 설정해줘야 한다.

5. VCC 핀은 (+)에, GND 핀은 (−)에 연결한다.

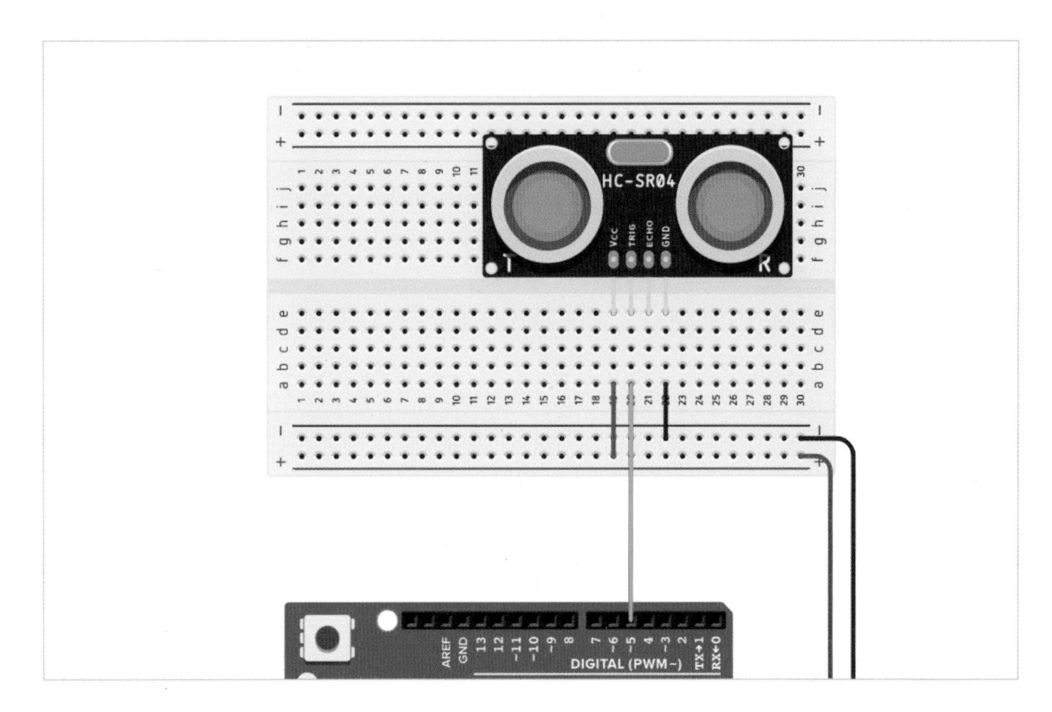

6. TRIG 핀은 디지털 핀 ~5번에 연결한다.

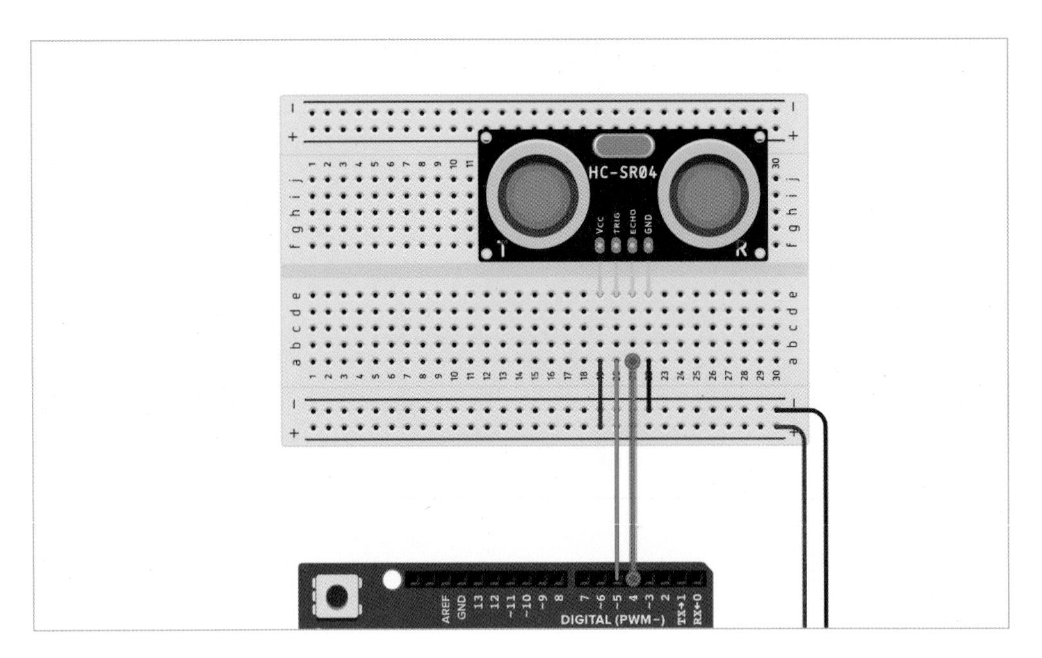

7. ECHO 핀은 디지털 핀 4번에 연결한다.

초음파 센서 – 거리 감지 센서 회로 완성!

(2) 회로에 따른 블록 코드

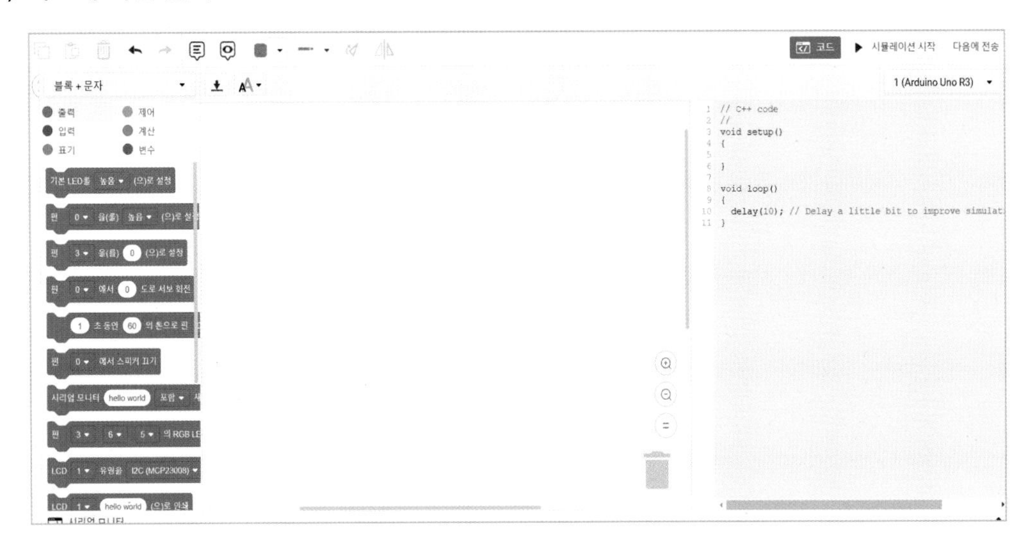

기존에 있던 코드를 버리고, 먼저 [블록+문자]로 바꿔서 시작한다.

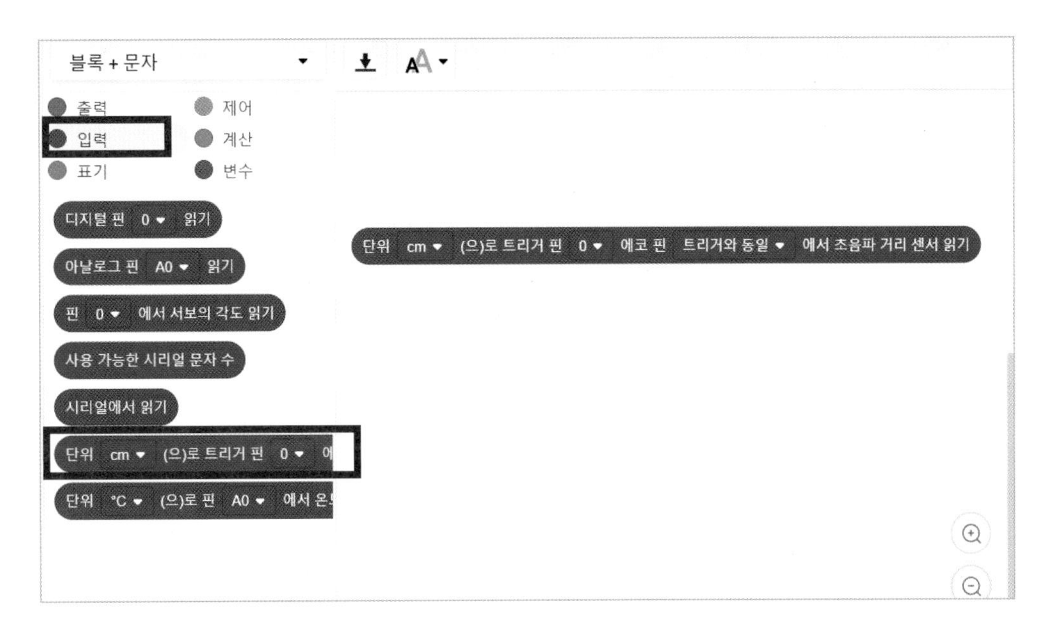

1. [입력]을 선택해서 [단위]로 [트리거 핀], [에코 핀]에서 [초음파 거리 센서 읽기]라는 블록을 가져온다.

```
// C++ code
//
long readUltrasonicDistance(int triggerPin, int echoPi
{
  pinMode(triggerPin, OUTPUT);  // Clear the trigger
  digitalWrite(triggerPin, LOW);
  delayMicroseconds(2);
  // Sets the trigger pin to HIGH state for 10 microse
  digitalWrite(triggerPin, HIGH);
  delayMicroseconds(10);
  digitalWrite(triggerPin, LOW);
  pinMode(echoPin, INPUT);
  // Reads the echo pin, and returns the sound wave tr
  return pulseIn(echoPin, HIGH);
}

void setup()
{

}

void loop()
{
  0.01723 * readUltrasonicDistance(0, 0);
  delay(10); // Delay a little bit to improve simulati
}
```

이 블록을 가지고 와서 보면 옆에 굉장히 복잡한 텍스트 코딩이 완성된다.

사실 초음파 거리 센서를 텍스트 코딩하는 것은 텍스트 코딩을 잘 모르는 분들에게는 굉장히 힘들 수 있다.

그런데 이렇게 블록 코딩으로 진행하면 간단하게 텍스트 코딩을 만들 수 있다. 단 하나의 블록으로 이렇게 복잡한 텍스트 코딩을 대신할 수 있는 것이다. 그리고 물론 이 텍스트 코딩을 아두이노에 그대로 복사해서 업로드 시킬 수도 있다. 그래서 초음파 센서처럼 코딩이 조금 복잡해질 때는 입문 과정에서 텍스트 코딩을 이렇게 이용하는 것도 하나의 좋은 방법이라고 생각한다.

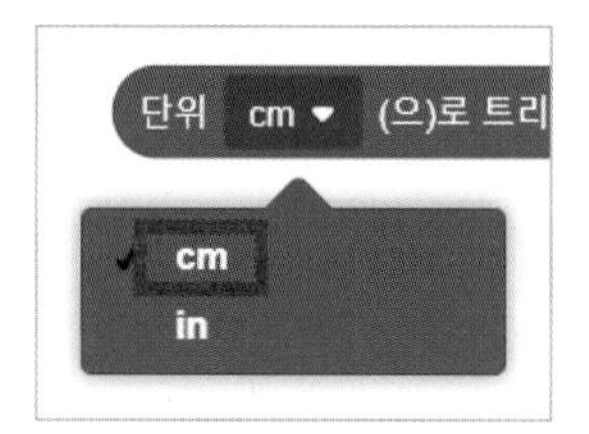

단위는 [cm]와 [in] 중 선택할 수 있다.

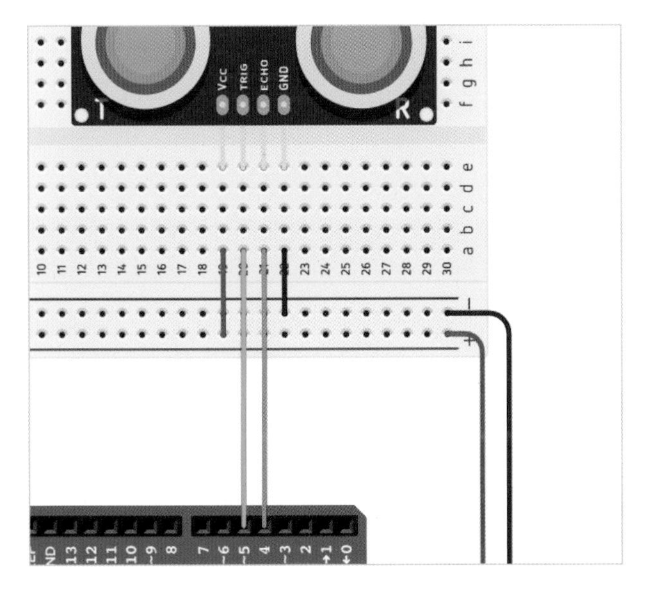

앞서 트리거 핀은 5번, 에코 핀은 4번에 연결했다.

2. 트리거 핀을 5번으로 선택한다.

에코 핀 같은 경우는 앞서 초음파 센서에 두 종류가 있다고 설명했는데, 핀이 3개인 것은 트리거 핀과 에코 핀이 같은 경우를 말한다.
그래서 핀 3개짜리 센서를 선택하였으면 [트리거와 동일]이라는 부분을 선택하면 된다.

핀 4개짜리를 선택하였으면, 에코 핀으로 설정한 번호의 핀을 설정하면 된다.
우리는 4번으로 에코핀을 설정했다.

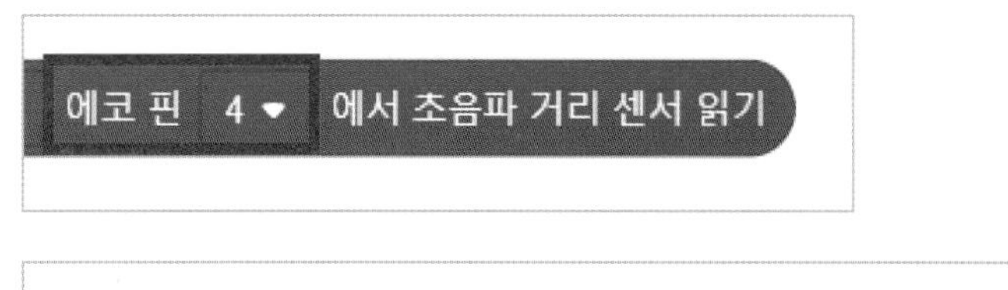

단위 cm ▾ (으)로 트리거 핀 5 ▾ 에코 핀 4 ▾ 에서 초음파 거리 센서 읽기

3. 에코 핀을 4번으로 선택한다.

이번에는 초음파 거리 센서를 변수에 담아본다.
[변수], [변수 만들기]에 한글로 입력하면 에러가 나므로 영문으로 [distance](거리)라고 넣는다.

distance ▾ 을(를) 0 (으)로 설정

4. 앞서 만든 [입력 핀]을 [변수 핀] 안에 넣는다.

초음파 센서의 거리값을 읽어 센티미터로 변경한 값을 이 디스턴스 안에 담는다.

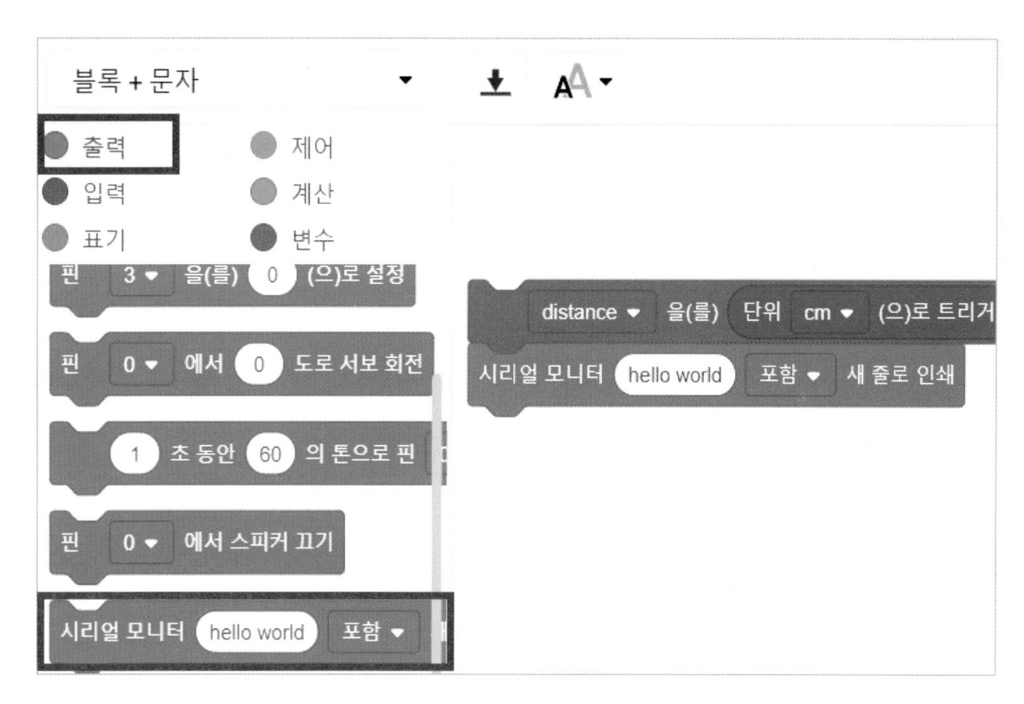

5. 디스턴스에 있는 값을 [시리얼 모니터]의 거리 측정된 값을 한번 담아보겠다.

6. 앞서 만든 [변수] 값을 시리얼 모니터 안에 넣는다.

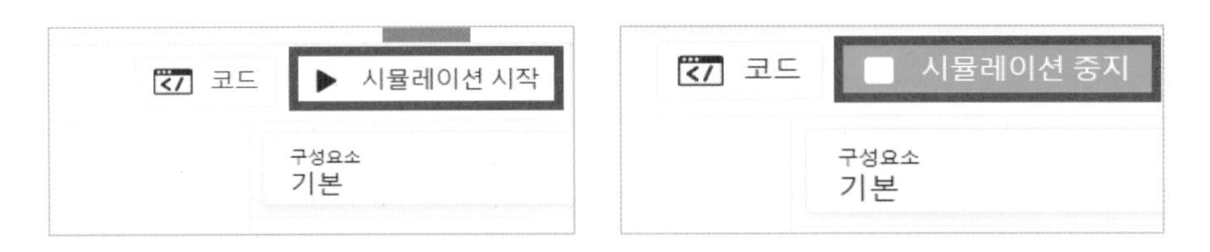

[시뮬레이션 시작]을 한 번 눌러본다.

좌측 하단에 있는 [시리얼 모니터]를 마우스로 한 번 클릭하면 아래와 같이 시리얼 모니터 화면을 볼 수 있다.

시리얼 모니터

```
128
128
128
128
128
128
128
128
128
128
128
128
128
128
128
128
```

[시리얼 모니터]에 숫자들이 계속해서 생겨날 것이다.

다시 회로 화면으로 돌아갔는데 시뮬레이션 시작을 했음에도 불구하고 아무것도 달라진 게 없을 것이다. 먼저 초음파 센서를 클릭한다.

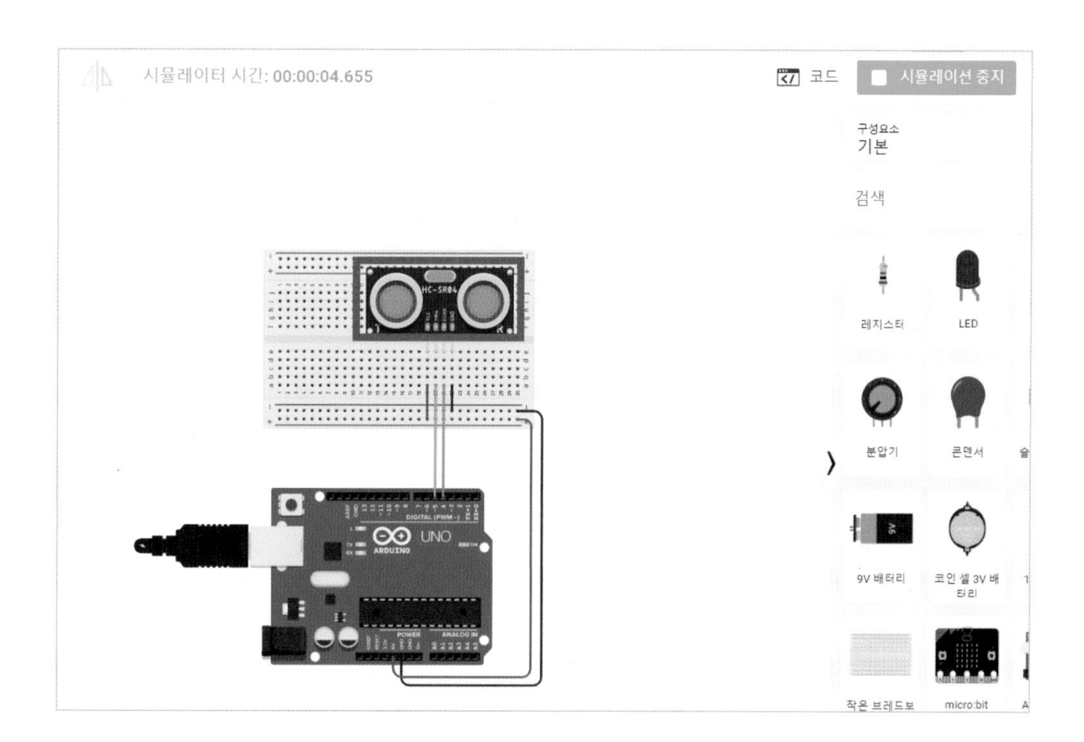

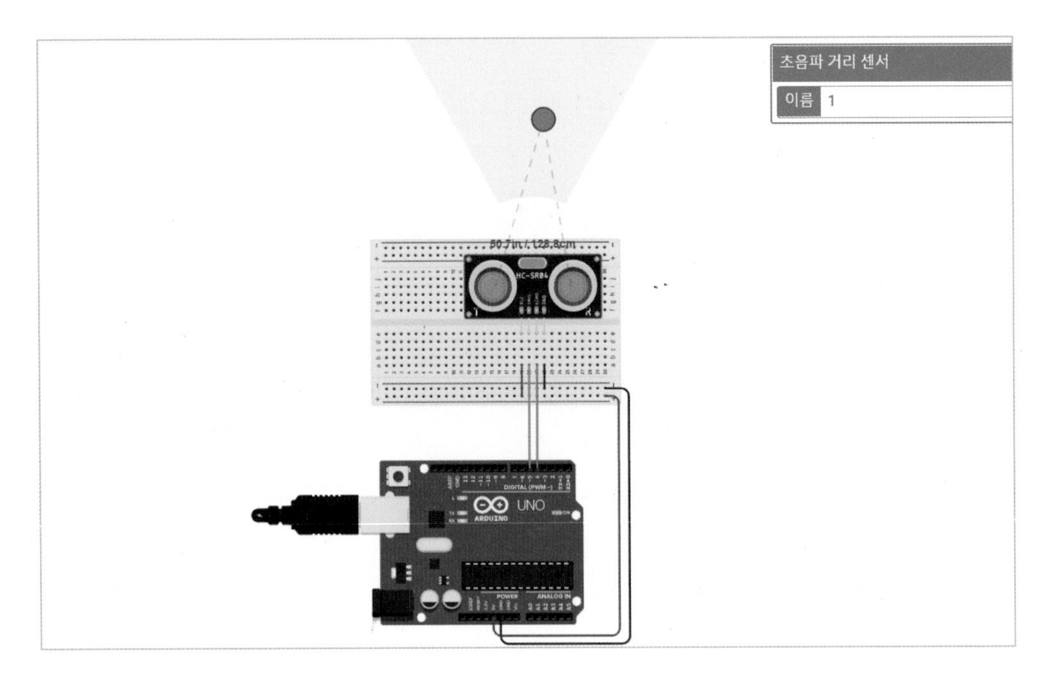

그러면 앞에 공 모양이 나타난다.

이 공 모양을 마우스로 드래그를 하면 이 초음파 센서와 공 사이의 거리가 나타난다.

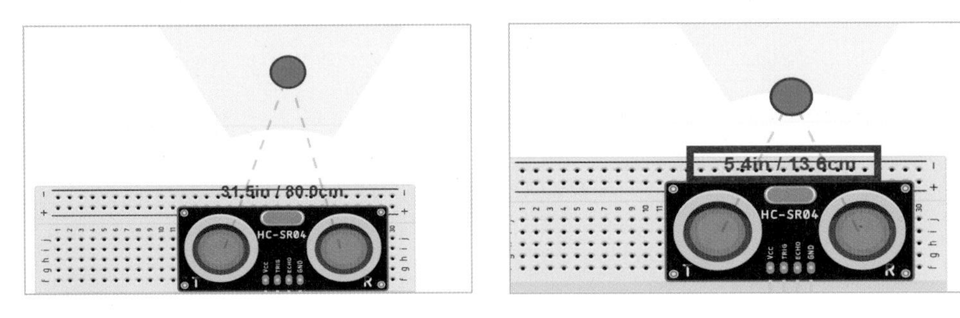

공을 마우스로 드래그하면서 움직여보면 아래쪽으로 거리가 표시되는 게 보인다.
아래쪽에 보면 inch와 cm도 함께 나타난다.

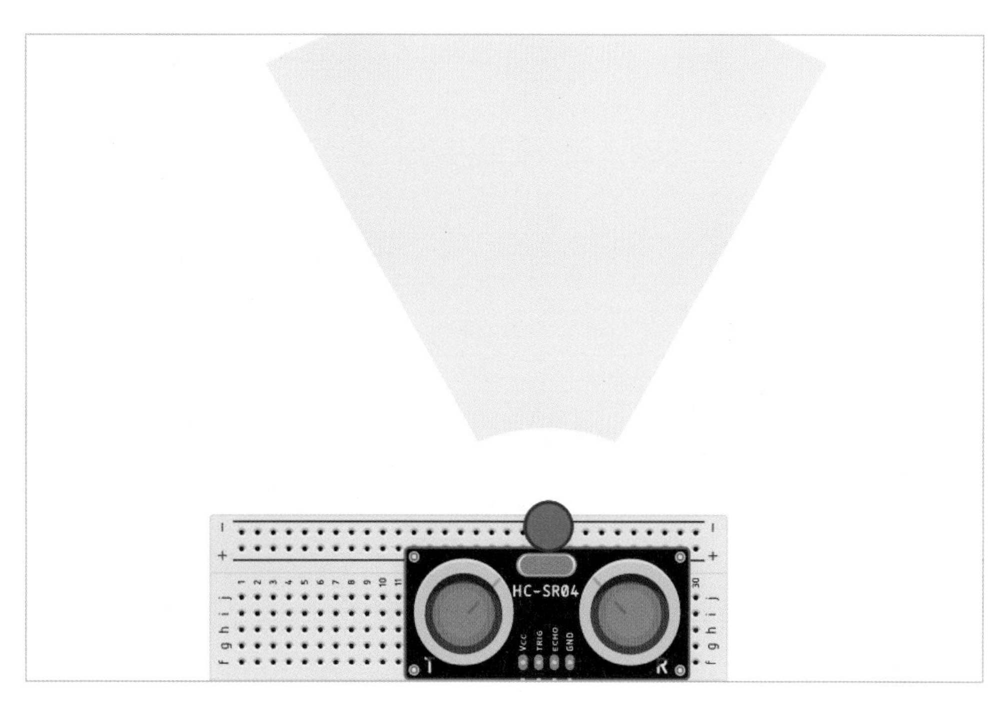

공을 초음파 센서와 아주 가까이 두면 거리 부분이 초록색에서 빨간색으로 변한다.
초음파 센서는 이렇게 너무 가까운 물체는 오히려 감지하지 못한다.

나중에 RC카를 만들 때는 최소 3cm, 4cm 거리를 유념해서 코딩해야 장애물을 인식할 수 있다.

4) 서보모터 회로 구성 & 코딩_for 반복문_원하는 각도만큼 회전시키기

이번에는 서보모터를 사용하는 방법을 살펴보자.
아래쪽에 보면 모터가 있다. 크게 DC 모터하고 서보 모터 두 가지가 기본으로 들어가 있다.

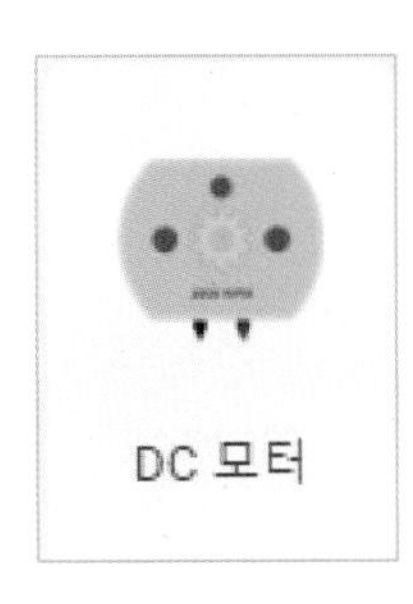

DC 모터는 전원을 공급하면 계속 회전한다. 전원을 공급하지 않으면 모터가 더는 회전하지 않는다. 바퀴 회전을 표현하고자 할 때 DC 모터를 많이 사용한다.

DC 모터는 각도 조절이 불가능하지만, 서보모터는 자기가 원하는 각도를 지정해서 그 각도만큼 회전하게 만들 수 있는 이점이 있다. 관절을 움직이게끔 만들어주는 역할을 할 때 이러한 서보모터를 사용한다.

여기서는 서보모터의 회로를 구성하고 코딩하는 방법에 대해 설명하며, 브레드보드 없이 바로 서보모터에 연결하는 방법을 설명한다.

(1) 첫 화면

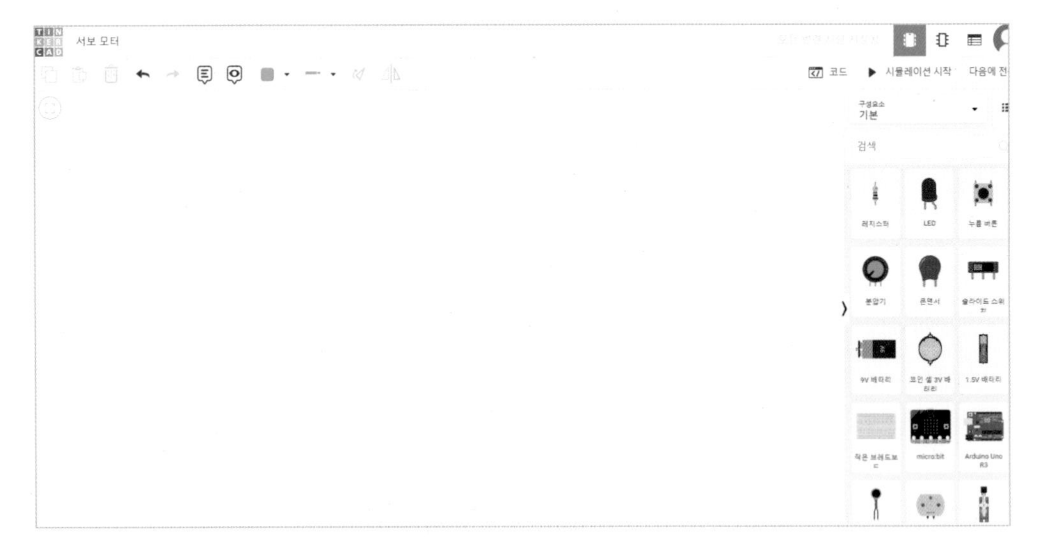

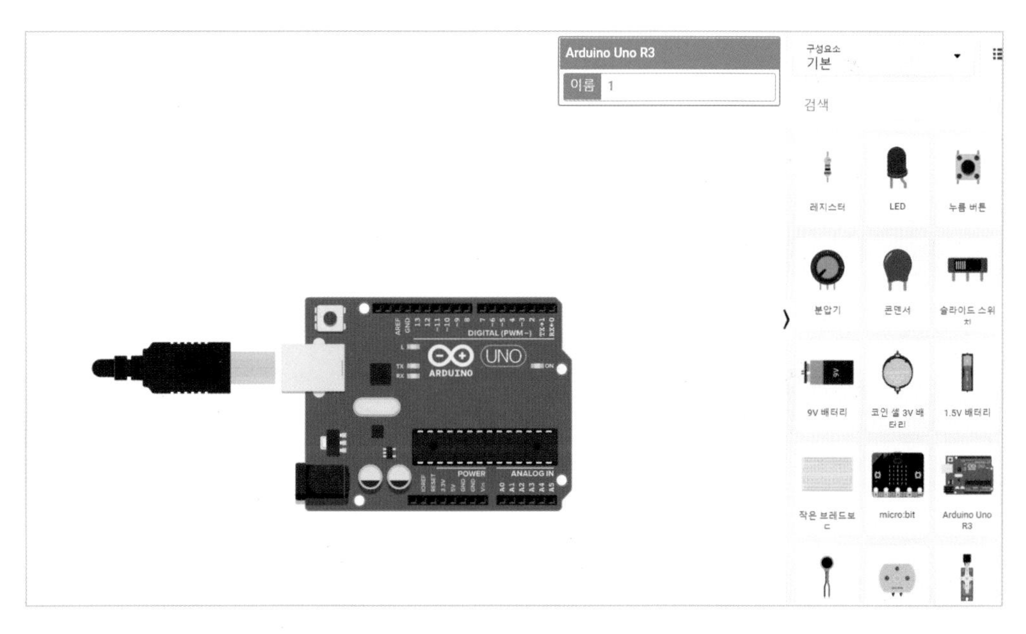

1. 빈 화면에 Arduino Uno 보드를 가져온다.

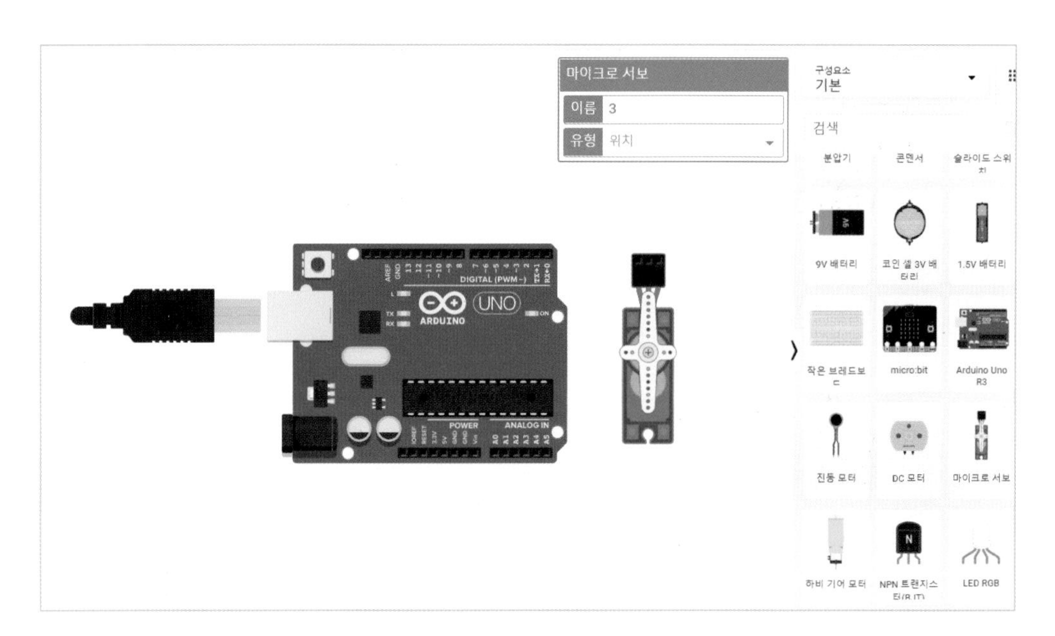

2. 마이크로 서보모터도 가져온다.

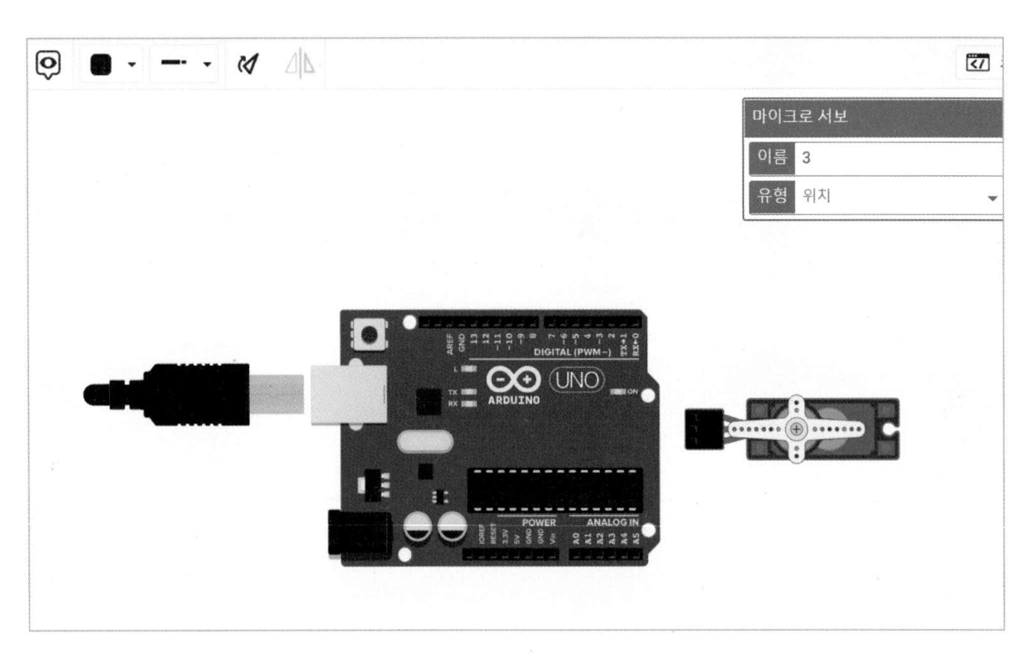

3. 연결하기 쉽게 핀 있는 쪽이 보드 쪽으로 가도록 회전시켜준다.

핀에 보면 [접지], [전원] 그리고 [신호]로 되어 있다. 접지부터 순서대로 연결해보자.

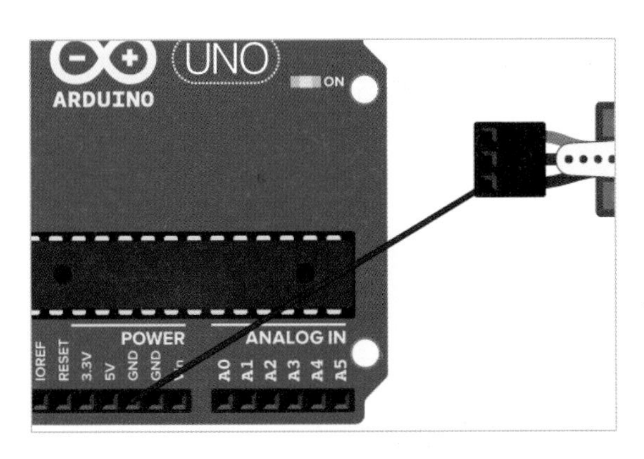

4. 접지 핀과 [GND]를 연결한다.

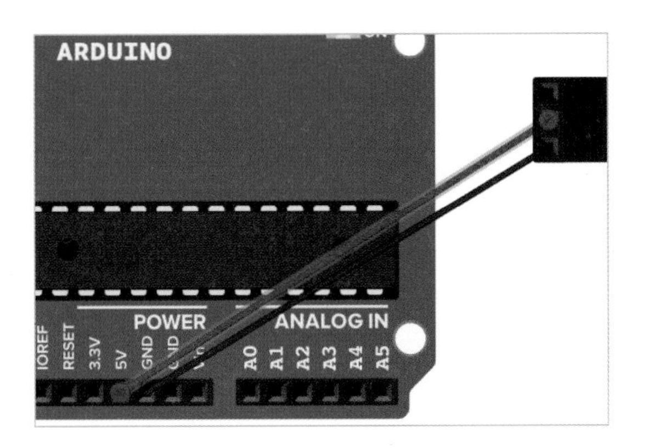

5. 전원 핀과 [5V]도 연결한다.

서보모터를 우리가 원하는 각도만큼 움직이도록 명령을 줄 것이다. 30도, 60도, 90도 이렇게 움직일 수 있도록 명령을 줄 것이기 때문에 아날로그 출력을 한다. 그래서 PWM(~) 출력이 가능한 곳으로 연결해준다.

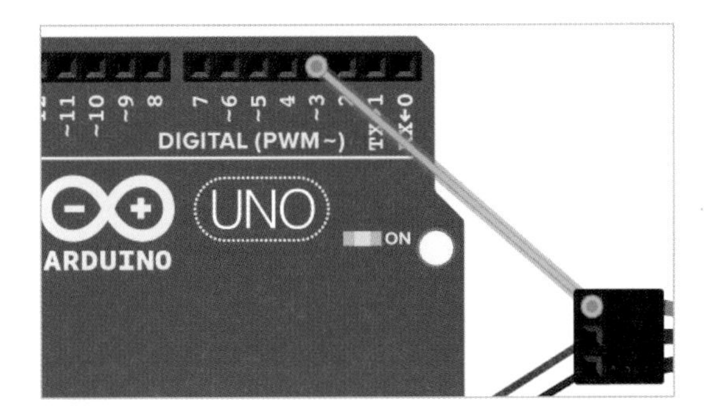

6. 신호 핀을 [3번] 핀과 연결한다.

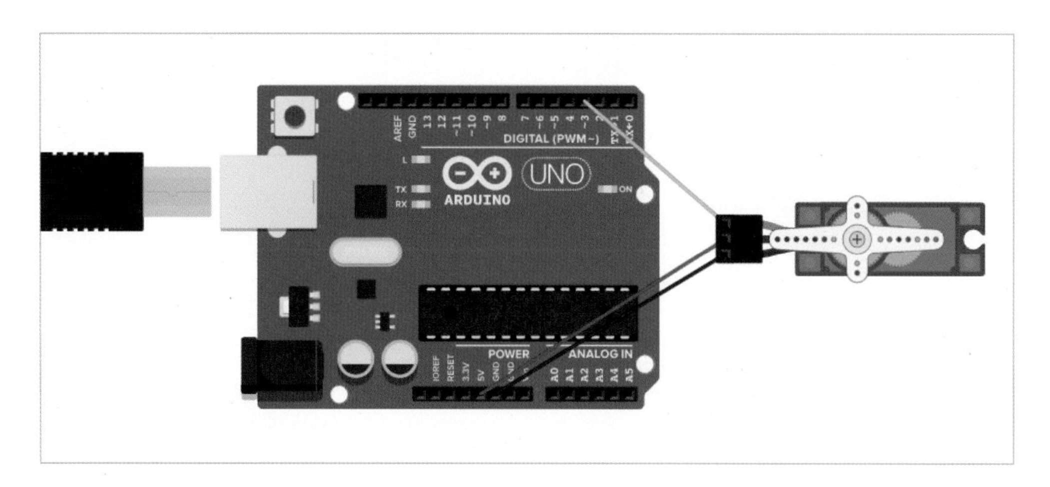

서보모터 – 원하는 각도만큼 움직이기 회로 완성!

(2) 회로에 따른 블록 코드

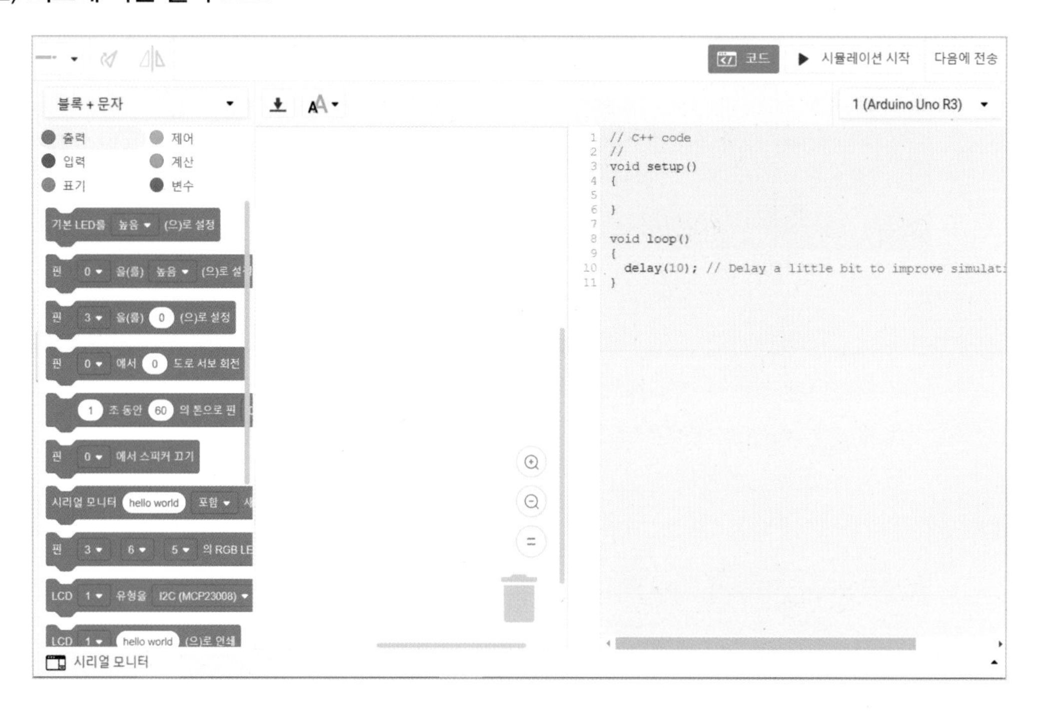

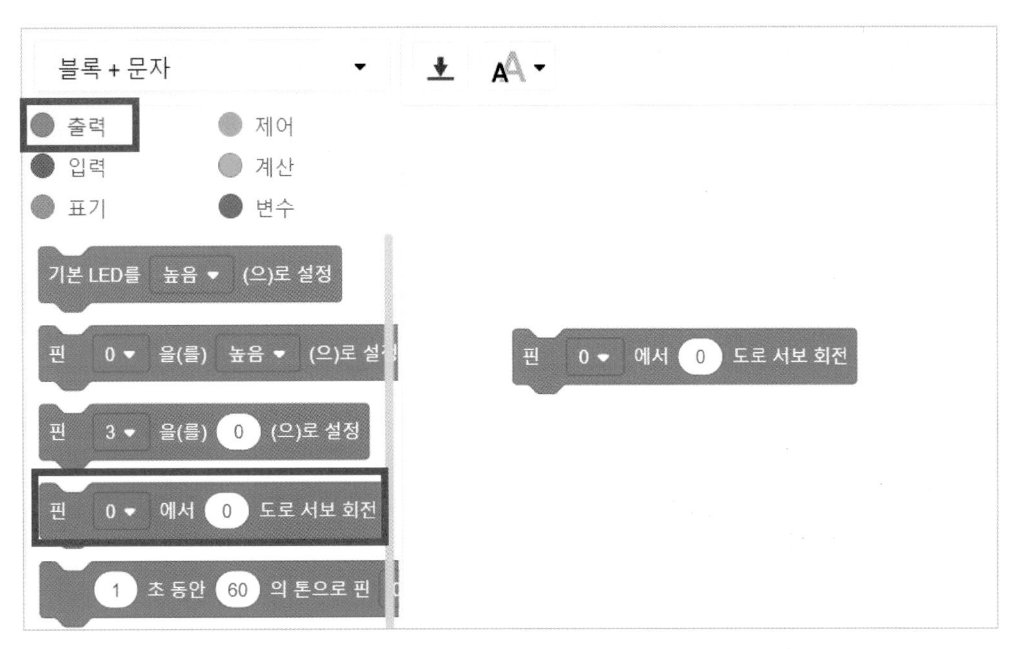

1. [출력]에서 〈핀 ▢에서 ▢ 도로 서보 회전〉 블록을 가져온다.

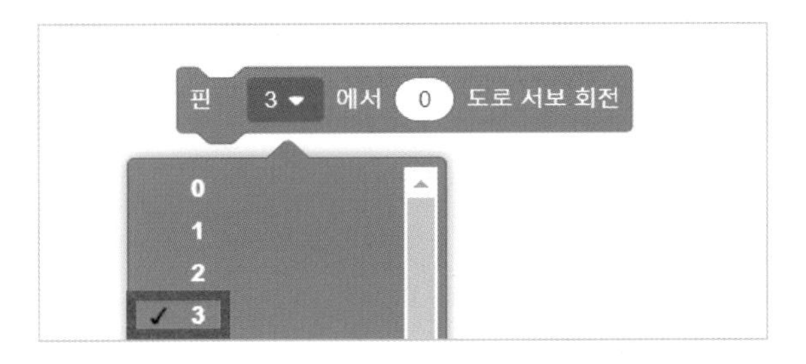

2. 핀 번호를 3번으로 선택한다. 3번 핀에서 몇 도 각도로 회전하라는 게 나온다.

```
// C++ code
//
#include <Servo.h>

Servo servo_3;
```

문자 코드를 보면 위에 include라고 해서 〈servo.h〉라고 되어 있다. 이게 바로 라이브러리를 불러오는 코드다. 그리고 이 서보모터의 이름을 정해준다.

여기서 servo_3으로 이름을 정한다. 그리고 servo_3이 3번 핀에 연결되어 있다는 것을 attach로 알려주는 것이다.

```
void setup()
{
  servo_3.attach(3, 500, 2500);
}
```

```
void loop()
{
  servo_3.write(0);
  delay(10); // Delay a little bit to improve simulati
}
```

서보모터 3번에 write라고 되어 있는데, 몇 도의 각도로 움직이라는 건지 명령을 내려주는 코드이다.

–다시 블록 코드로 돌아와서,

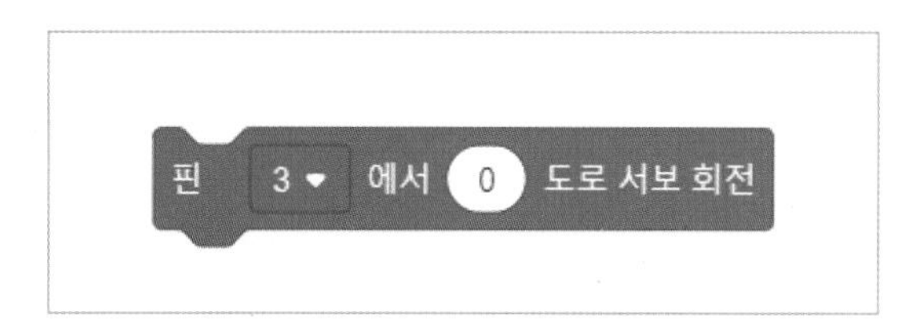

여기서도 몇 도의 각도로 이동하는지 적혀 있는데, 우리는 서보모터의 회전을 30도, 60도 그리고 90도로 변경해 본다. 그리고 0.5초 정도씩 대기 시간을 주면서 조금씩 변경한다.

3. 출력 블록의 숫자를 30으로 바꿔 적는다.

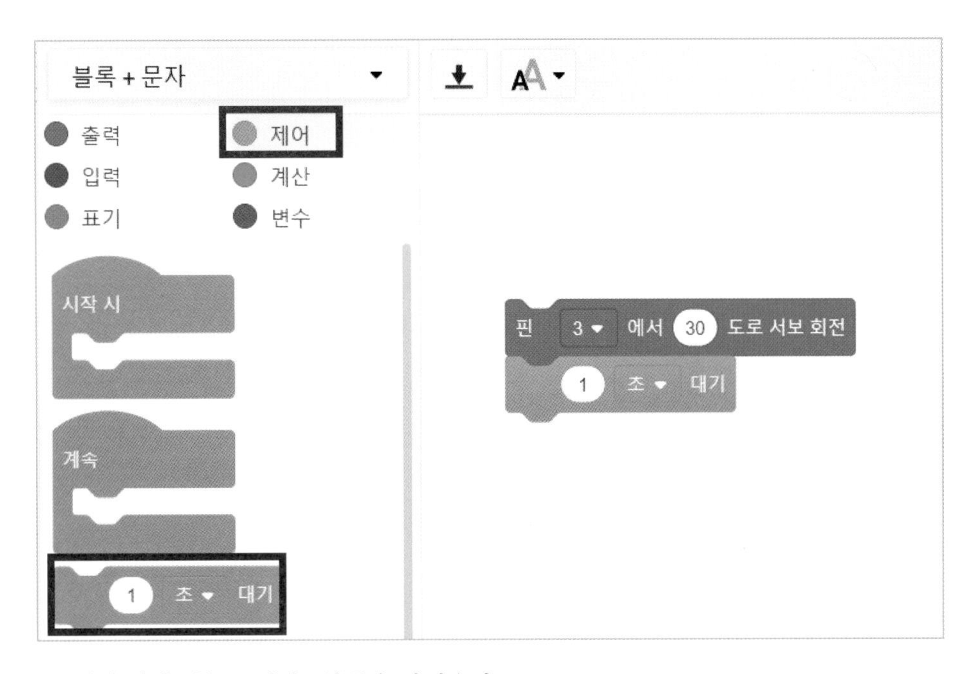

4. [제어]에서 〈□ 초 대기〉 블록을 가져온다.

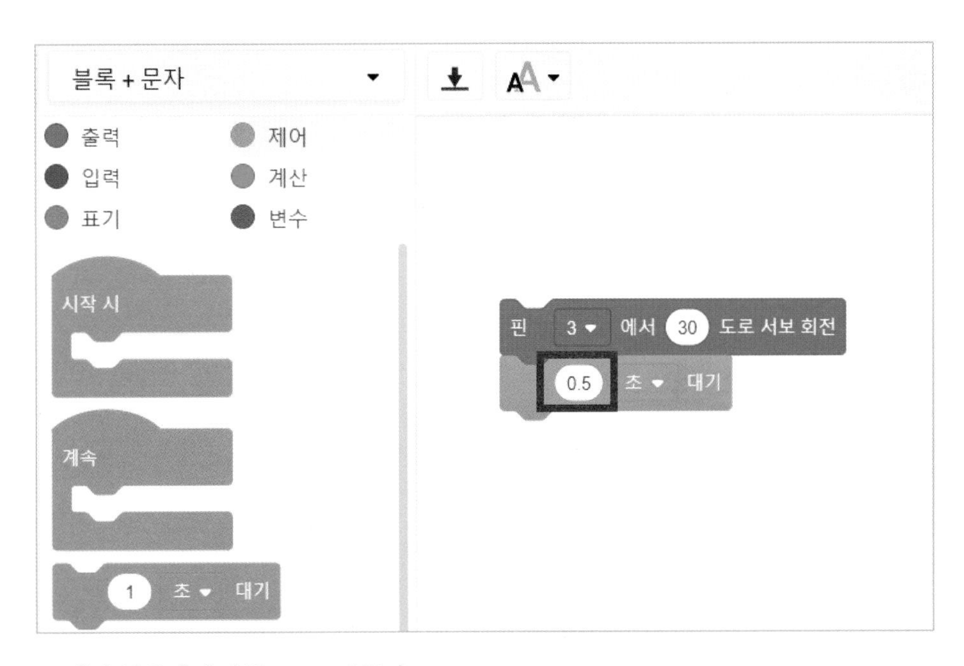

5. 제어 블록의 숫자를 0.5로 바꾼다.

6. 출력 블록 위에 마우스를 갖다 놓은 채로 오른쪽 마우스를 누르면 이 창이 뜬다. 여기서 [중복됨]을 클릭해 이와 같은 블록을 총 3개 만든다.

7. 두 번째 출력 블록의 숫자를 60, 세 번째 출력 블록의 숫자를 90으로 바꾼다. 이렇게 해서 시뮬레이션을 한번 돌려본다. 서보모터가 0.5초 간격으로 30도, 60도, 90도를 회전하고 있다.

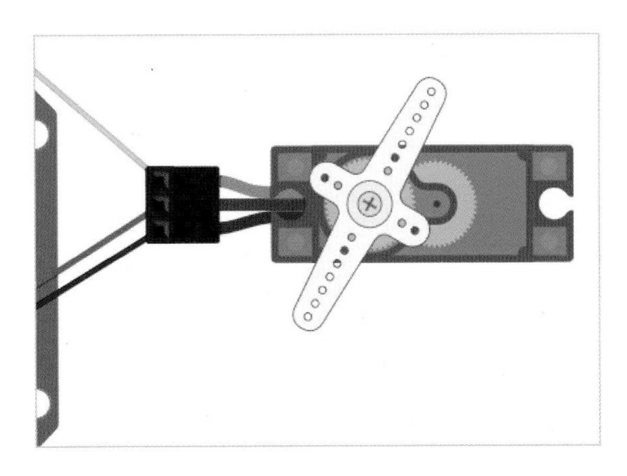

다시 반복해서 30도, 60도, 90도를 회전하고 있다.

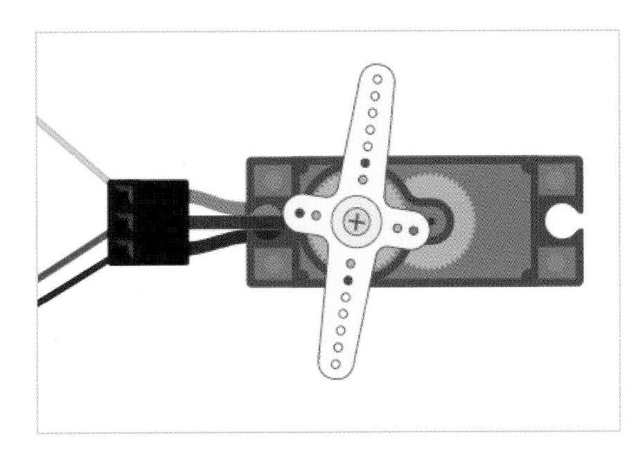

이렇게 해서 서보모터는 원하는 각도를 정해줄 수 있다는 장점이 있다. 그래서 움직이는 로봇의 관절 기능을 구현할 때 많이 사용한다.

여기서 반복되는 이 구간은 반복문을 사용해서 간단하게 바꿀 수 있다. 예전에 배웠던 카운트 업 반복문을 이용해서 구현해보겠다.

이 서보모터 같은 경우에는 보통 0에서부터 최대 180도까지 움직일 수 있다. 물론 360도 회전하는 서보모터도 있다. 하지만 대부분이 일반적으로 사용하는 서보모터 같은 경우에는 180도까지만 각도를 움직일 수 있다. 그래서 여기서는 180도까지 움직이도록 한다.

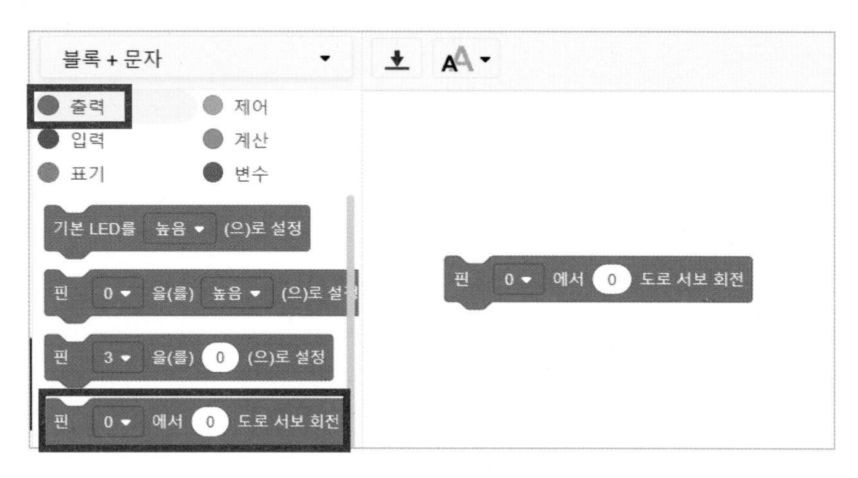

8. 다시 [출력]에 들어가서 〈□ 도로 서보 회전〉 블록을 가져온다.

9. 핀 번호를 3번으로 바꾼다.

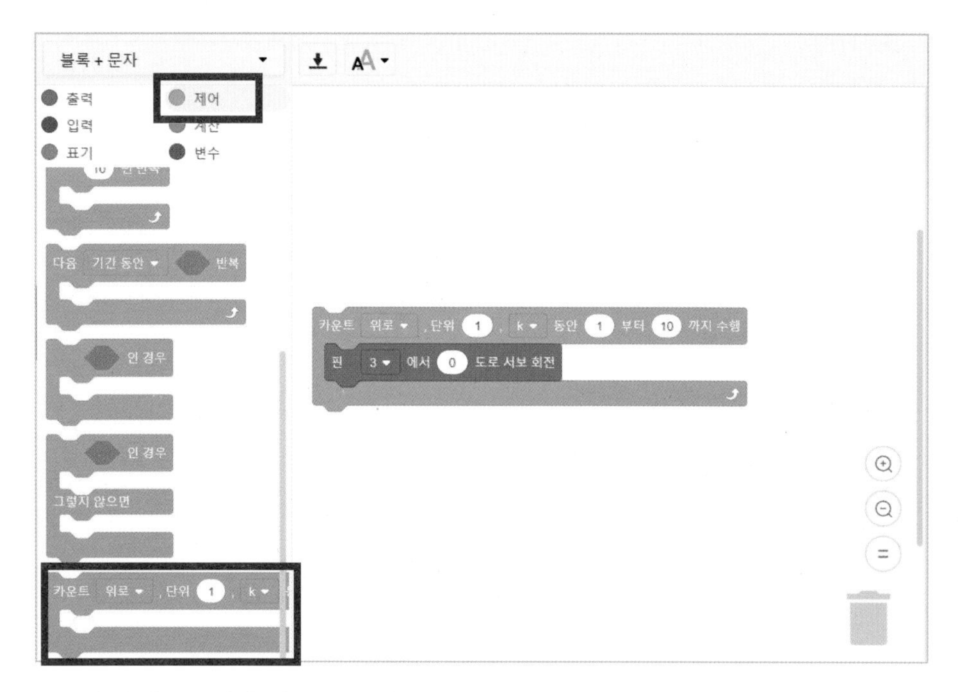

10. [제어]에 들어가서 [카운트] 수행 블록을 가져와 출력 블록 바깥에 놓는다.

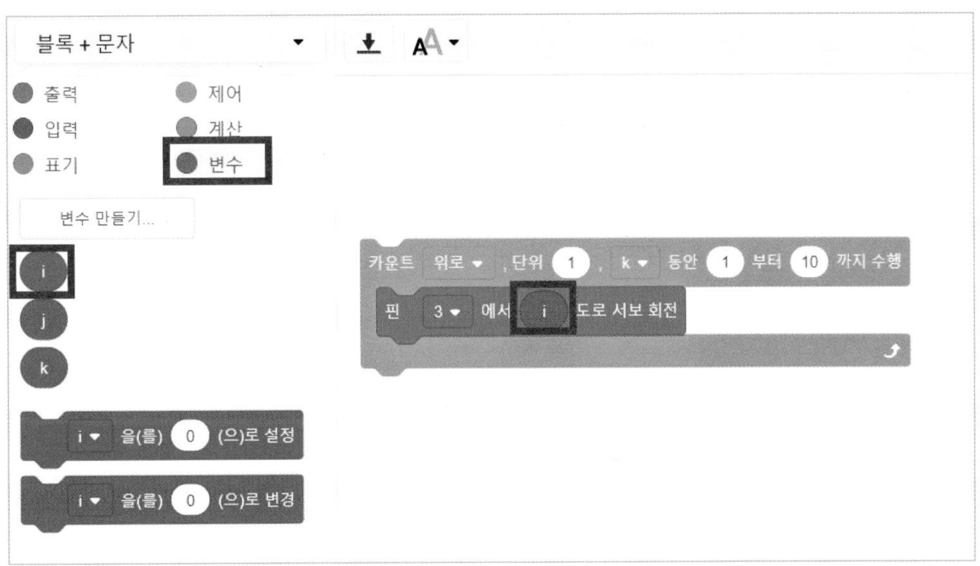

11. 출력 블록 안에 [변수] [i]를 넣는다.

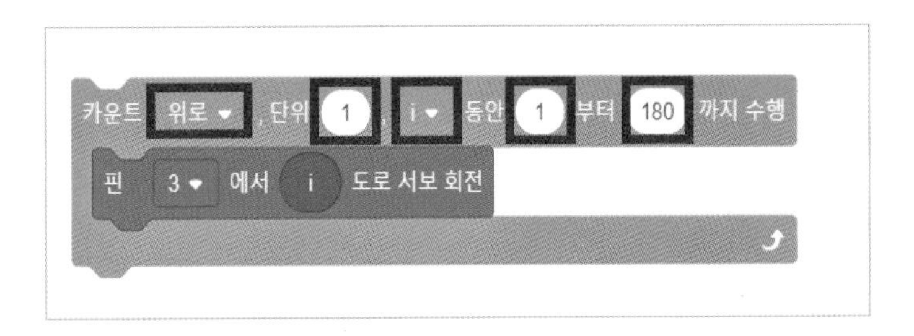

12. 순서대로 〈위로, 1, i, 1, 180〉을 넣는다.
서보모터의 각이 0부터 180까지 1의 단위만큼 계속 커지도록 만든 것이다.

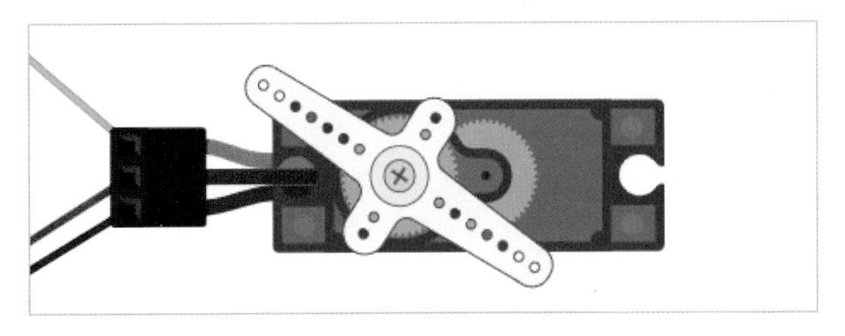

하지만 시뮬레이션을 돌리면 위 그림에 보이는 것처럼 180도로 끝까지 가지 못하고 있다.

13. 단위를 5, 숫자를 150까지로 바꾼다.

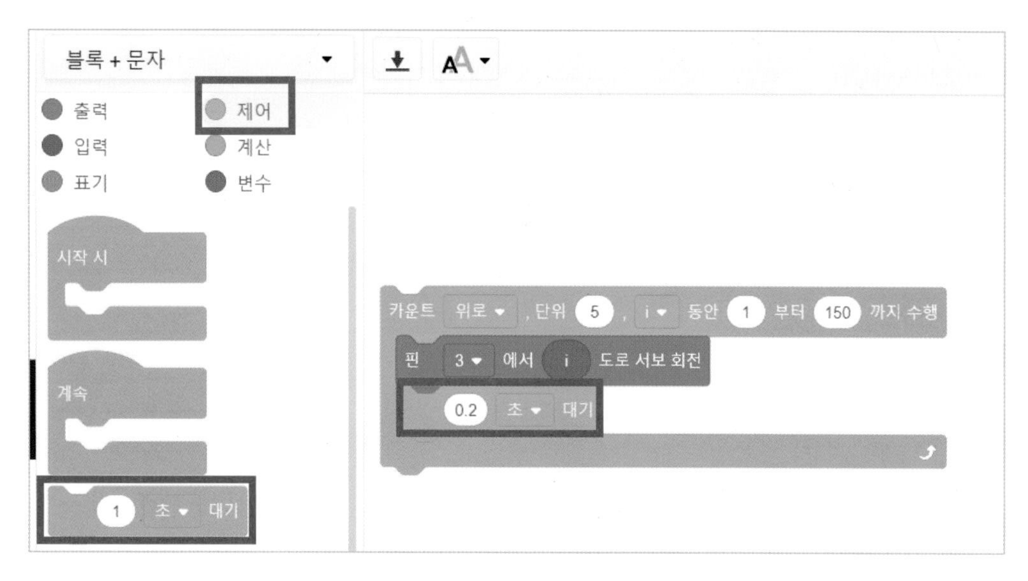

14. 출력 블록 아래에 대기 시간을 0.2초 정도로 둔다.

어떻게 되는지 살펴보면, 아까보다는 좀 더 180도에 가깝게 회전하고 있는 것을 볼 수 있다. 이렇게 큰 값을 유지할 때는 대기 시간을 이렇게 조금씩 두는 게 좋긴 한데 안전하게 사용하기 위해서는 180도보다 작은 값을 최대의 값으로 잡는 게 좋다.

15. 전체 블록을 하나 더 복사한다.

카운트 위로 ▾ , 단위 5 , i ▾ 동안 1 부터 150 까지 수행
핀 3 ▾ 에서 i 도로 서보 회전
0.2 초 ▾ 대기
카운트 아래로 ▾ , 단위 5 i ▾ 동안 150 부터 1 까지 수행
핀 3 ▾ 에서 i 도로 서보 회전
0.2 초 ▾ 대기

16. 복사한 블록은 순서대로 〈아래로, 5, i, 150, 1〉을 적어 넣는다.

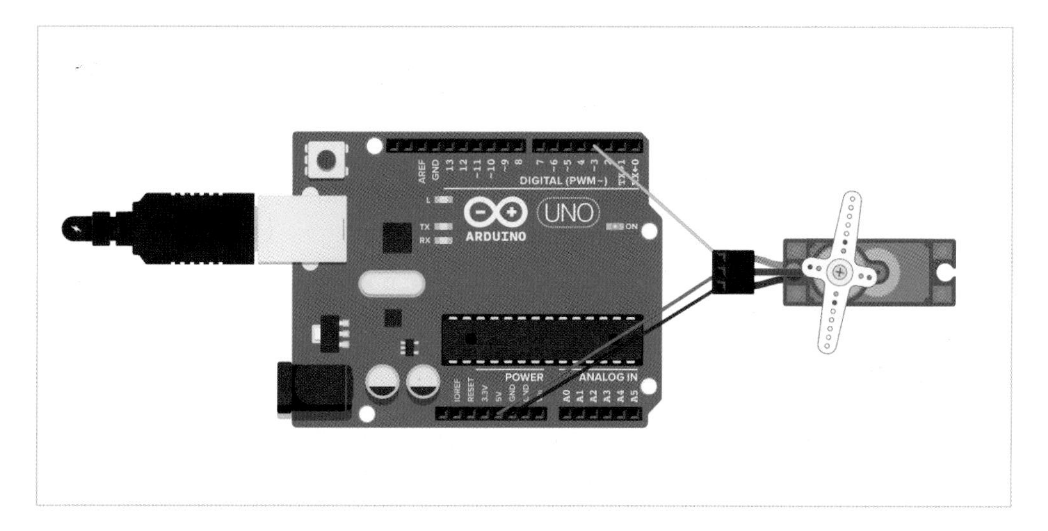

시뮬레이션을 돌려보면 서보모터가 0.2초를 간격으로 5도씩 움직였다가 돌아올 때도 반복하는 것을 볼 수 있다.

이런 식으로 서보모터는 간단하게 구현해서 쓸 수 있다.

5) 초음파 센서와 서보모터를 활용해 자동문 만들기

사람이 가까이 다가가면 자동으로 열리는 문을 하나 만들어보려고 한다. 이전 시간에 배웠던 초음파 센서와 서보모터를 이용해서 한 개의 프로젝트를 만든다. 지금부터 회로 구성과 코딩을 한번 해 보자.

(1) 첫 화면

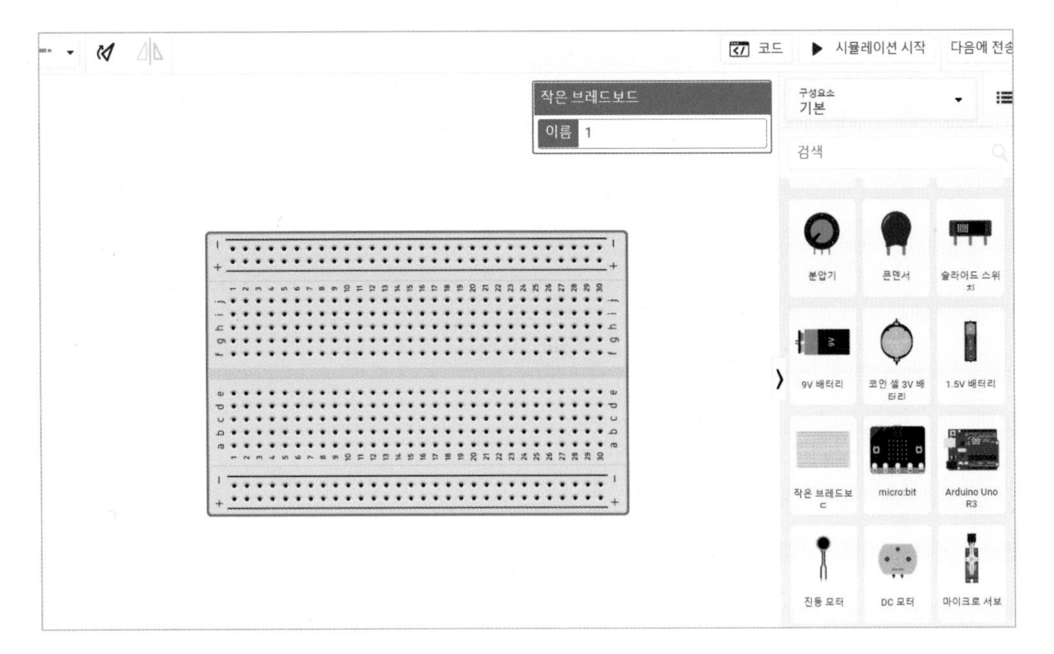

1. 빈 화면에 브레드보드를 가져온다.

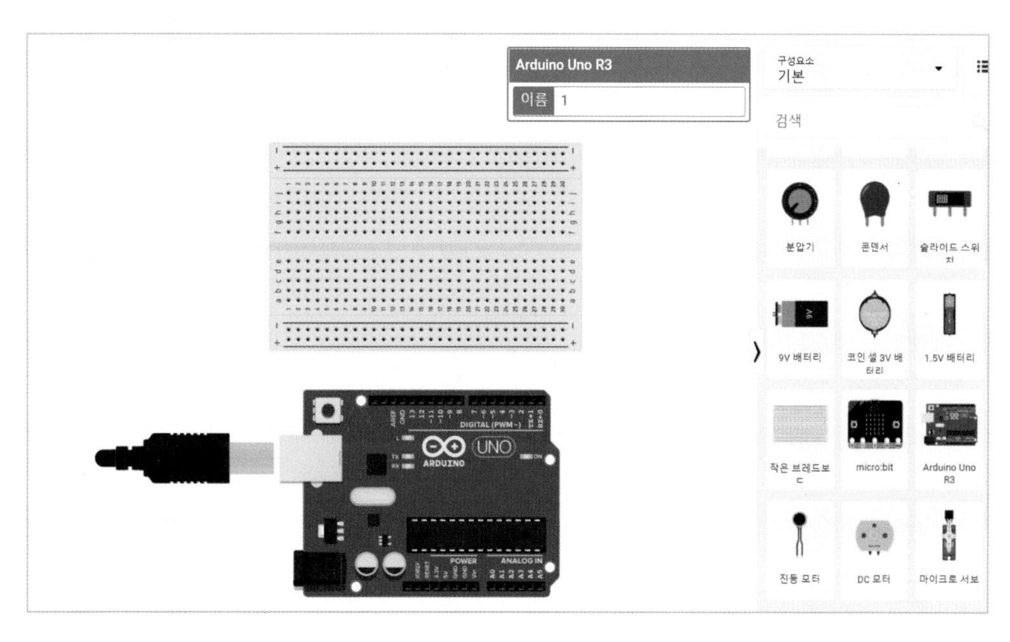

2. 브레드보드 아래에 Arduino Uno도 가져온다.

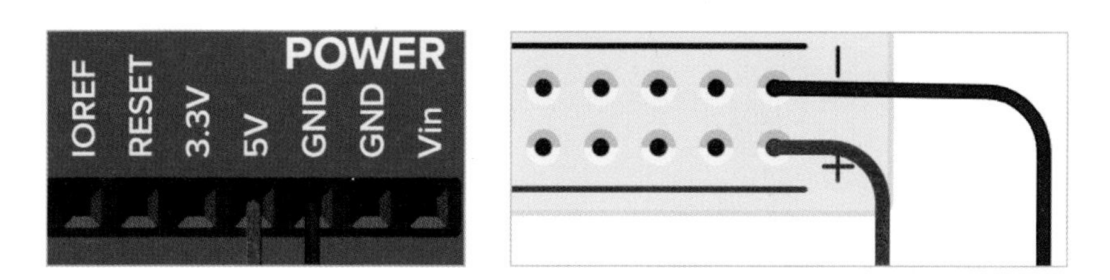

3. 아두이노 보드의 5V와 브레드보드의 (+)를 연결, 아두이노 보드의 GND와 브레드보드의 (−)를 연결한다.

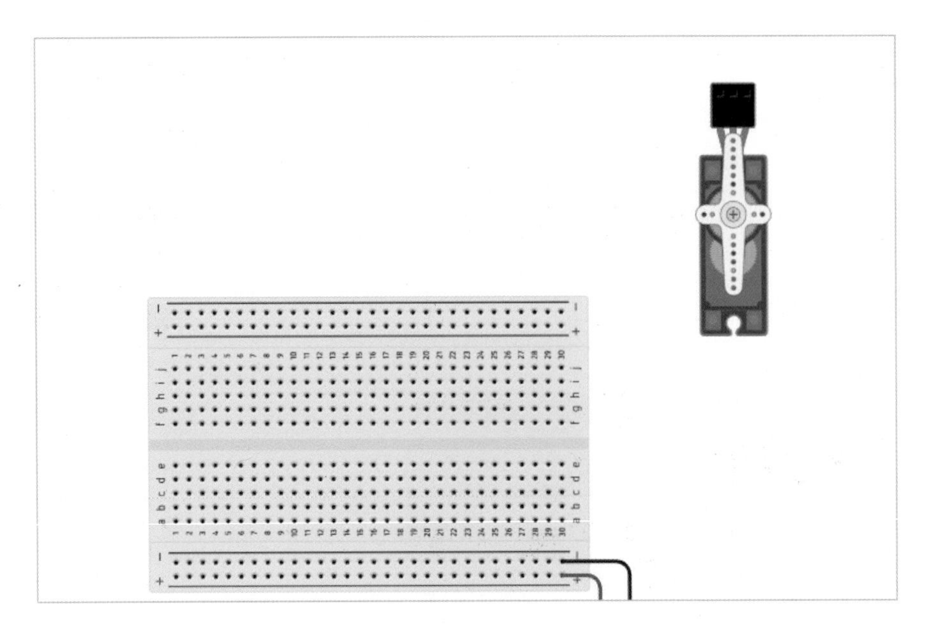

4. 서보모터는 책상을 열 수 있도록 브레드보드 외부 쪽에 부착한다.

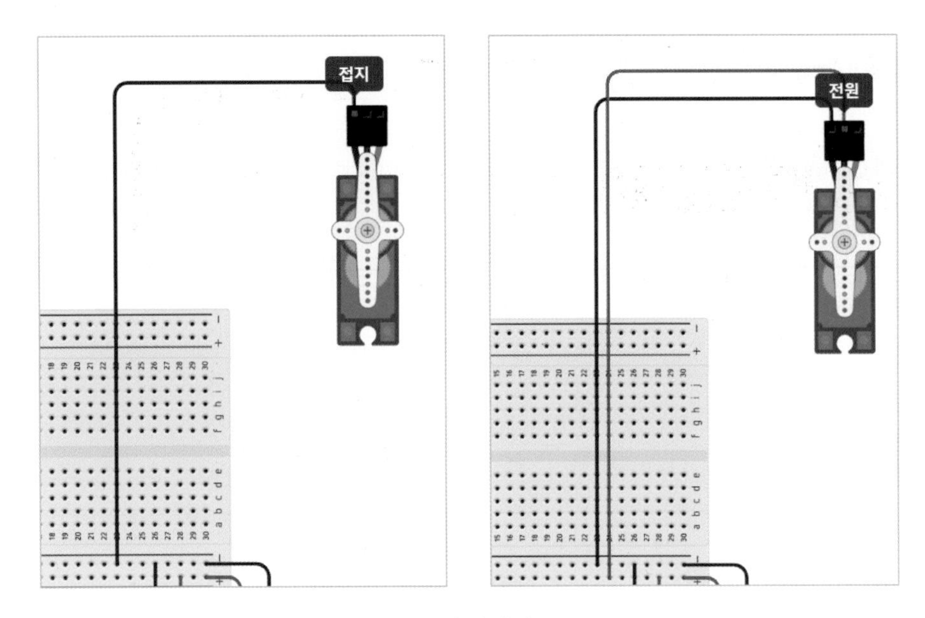

5. 접지(GND)는 (−)에, 전원은 (+)에 연결한다.

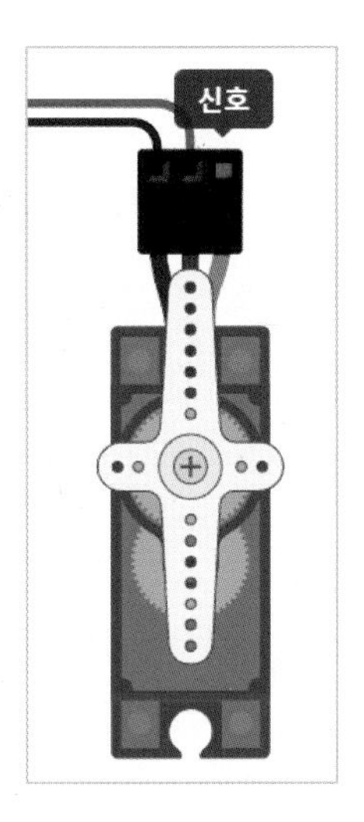

그리고 여기 신호 핀이 있는데, 다양한 각을 표현해야 하므로 서보모터를 디지털 출력이 아닌 아날로그 출력으로 연결한다.

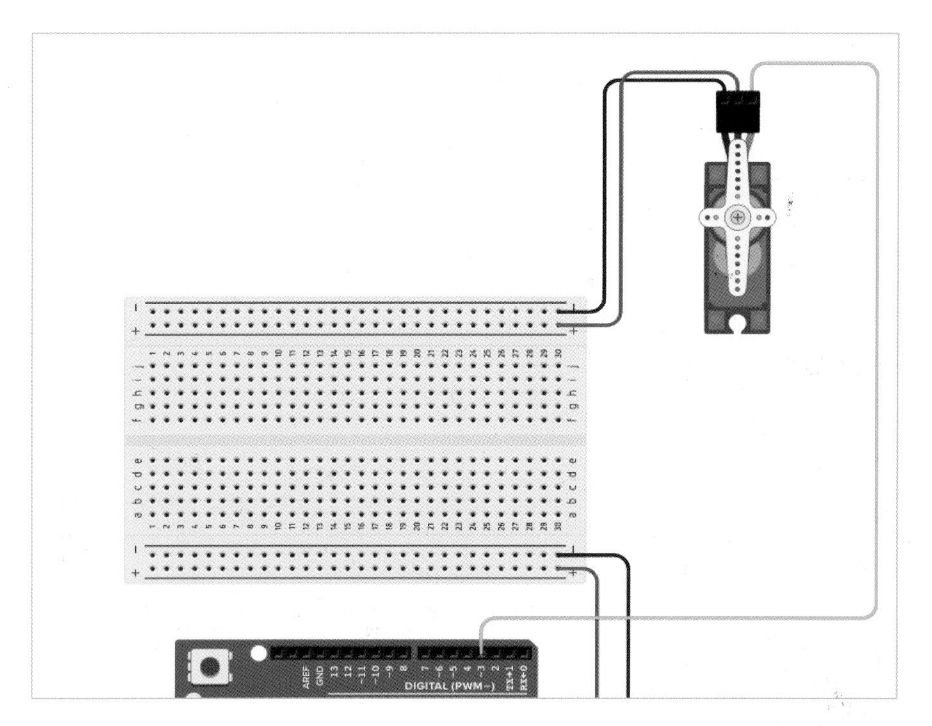

6. PWM 신호가 있는 3번 핀으로 연결한다.

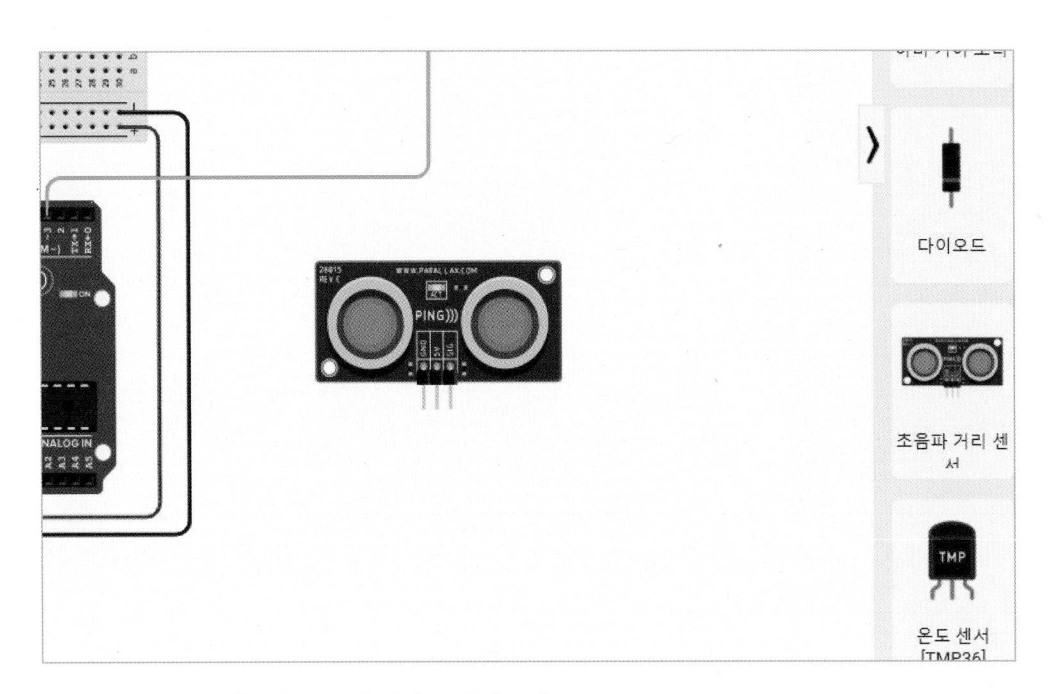

7. [기본]에 있는 3핀짜리 초음파 센서를 가지고 온다.
   혹시 4핀짜리로 진행을 원할 때는 이전 초음파 센서 파트에 있으니 그곳을 참고한다.

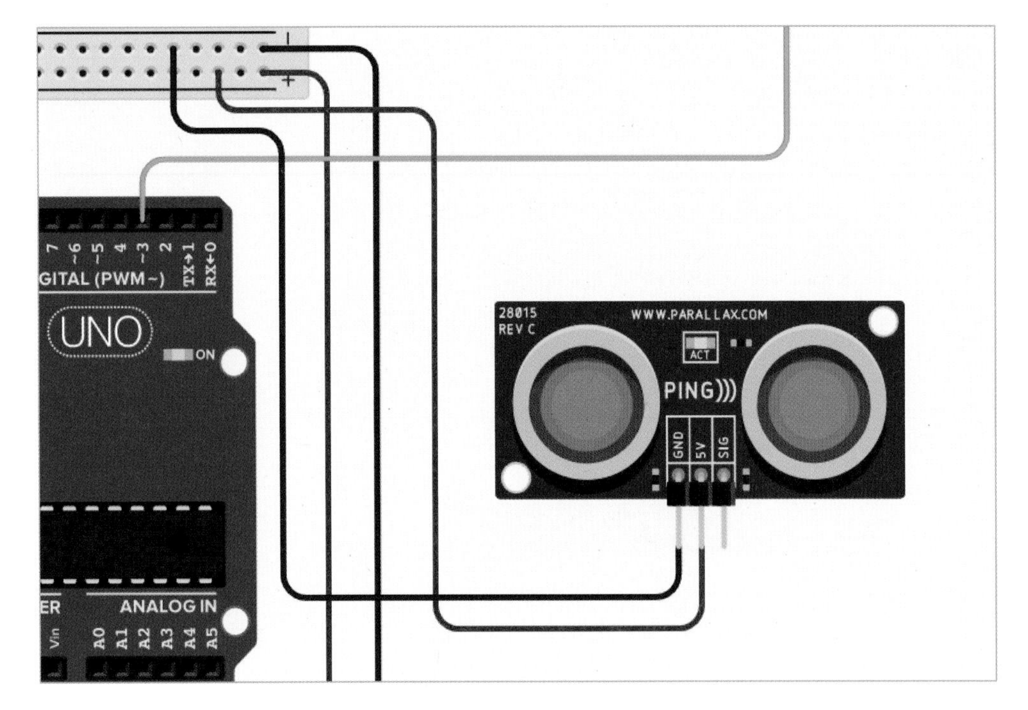

8. 초음파 센서의 GND(−)와 브레드보드의 (−), 초음파 센서의 전원 핀(5V)과 브레드보드의 (+)를 연결한다.

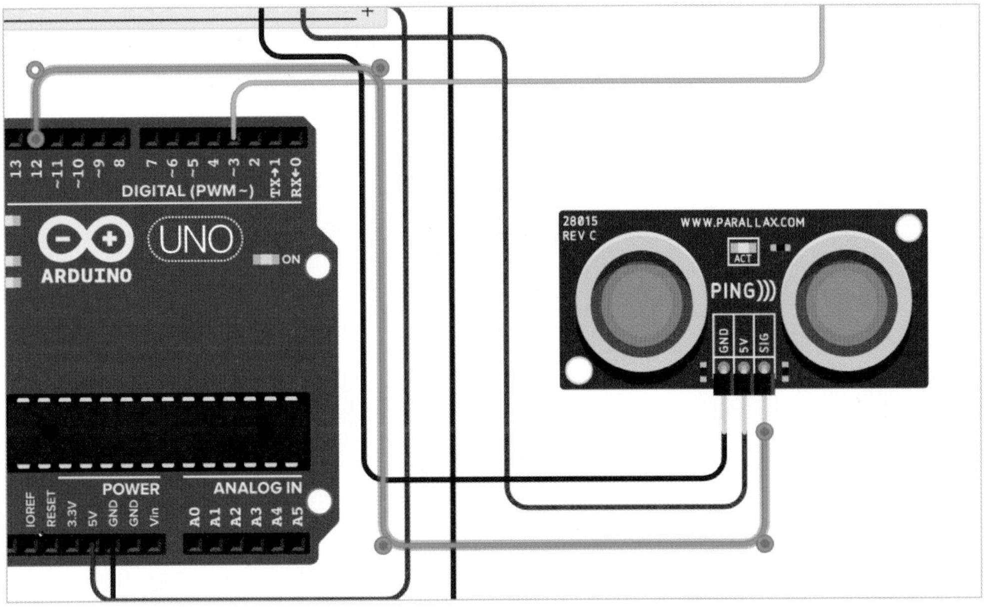

9. 초음파 센서 신호는 디지털 입출력이기 때문에 12번 핀과 연결한다.

자동문 만들기 – (초음파 센서와 서보모터) 회로 완성!

(2) 회로에 따른 블록 코드

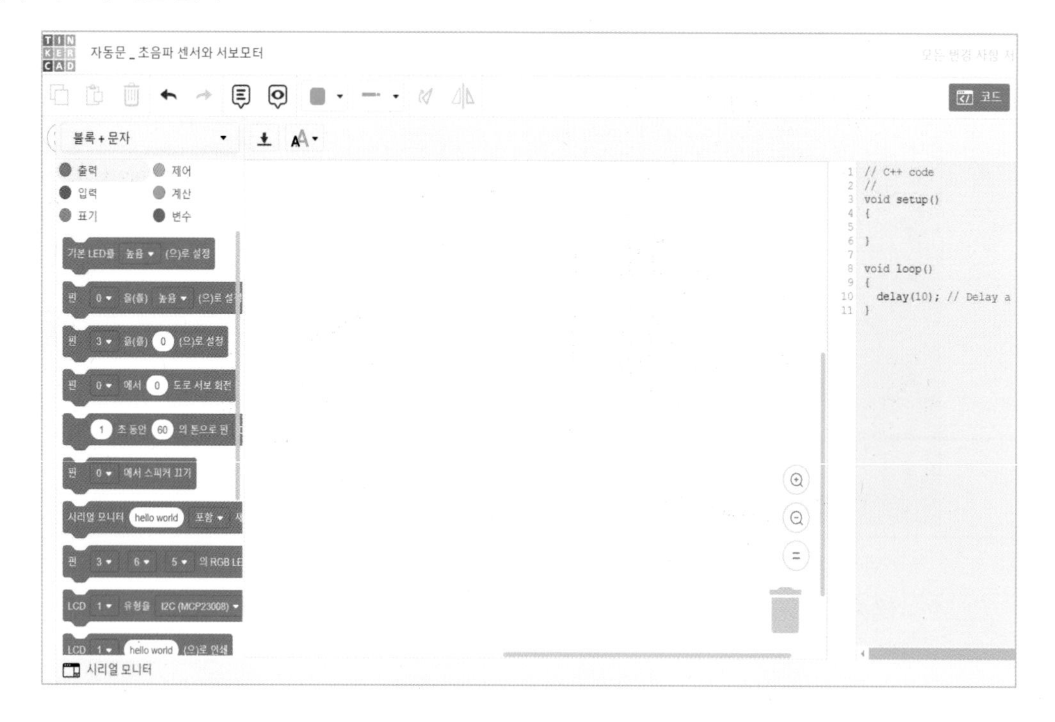

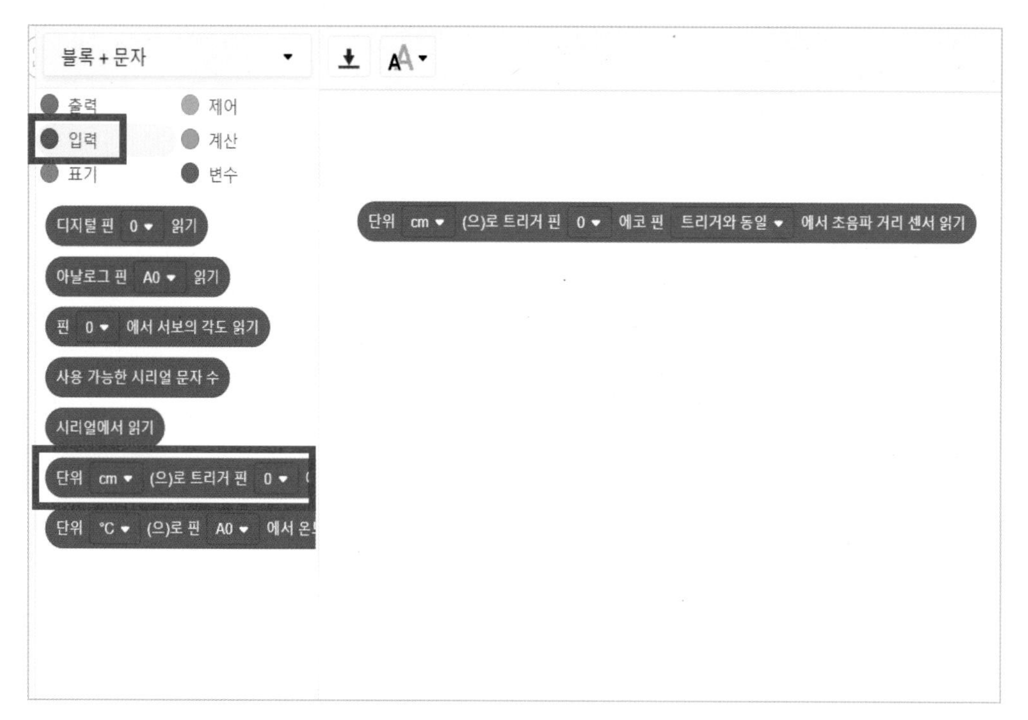

1. [입력]의 초음파 거리 센서 읽기 블록을 가져온다.

2. [cm], [12], [트리거와 동일]의 순서대로 입력한다.

혹시 4핀짜리 초음파 센서를 가진 분은 에코 핀의 번호를 지정해 주면 된다. 우리는 3핀짜리이니 [트리거와 동일]로 만들어둔다. 이렇게 만들어진 거리를 재서 변수를 지정해 줄 것이다.

3. [변수]의 [변수 만들기...]를 클릭해 [distance] 변수를 만든다.

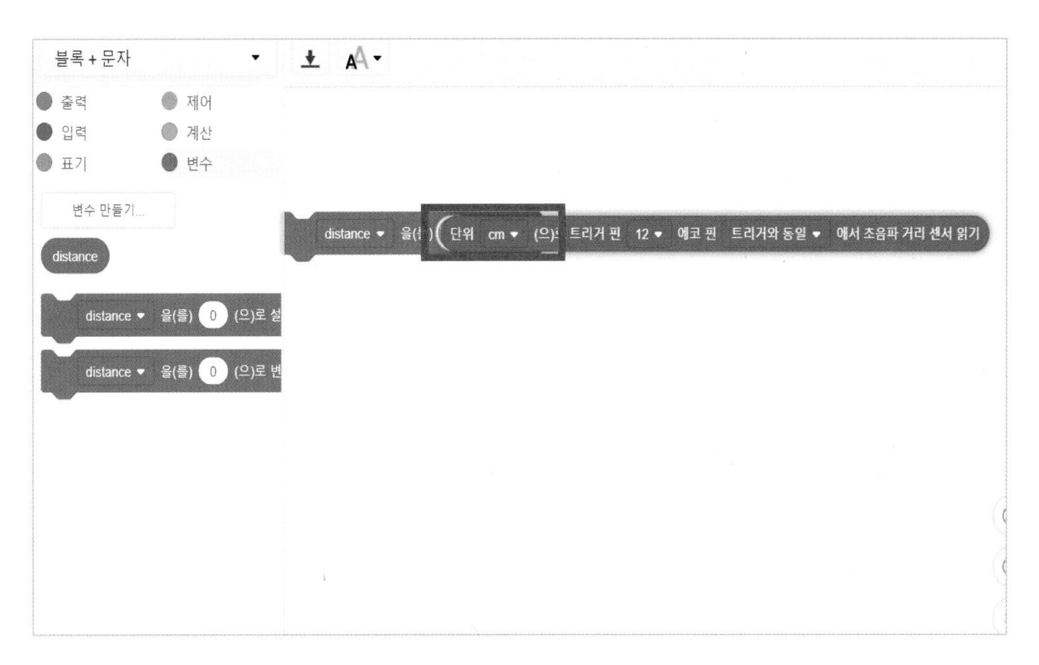

4. 변수 블록 안에 앞서 만든 입력 블록을 넣는다

이제는 거리에 따라서 책장 문이 열리도록 만들 것이다.

거릿값이 특정값(50cm) 이하가 되면 모터가 90도 각도로 돌아서 책장을 열어줄 것이다.

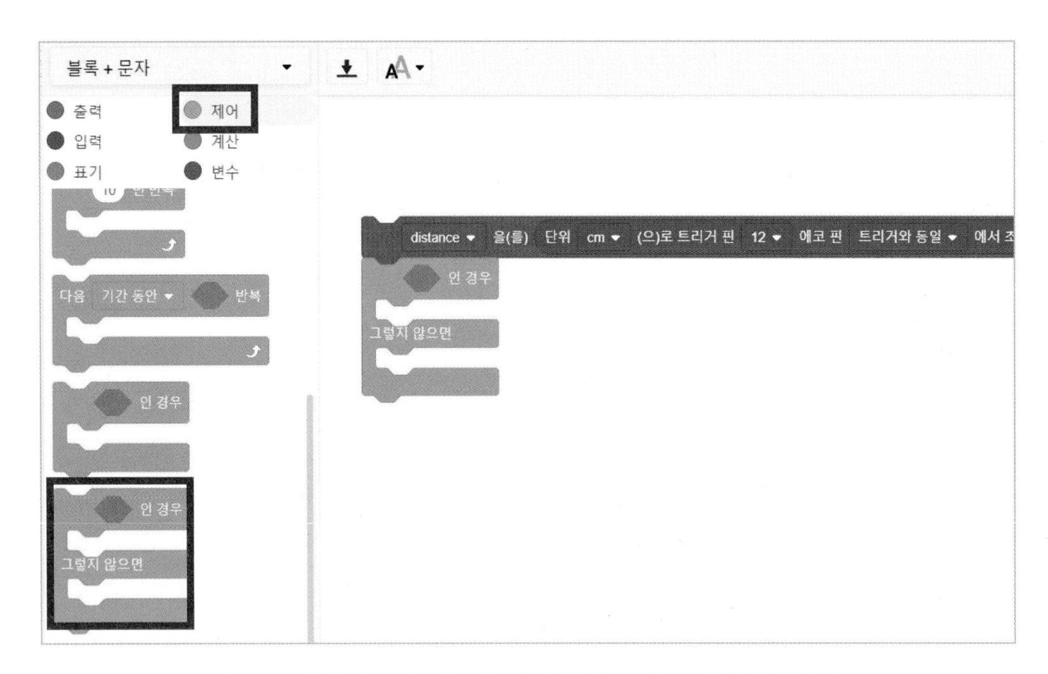

5. [제어]의 [□인 경우 그렇지 않으면] 블록을 가져와 기존 블록 아래에 붙인다.

6. [계산]의 블록을 가져와 제어 블록 □인 경우 안에 넣는다.

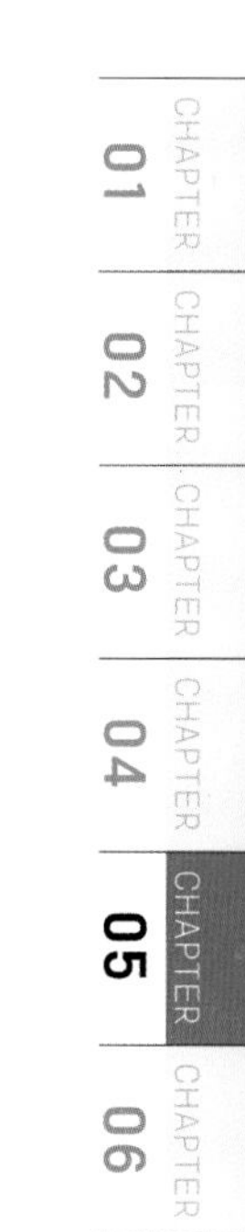

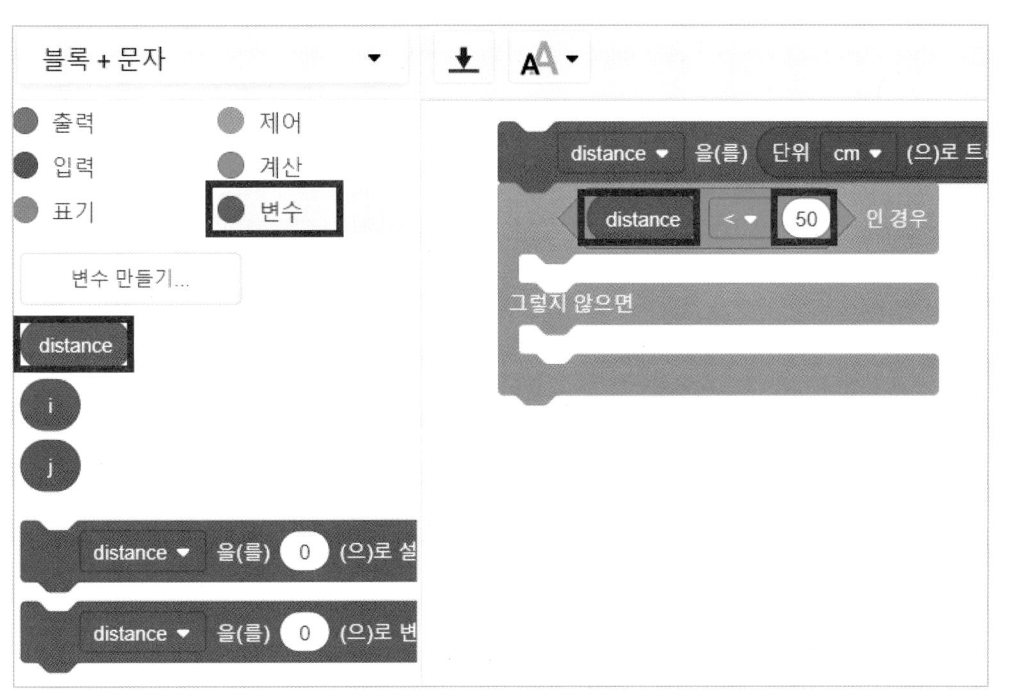

7. [변수]의 앞서 만든 [distance] 블록을 가져와 계산 블록 한쪽에 넣고, 나머지 자리에는 숫자 [50]을 적어 넣어 〈50cm보다 작은 거리인 경우〉 구절을 만든다.

8. [출력]에서 서보 회전 블록을 가져와 제어 블록 사이에 넣는다.

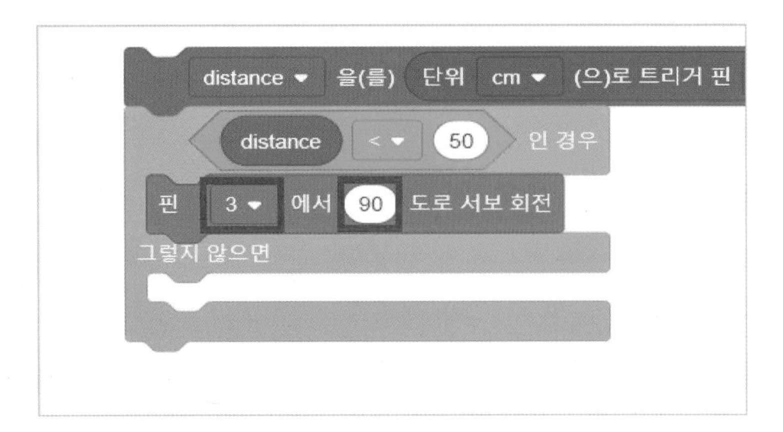

9. 3번 핀으로 연결되어 있으므로 핀 번호를 3번으로 바꾸고, 90도로 회전시킬 것이기 때문에 숫자 90을 넣는다.

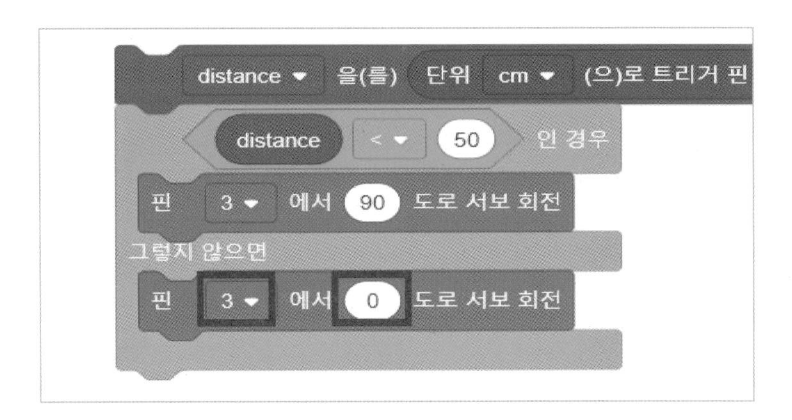

10. 그렇지 않으면 아래에 [출력]의 서보 회전 블록을 가져와 3번 핀, 숫자 0을 입력한다. 이렇게 해서 시뮬레이션을 한번 눌러본다.

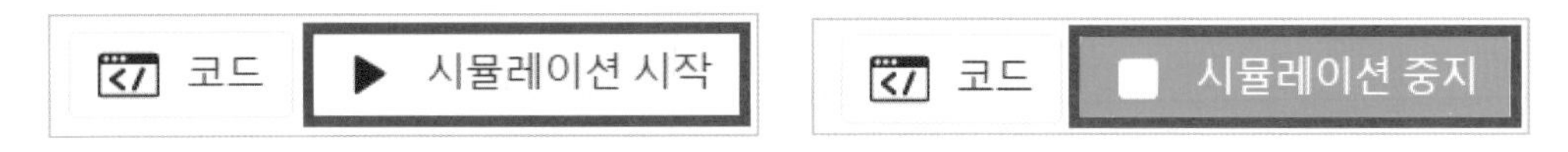

여기에서 초음파 센서를 클릭해야 공이 나타난다.

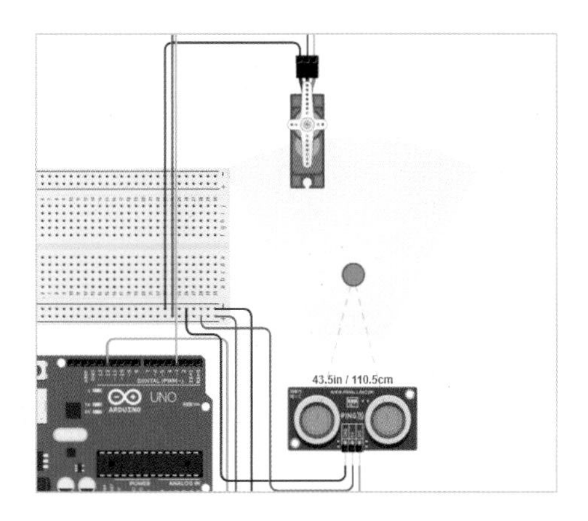

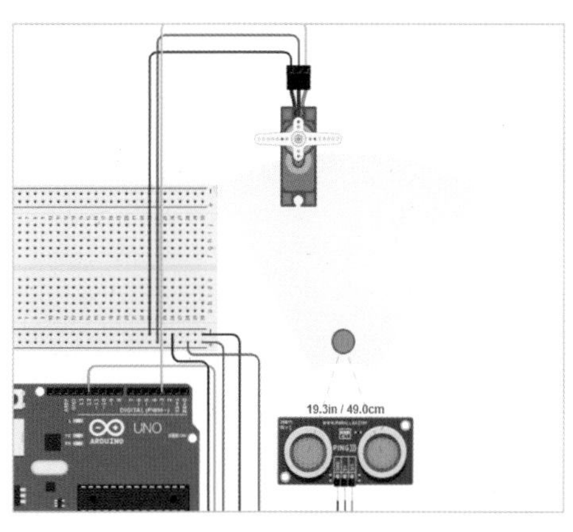

이 공은 50cm 이내로 거리가 가까워졌을 때 서보모터가 회전하도록 만들어놨다. 그래서 공이 50cm 내로 돌아오면 이렇게 서보모터가 90도로 회전되는 것이다.

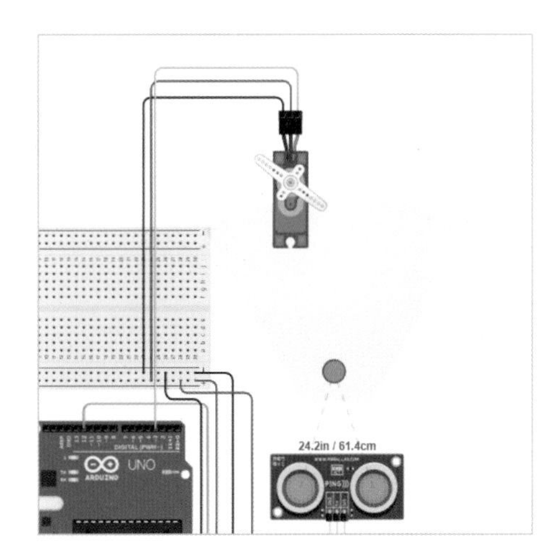

다시 멀어지면 이렇게 천천히 서보모터가 반대로 돌아가는 것을 알 수 있다.

텍스트 코드를 살펴보자.

```
1  // C++ code
2  //
3  #include <Servo.h>
4
5  int distance = 0;
6
7  int i = 0;
8
9  int j = 0;
10
11 long readUltrasonicDistance(int triggerPin, int echo
12 {
13   pinMode(triggerPin, OUTPUT);  // Clear the trigger
14   digitalWrite(triggerPin, LOW);
15   delayMicroseconds(2);
16   // Sets the trigger pin to HIGH state for 10 micro
17   digitalWrite(triggerPin, HIGH);
18   delayMicroseconds(10);
19   digitalWrite(triggerPin, LOW);
20   pinMode(echoPin, INPUT);
21   // Reads the echo pin, and returns the sound wave
22   return pulseIn(echoPin, HIGH);
23 }
24
25 Servo servo_3;
26
27 void setup()
28 {
29   servo_3.attach(3, 500, 2500);
30 }
31
32 void loop()
33 {
34   distance = 0.01723 * readUltrasonicDistance(12, 12
35   if (distance < 50) {
```

```
// C++ code
//
#include <Servo.h>
```

첫 번째 줄은 서보모터 라이브러리를 불러온다는 뜻이다. 스케치에서 라이브러리 포함하기로 가서 서버를 선택한다. 그러면 첫 번째 이 문구가 자동으로 생성된다. 또는 직접 텍스트 입력을 해도 동일하게 그 라이브러리를 가지고 온다는 뜻이다.

그래서 서보모터를 사용할 때 이렇게 라이브러리를 불러오면 라이브러리에 있는 간단한 함수 명령어를 불러와서 사용할 수 있다.
첫 번째 서보의 이름을 설정해주고 연결된 핀 번호를 설정해주어 라이트라는 함수를 사용해서 각도를 지정해 줄 수 있다.

초음파 센서 같은 경우에는 라이브러리를 불러오는 형식이 아니라 거리를 측정하는 기능을 함수로 하나 만든다. 그리고 그 함수를 아래쪽에서 불러와 사용하는 것이다. 잘 보면 이름이 동일하다.

위쪽에 만든 함수와 루프 안에 들어있는 이름이 동일하다. 함수 이름과 뒤쪽에 필요한 매개 변수를 적어주면 그 함수를 불러와서 사용할 수 있다.

```
void loop()
{
  distance = 0.01723 * readUltrasonicDistance(12, 12)
  if (distance < 50) {
    servo 3.write(90);
  } else {
    servo 3.write(0);
  }
```

그리고 디스턴스라는 변수를 만들었는데, 50보다 작으면 서보모터가 90도로 회전하고 그렇지 않다면 0도를 유지하도록 코딩되어 있다.

5-2 가위바위보 게임 만들기

1) 첫 화면

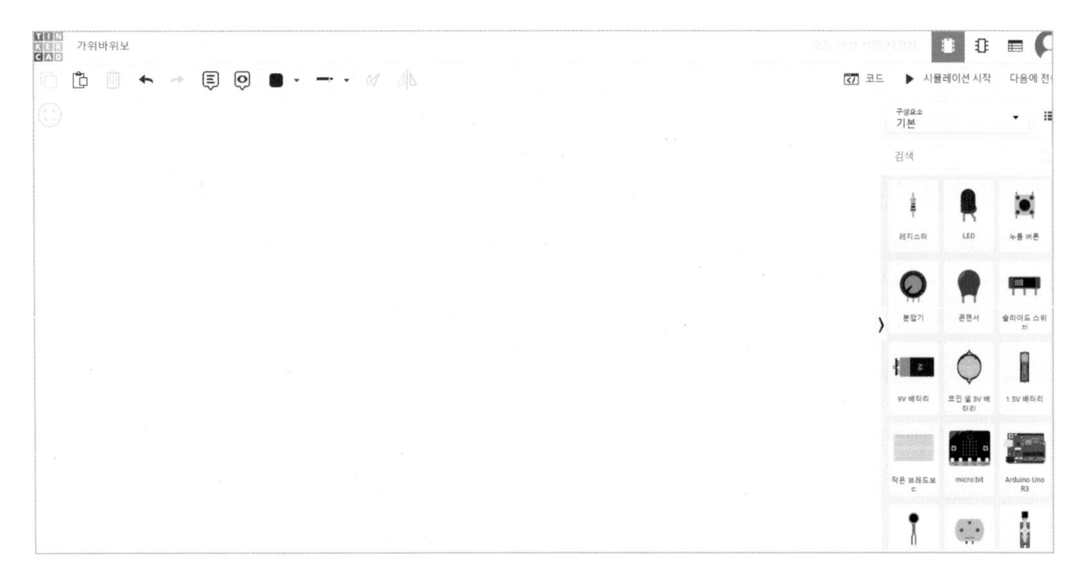

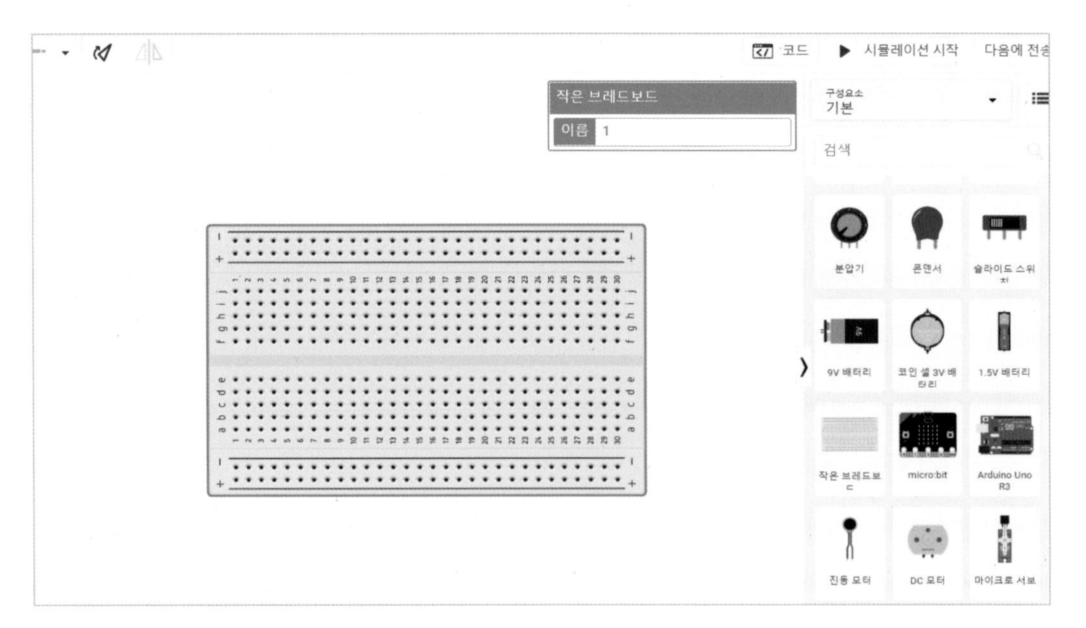

1. 빈 화면에 브레드보드를 가져온다.

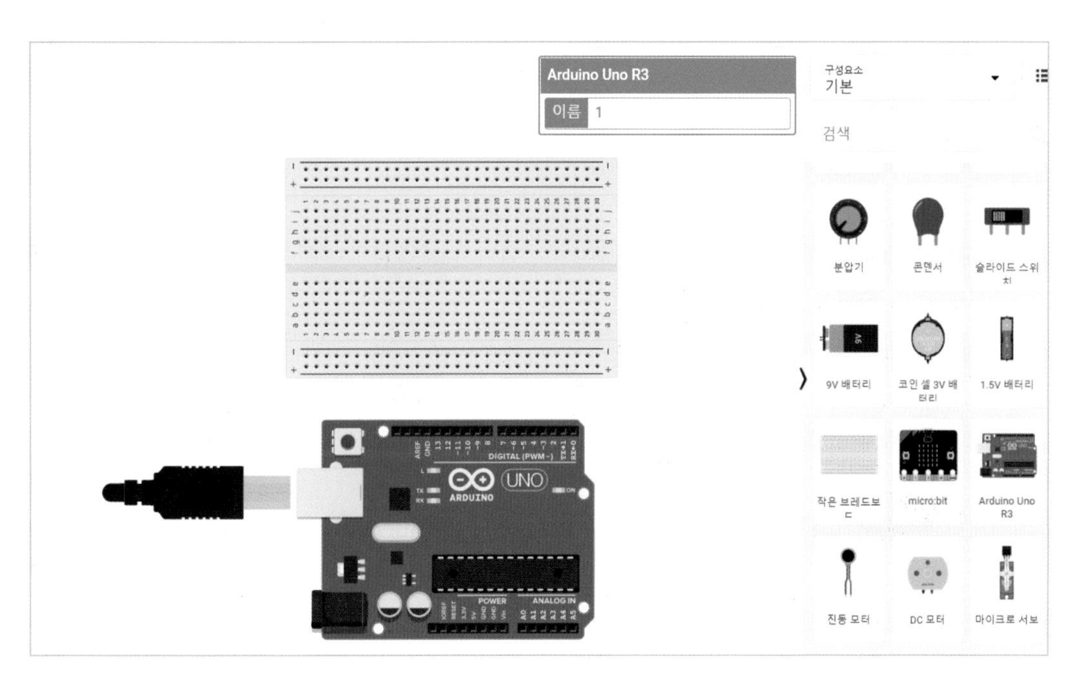

2. 브레드보드 아래에 Arduino Uno도 가져온다.

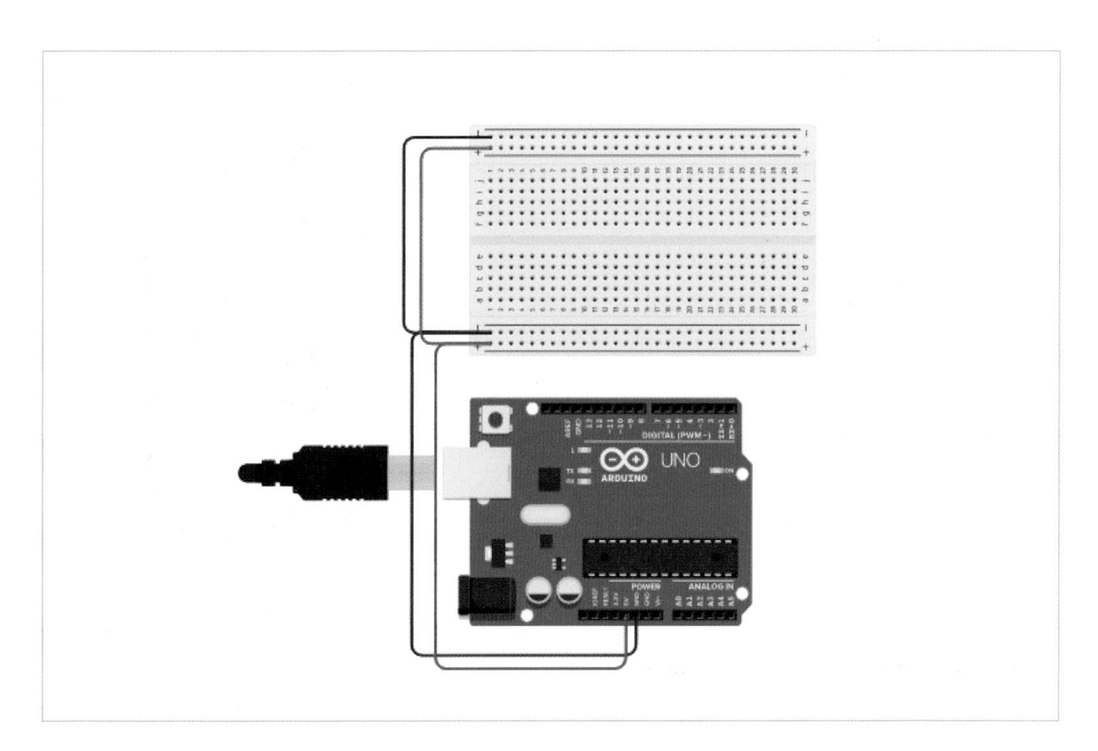

3. 아두이노 보드의 5V와 브레드보드의 (+)를 연결, 아두이노 보드의 GND와 브레드보드의 (−)를 연결하고, 브레드보드의 (−)끼리, (+)끼리 한 번 더 연결해준다.

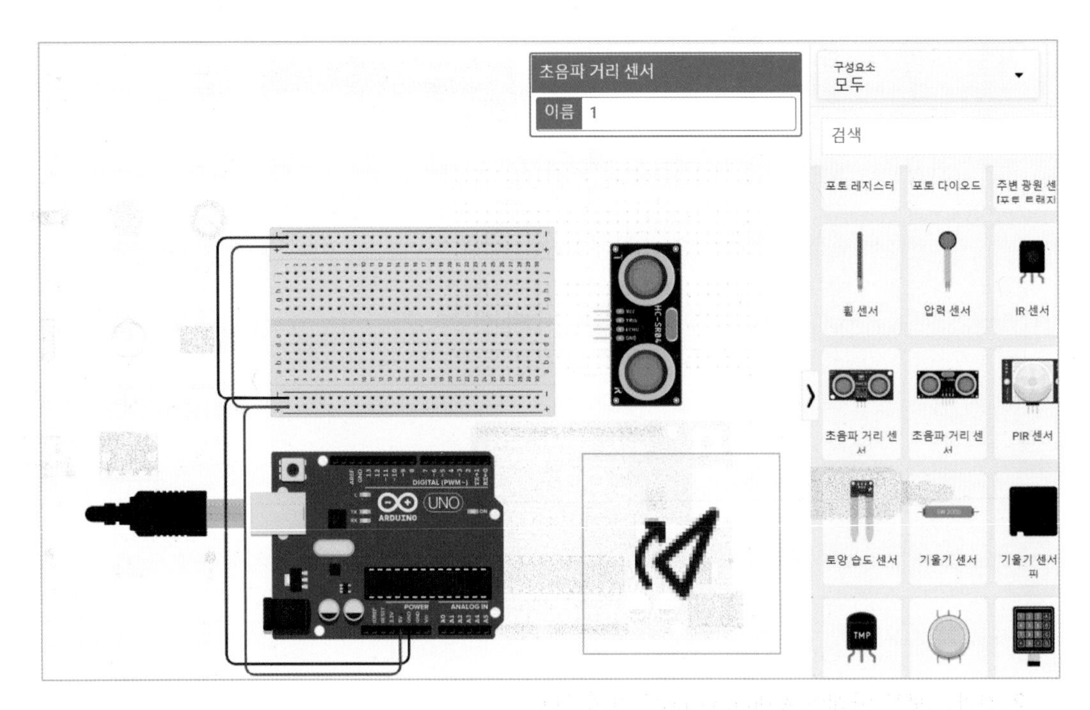

4. 4핀짜리 초음파센서를 가져와 90도로 회전시킨다.

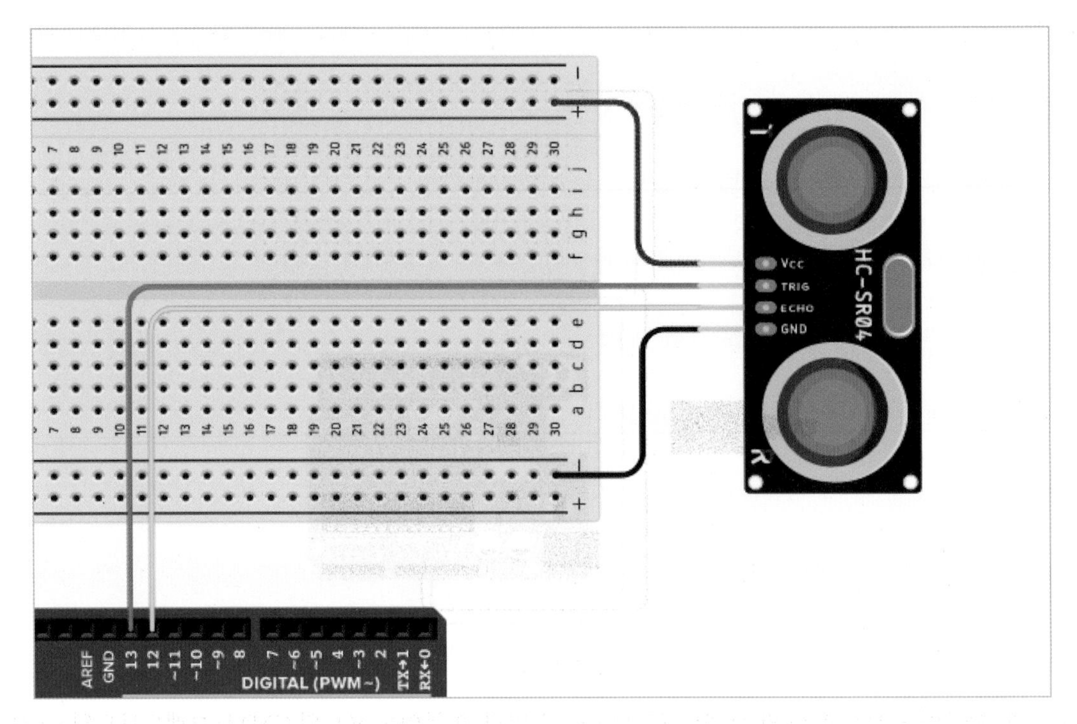

5. 초음파센서의 VCC는 브레드보드의 (+)와, GND는 (−), TRIG는 아두이노 보드의 13번 핀, ECHO는 12번 핀과 연결한다.

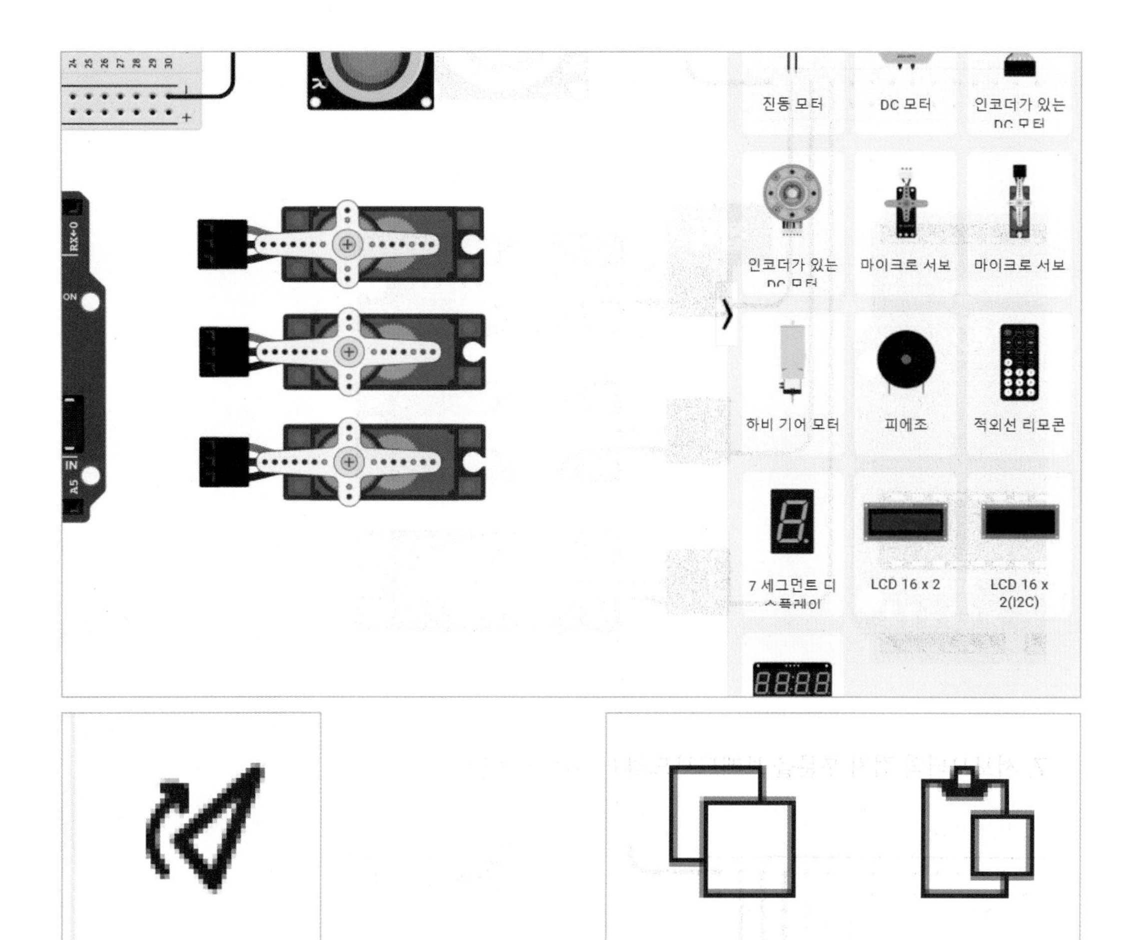

6. 마이크로 서보모터를 가져와 270도 회전시킨 후 복사, 붙여넣기를 하여 총 3개를 만든다.

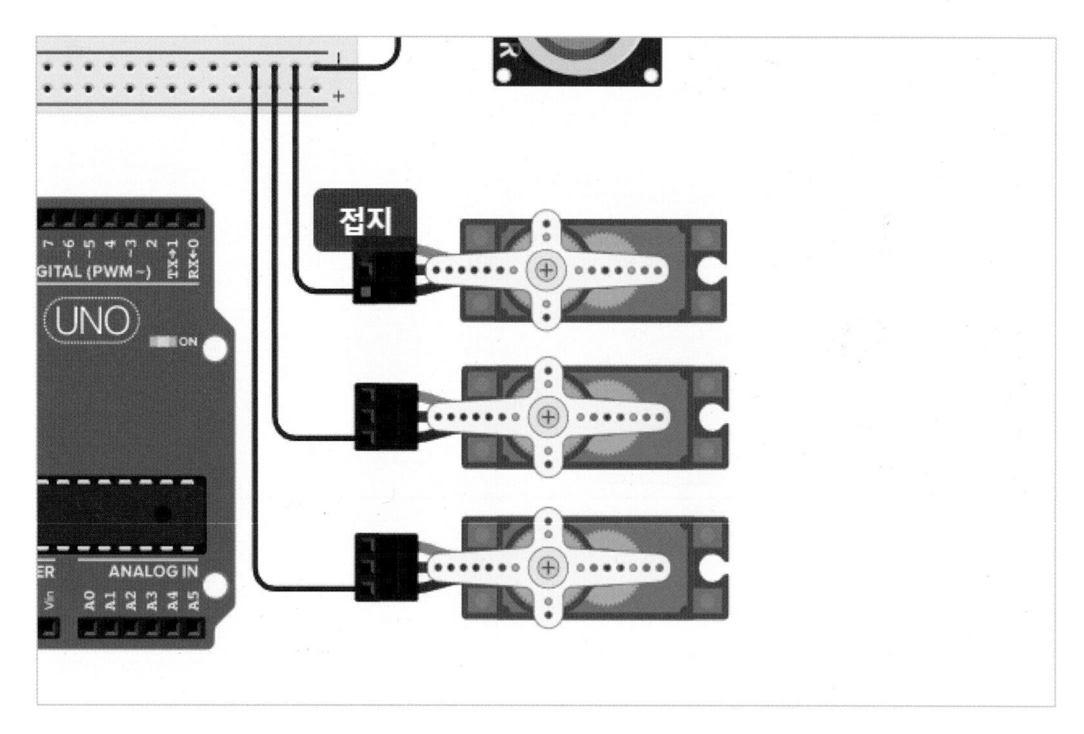

7. 서보모터의 접지 부분을 브레드보드의 (−)와 연결한다.

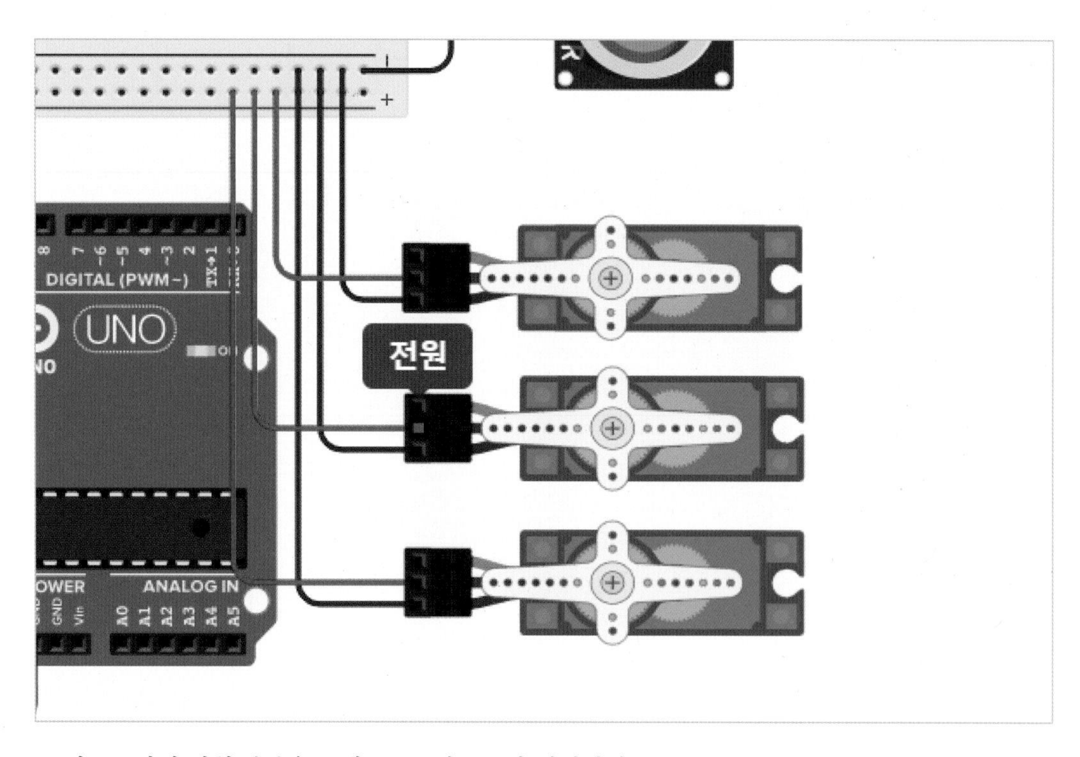

8. 서보모터의 전원 부분을 브레드보드의 (+)와 연결한다.

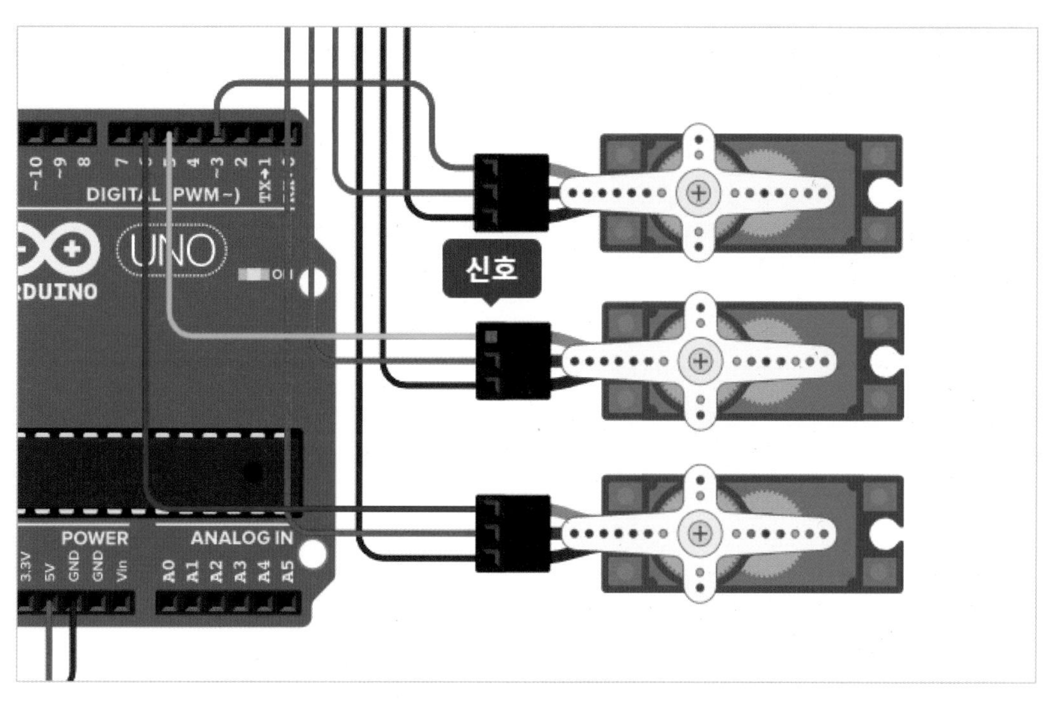

9. 서보모터의 신호 부분과 브레드보드의 PWM 핀을 연결한다.

- 첫 번째 서보모터 ~3번 핀과 연결
- 두 번째 서보모터 ~5번 핀과 연결
- 세 번째 서보모터 ~6번 핀과 연결

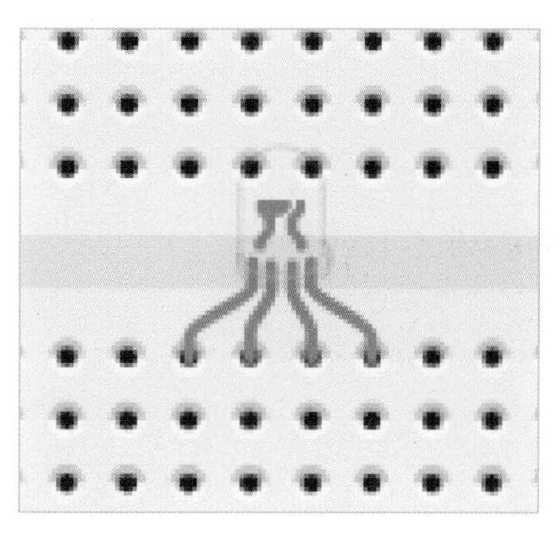

10. 브레드보드에 LED RGB를 가져온다.

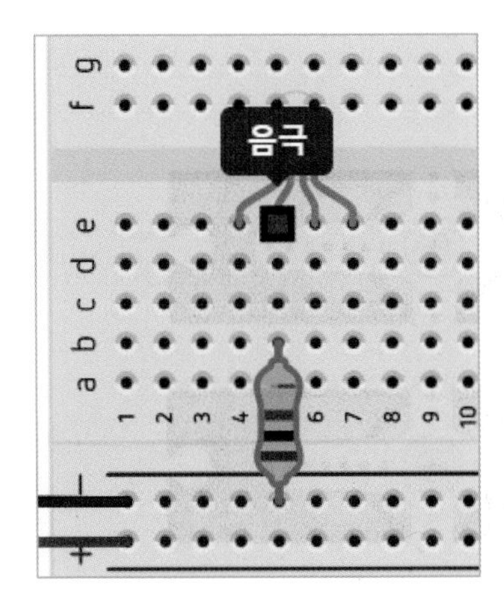

11. RGB의 음극 부분에 레지스터를 브레드보드의 (−)와 연결되도록 한다.

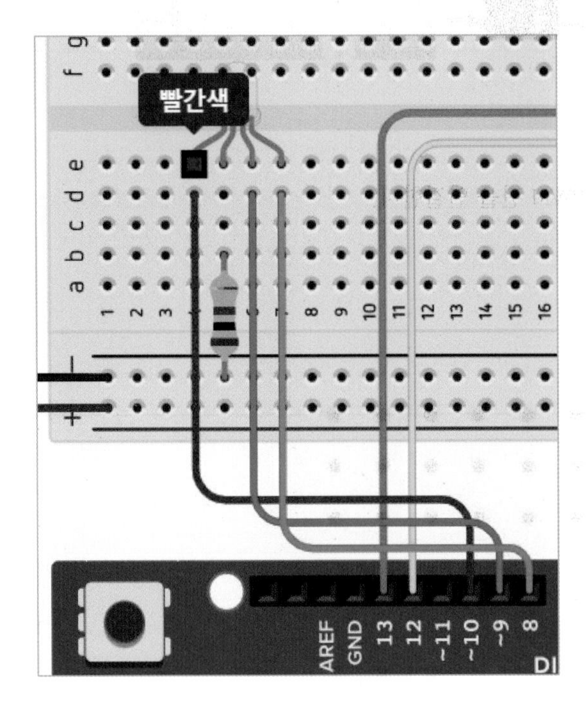

12. RGB를 아두이노 보드의 10번 핀, 9번 핀, 8번 핀에 하나씩 연결한다.

가위바위보 게임 회로 완성!

2) 회로에 따른 블록 코드

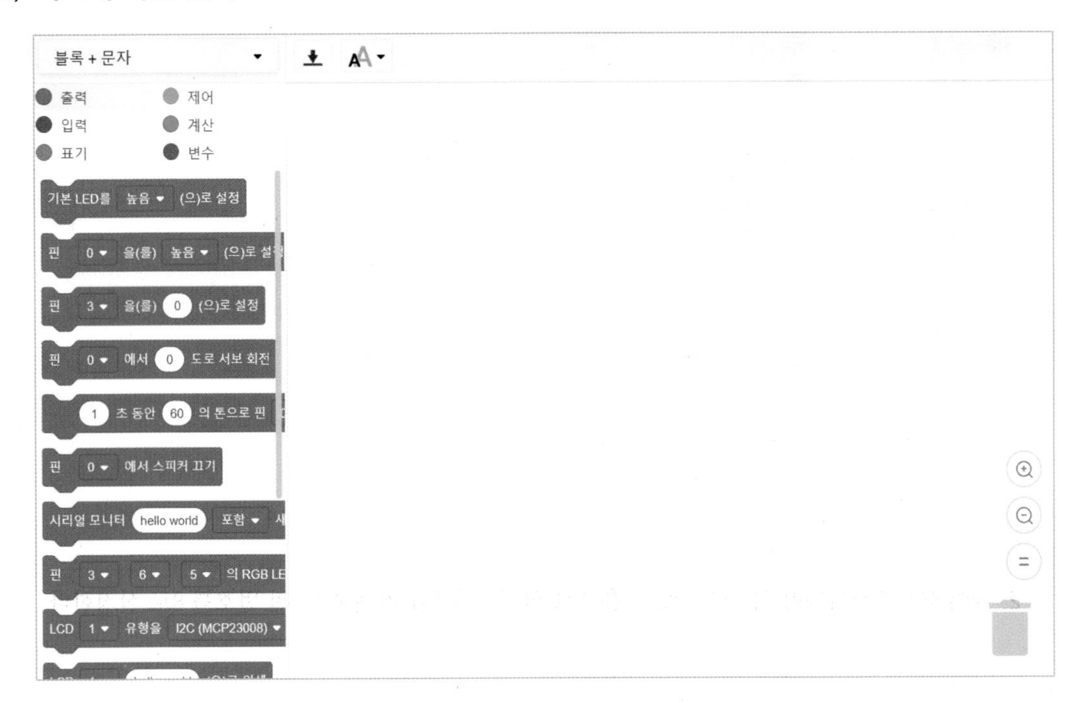

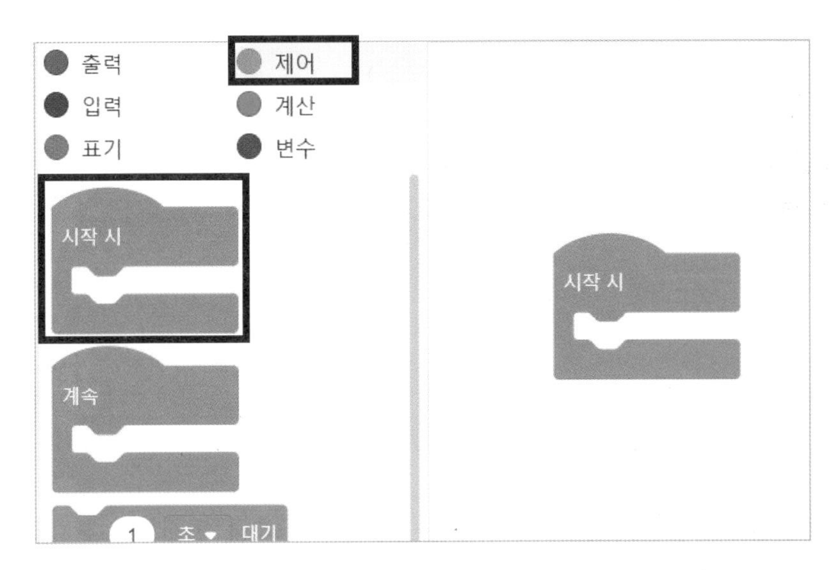

1. [제어]의 시작 시 블록을 가져온다.

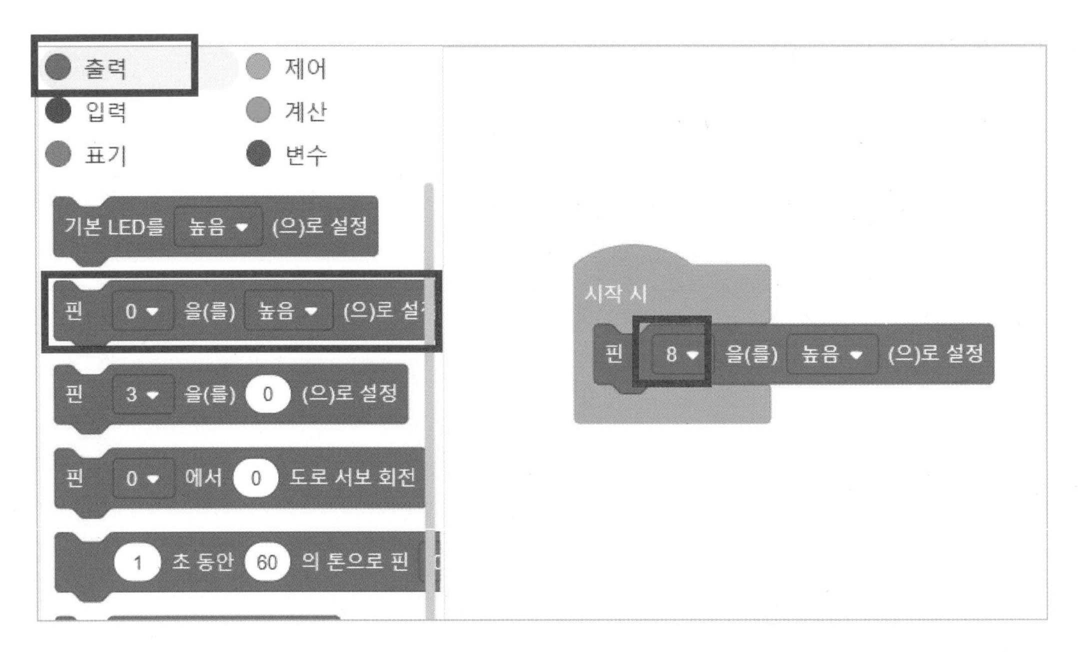

2. 제어 블록 안에 [출력]의 〈핀 □를 높음으로 설정〉 블록을 가져오고, 핀 번호를 8로 설정한다.

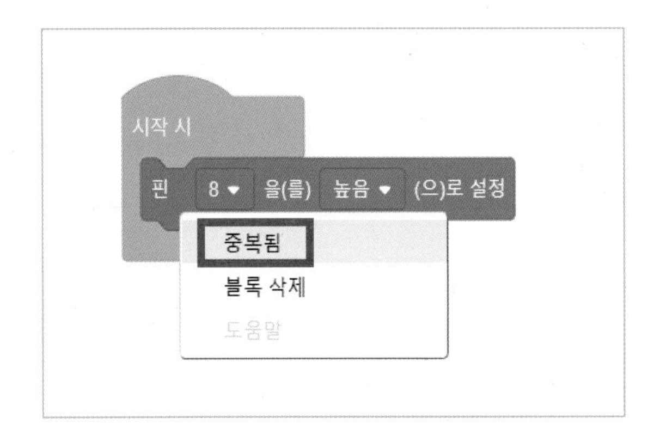

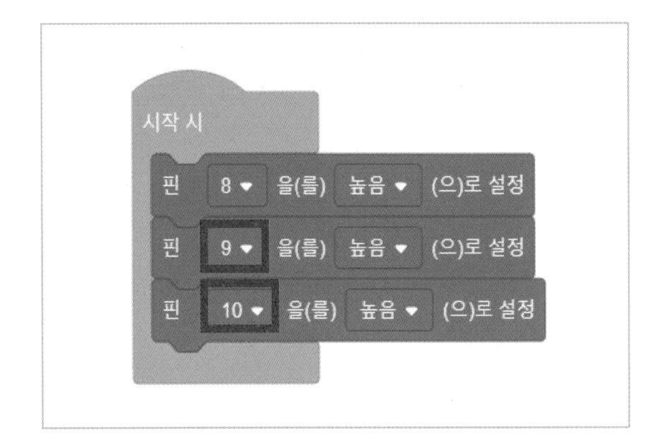

3. 출력 핀을 2개 더 복사하여 핀 번호를 각각 9와 10으로 변경한다.

4. [출력]의 〈□ 도로 서보 회전〉 블록을 〈핀 □를 높음으로 설정〉 블록 아래에 넣는다.

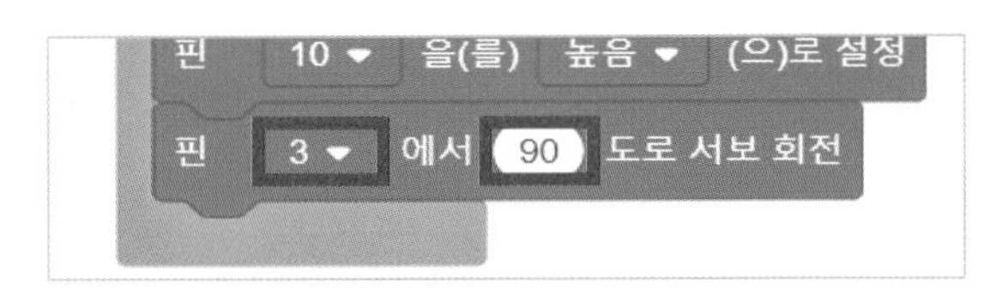

5. 핀 번호를 3번으로 바꾸고, 90도로 설정한다.

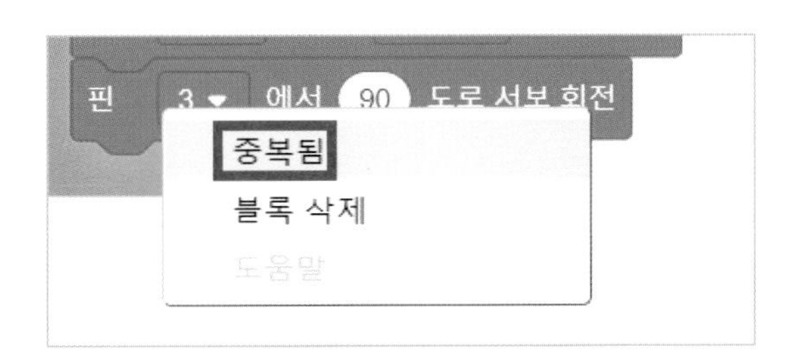

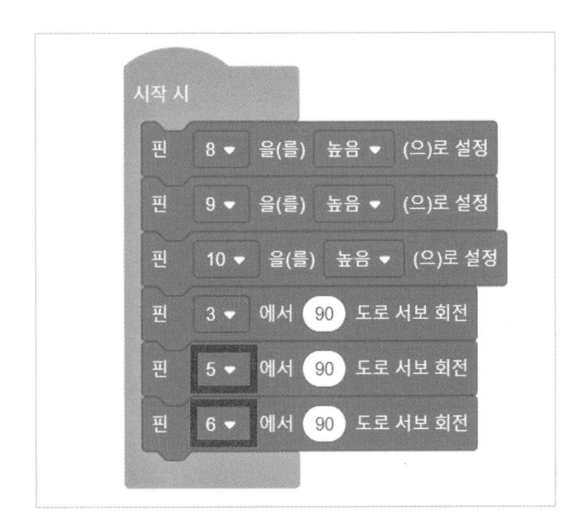

6. 서보 회전 핀을 2개 더 복사하여 각각의 핀 번호를 5번, 6번으로 바꾼다.

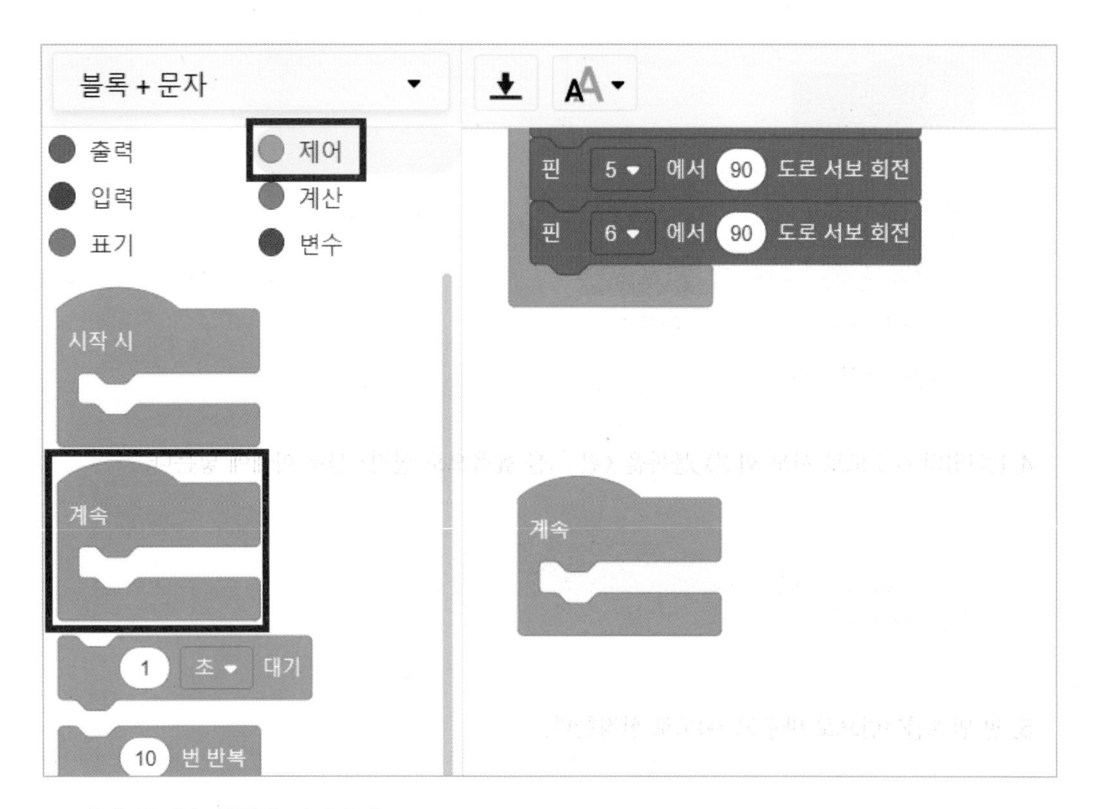

7. [제어]의 계속 블록을 가져온다.

출력 제어
입력 계산
표기 변수

변수 만들기...

www.tinkercad.com 내용:

새 변수 이름:

RSP

확인 취소

8. [변수]에 들어가 변수 RSP(Rock Scissor Paper)를 만든다.

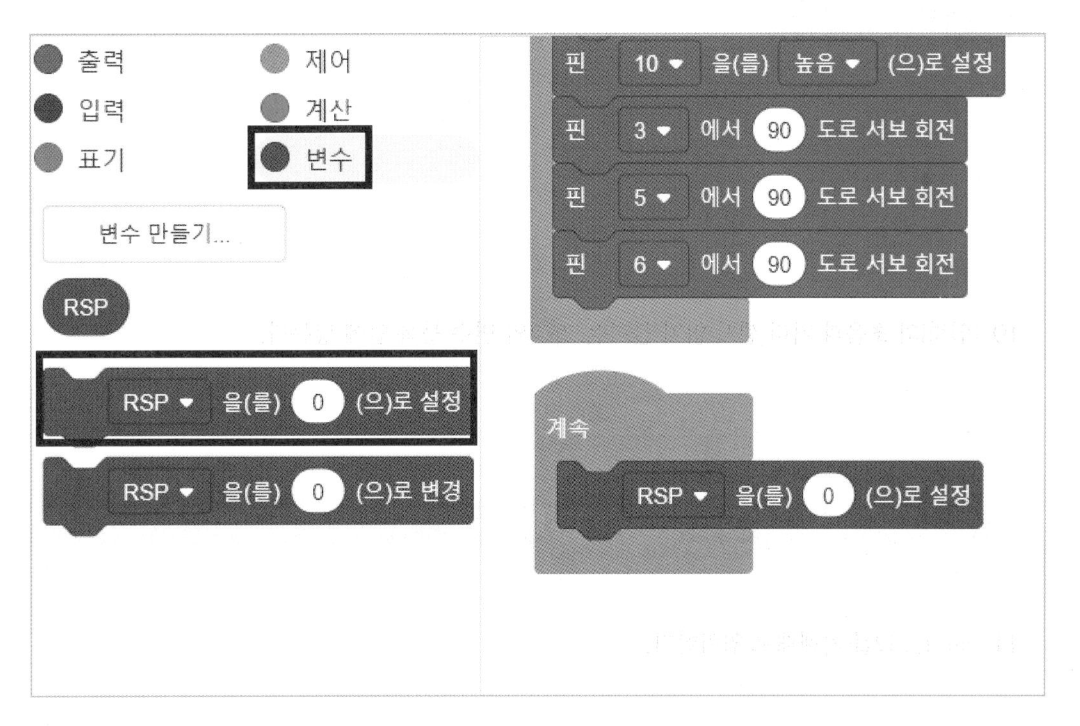

9. [변수]의 〈□로 설정〉 블록을 가져온다.

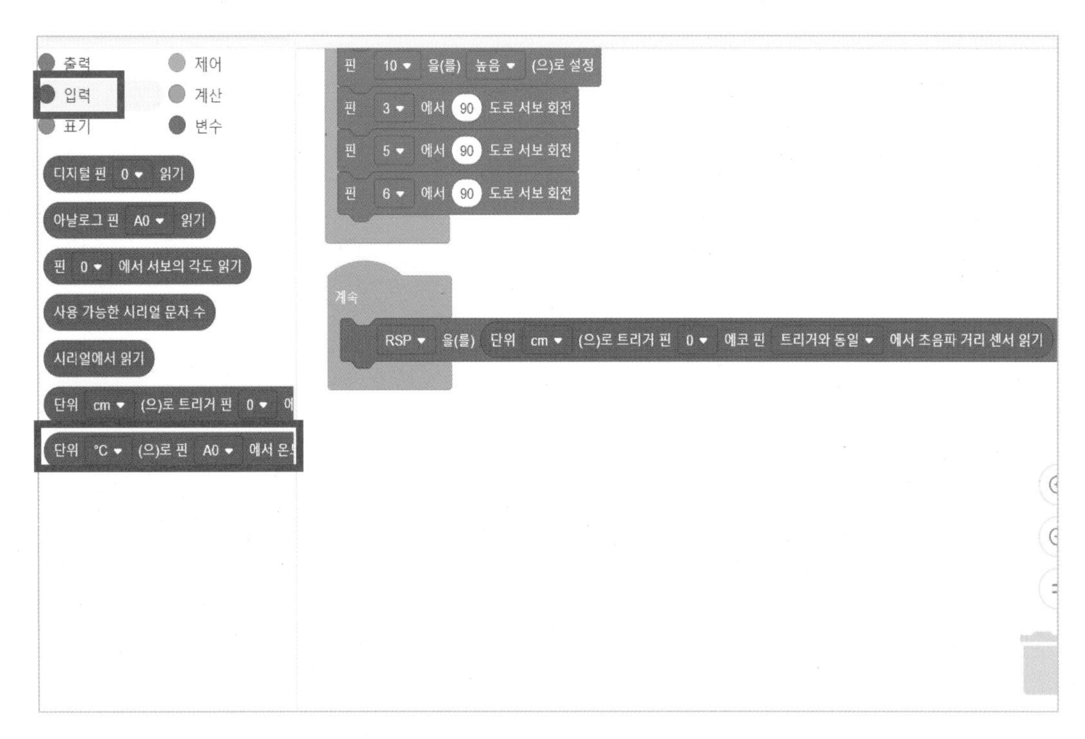

10. [입력]의 초음파 거리 센서 읽기 블록을 가져와 변수 블록 안에 넣는다.

계속

RSP 을(를) 단위 cm (으)로 트리거 핀 13 에코 핀 12 에서 초음파 거리 센서 읽기 (으)로 설정

11. cm, 13, 12를 차례대로 입력한다.

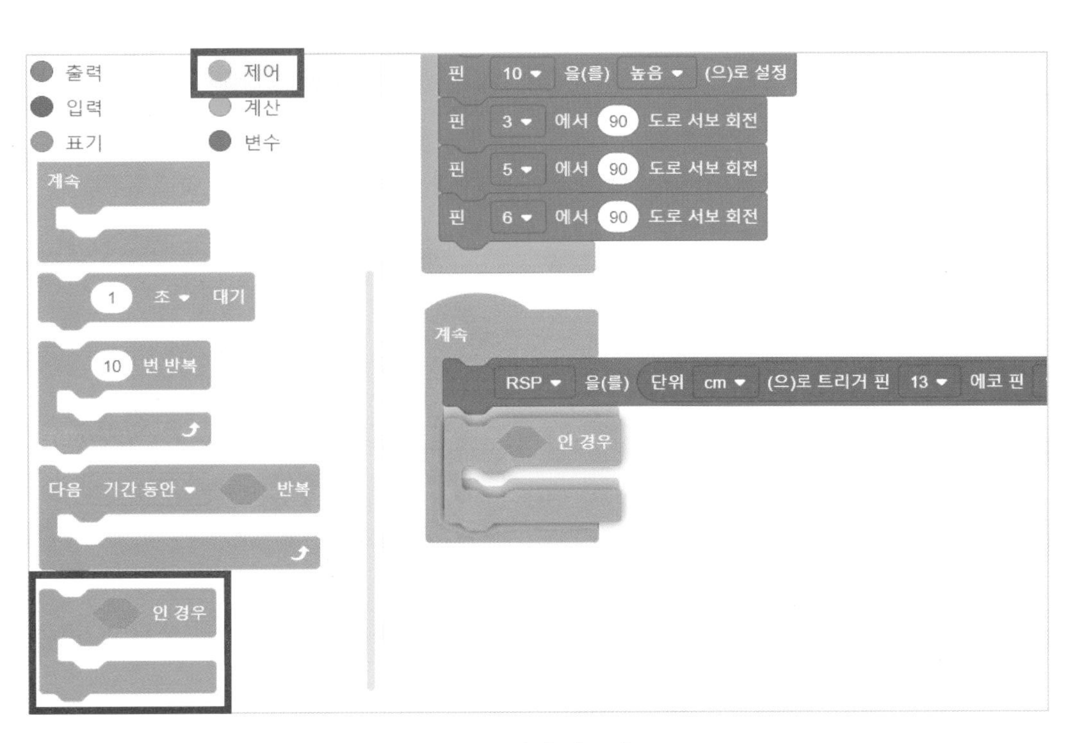

12. [제어]의 〈□인 경우〉 블록을 변수 블록 아래에 넣는다.

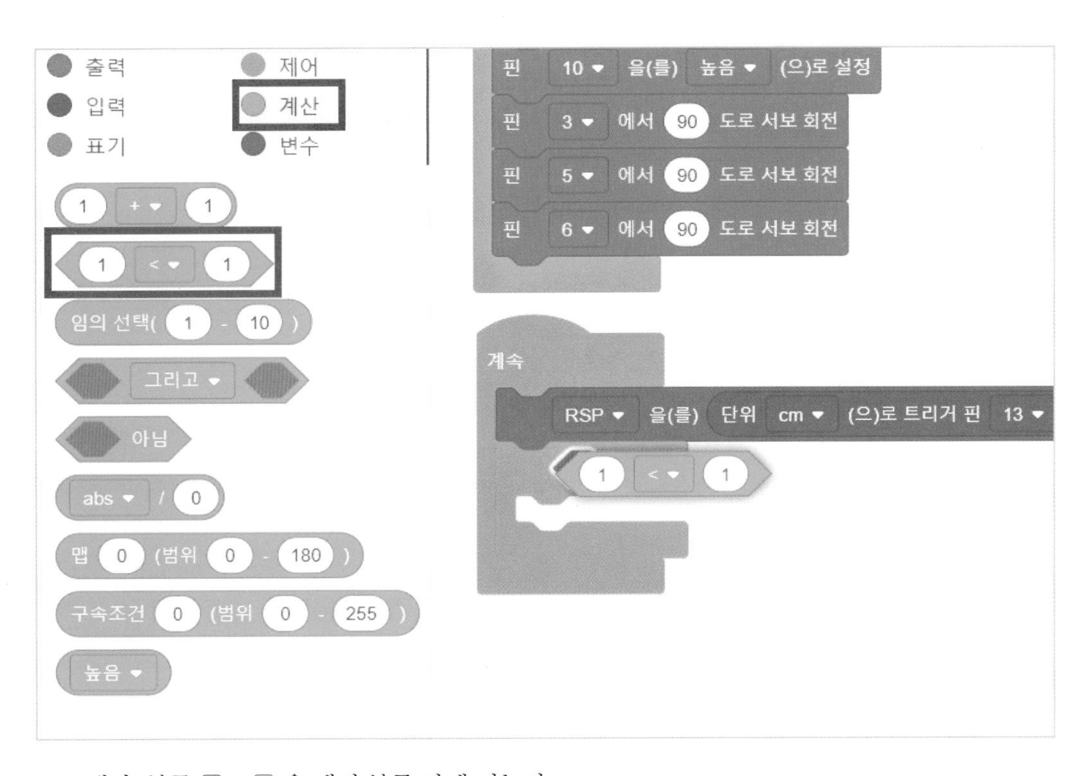

13. [계산] 블록 □ 〈 □ 을 제어 블록 안에 넣는다.

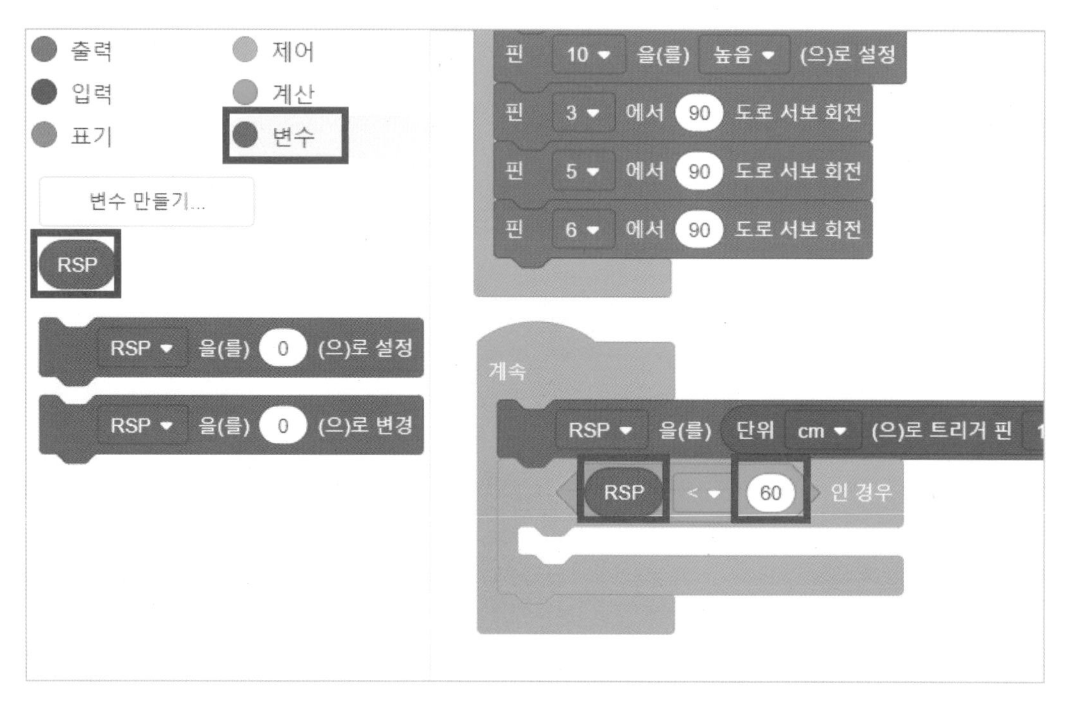

14. 계산 블록 안에 [변수], [RSP]를 넣고, 숫자 60을 입력한다.

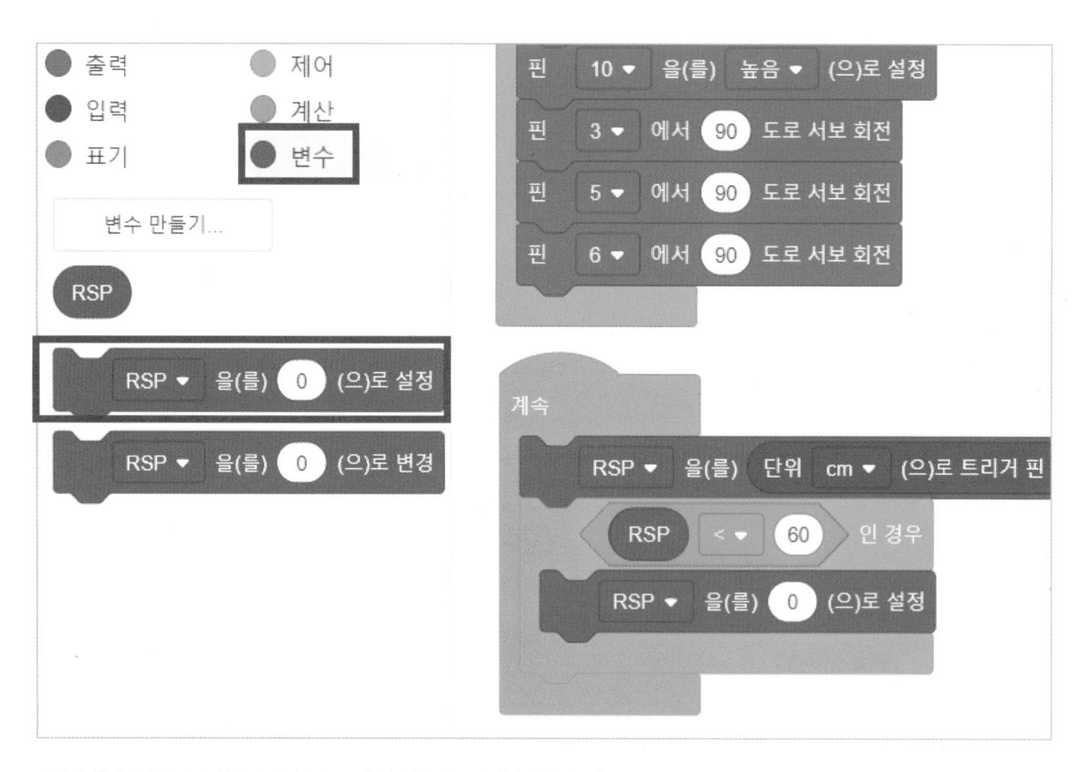

15. [변수] 〈□로 설정〉 블록을 제어 블록 사이에 놓는다.

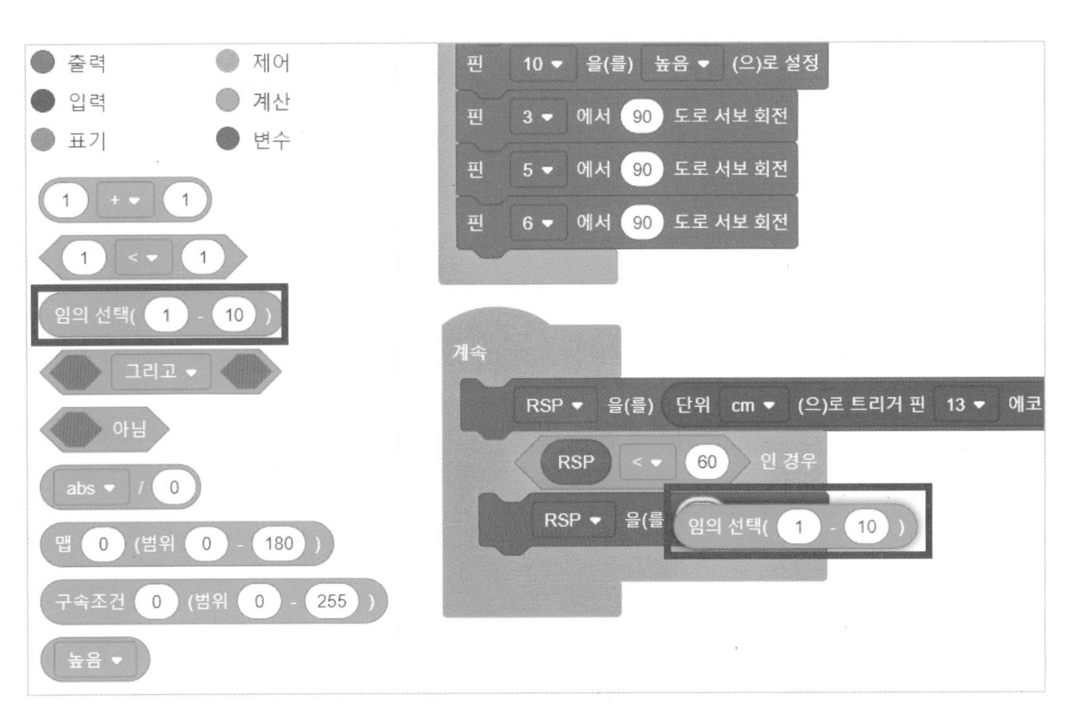

16. 변수 블록 안에 [계산]의 [임의 선택] 블록을 넣는다.

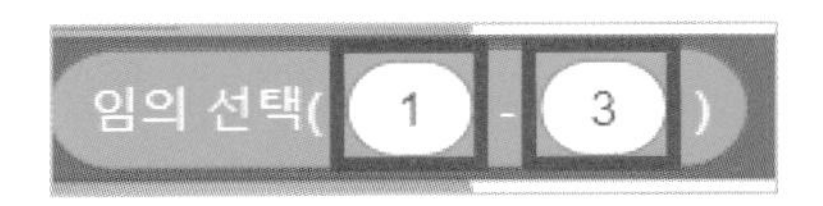

17. [임의 선택] 블록에 숫자 1과 3을 입력한다.

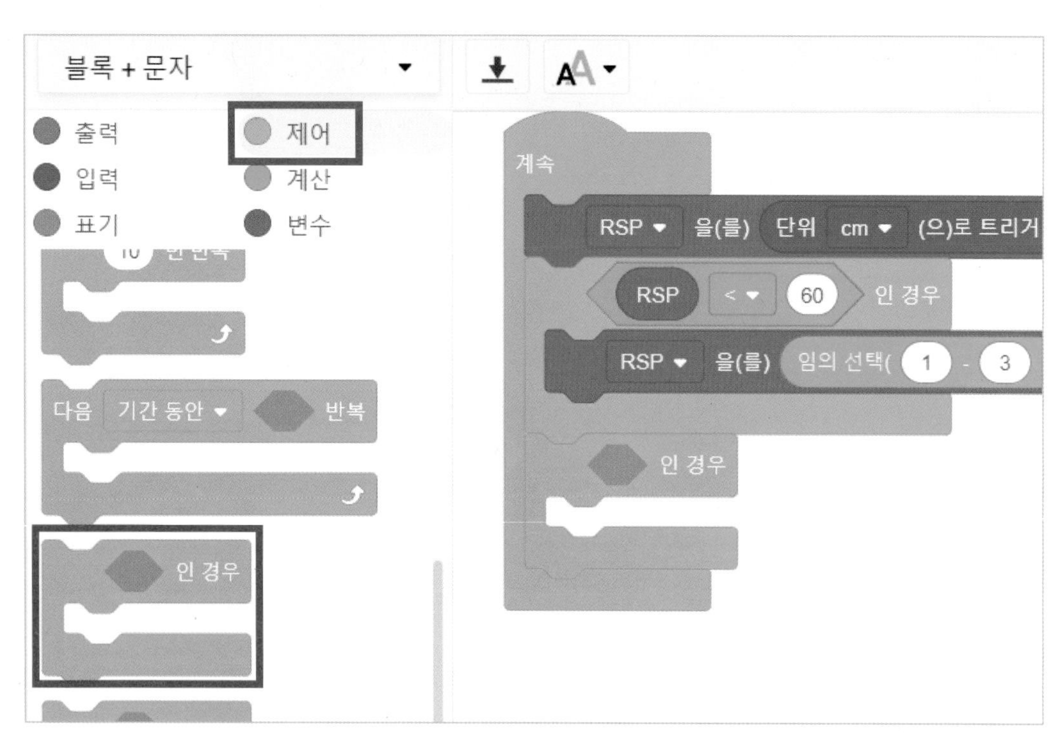

18. 다시 [제어]의 〈▢인 경우〉 블록을 아래에 끼워 넣는다.

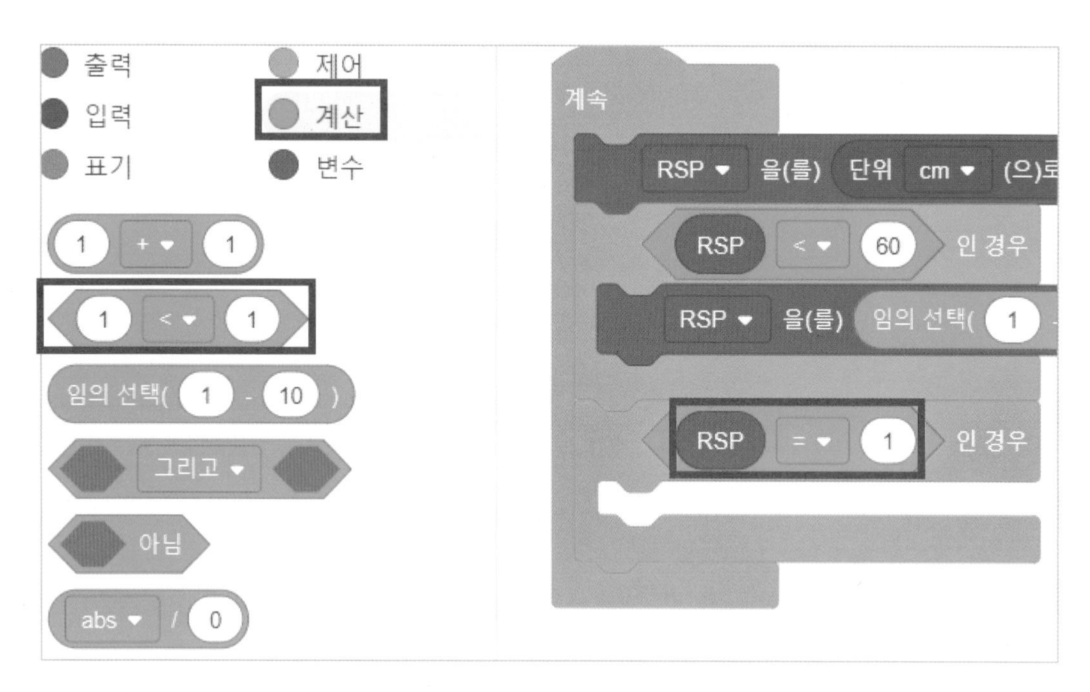

19. [계산]의 ▢ 〈 ▢ 블록을 제어 블록 안에 넣고, 한쪽에는 변수 RSP를, 나머지 한쪽에는 숫자 1을 넣고 가운데 문자를 =로 바꾼다.

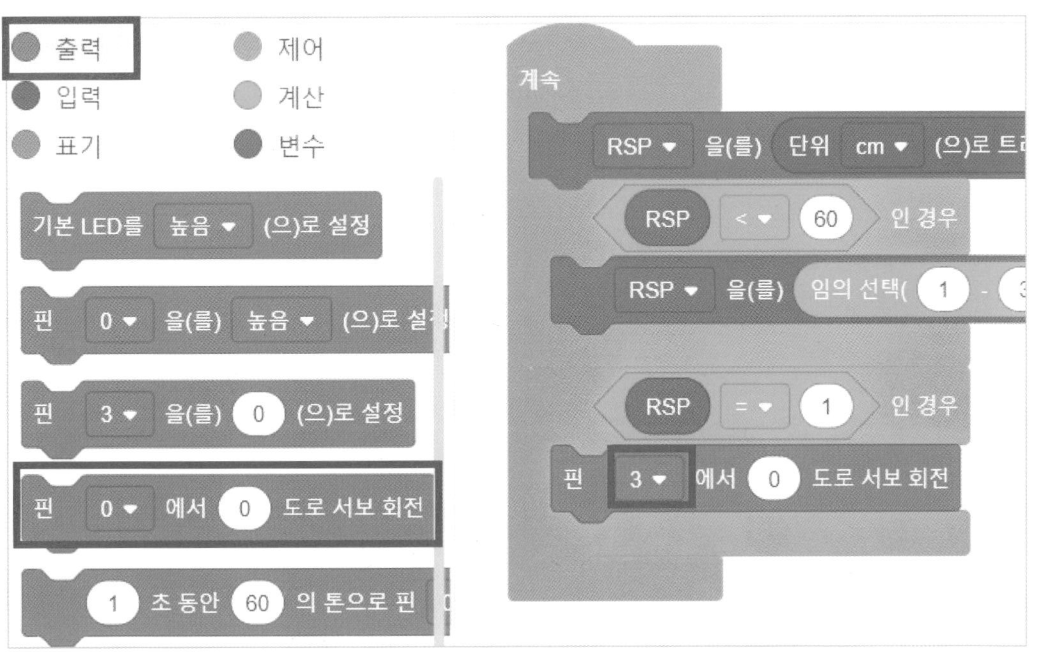

20. [출력]의 〈□ 도로 서보 회전〉 블록을 제어 블록 사이에 넣고, 핀 번호를 3번으로 바꾼다.

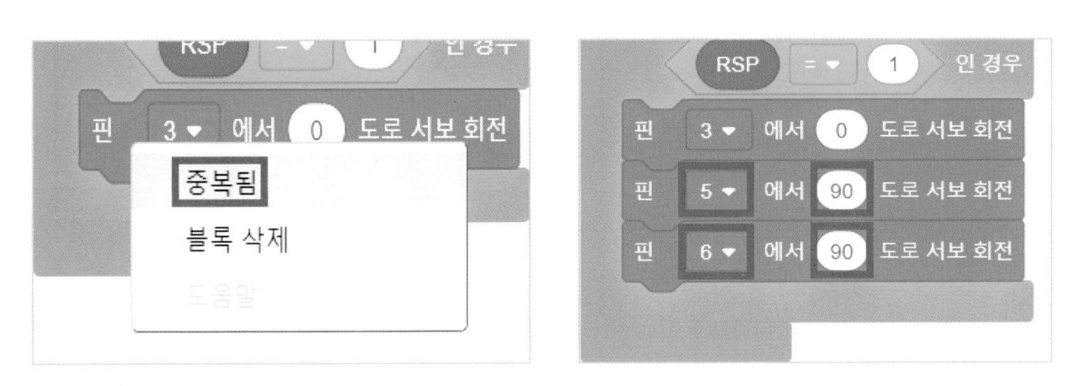

21. 서보 회전 블록을 2개 더 복사하고 핀 번호를 각각 5와 6. 그리고 회전 각도 90을 입력한다.

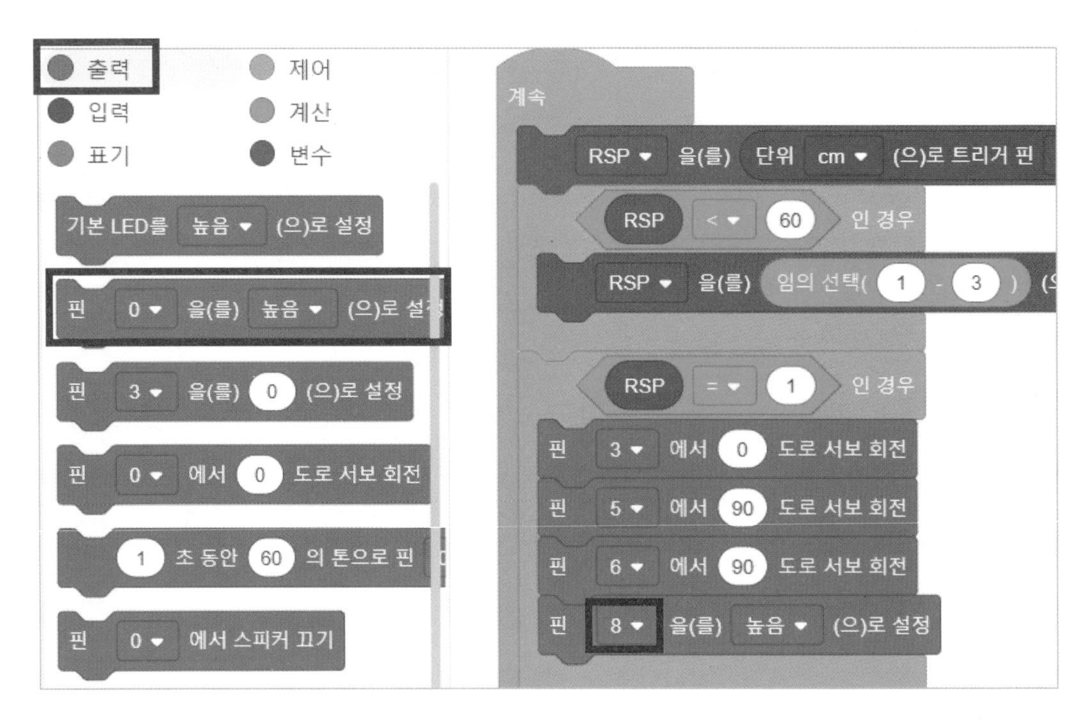

22. [출력]의 〈핀 □을 □로 설정〉 블록을 가져와 서보 회전 블록 아래에 끼워 넣고, 핀 번호를 8번으로 바꾼다.

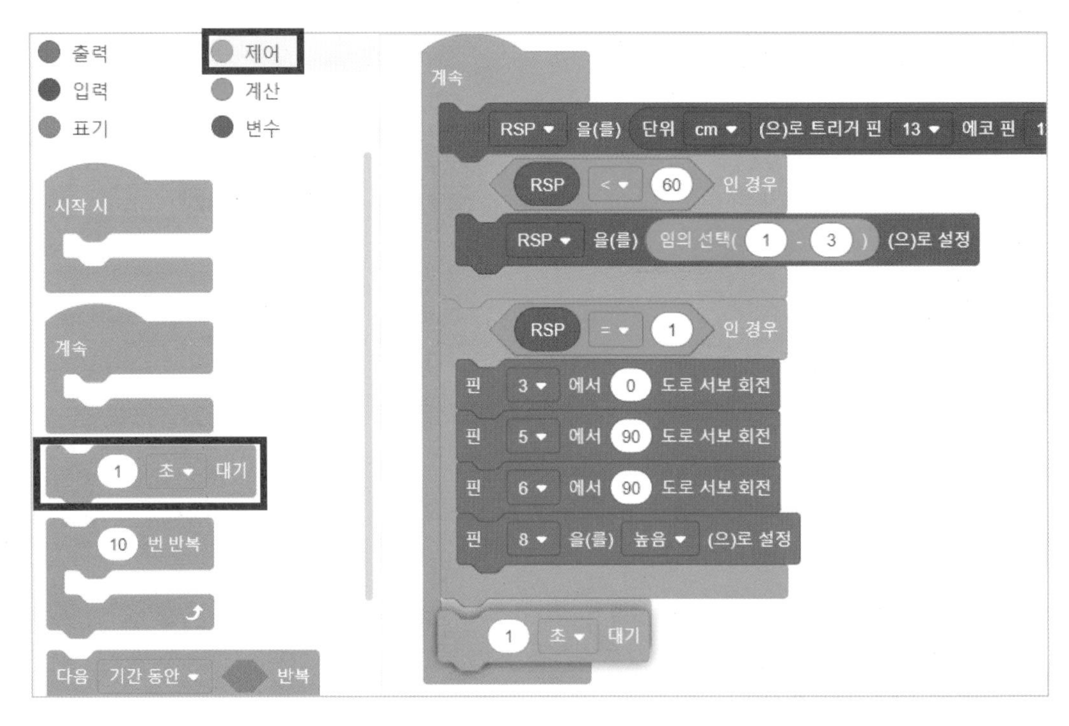

23. [제어]의 〈1초 대기〉 블록을 아래에 끼워 넣는다.

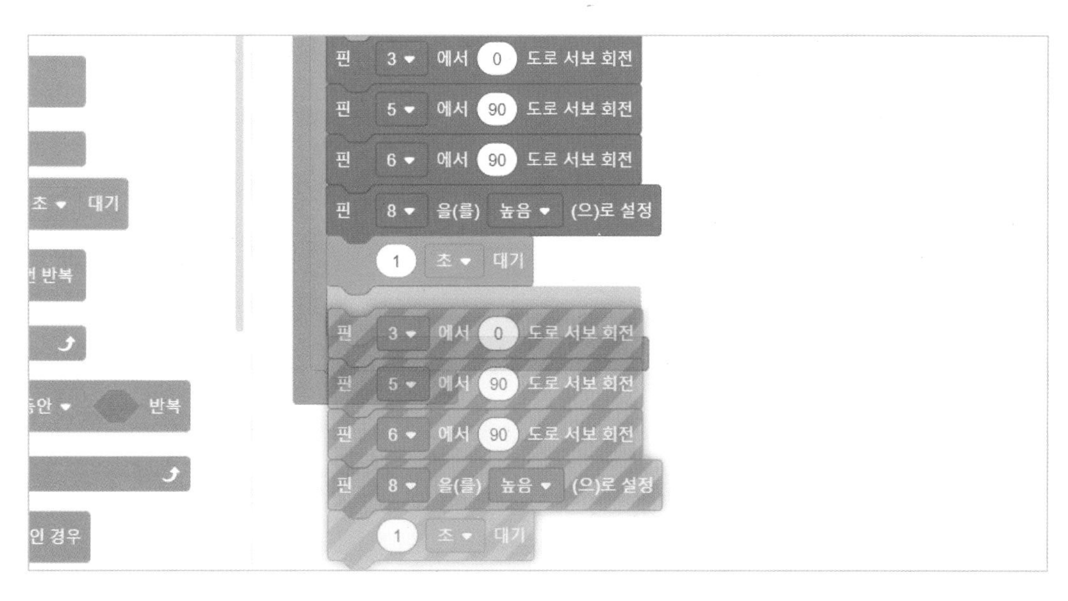

24. 블록 5개를 전체 복사하여 끼워 넣는다.

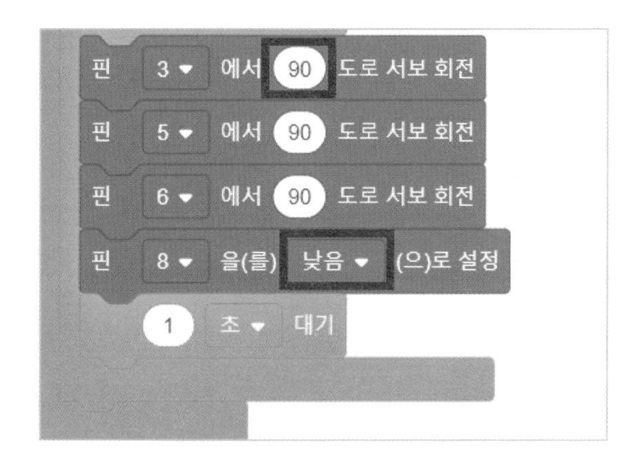

25. 핀 3번에서 서보 회전을 90도로 바꾸고 출력 블록 마지막 핀 8번을 [낮음]으로 설정한다.

26. ▢인 경우 블록부터 복사하여 아래에 붙여넣기를 한다.

RSP = 2 인 경우
핀 3 에서 90 도로 서보 회전
핀 5 에서 0 도로 서보 회전
핀 6 에서 90 도로 서보 회전
핀 9 을(를) 높음 (으)로 설정
1 초 대기
핀 3 에서 90 도로 서보 회전
핀 5 에서 90 도로 서보 회전
핀 6 에서 90 도로 서보 회전
핀 9 을(를) 낮음 (으)로 설정
1 초 대기

27. 계산 블록에는 〈숫자 2〉, 출력의 〈▢ 도로 서보 회전〉 블록은 〈90, 0, 90〉을 차례로 적고 〈핀을 ▢로 설정〉 블록은 핀 번호를 모두 〈9〉로 설정한다.

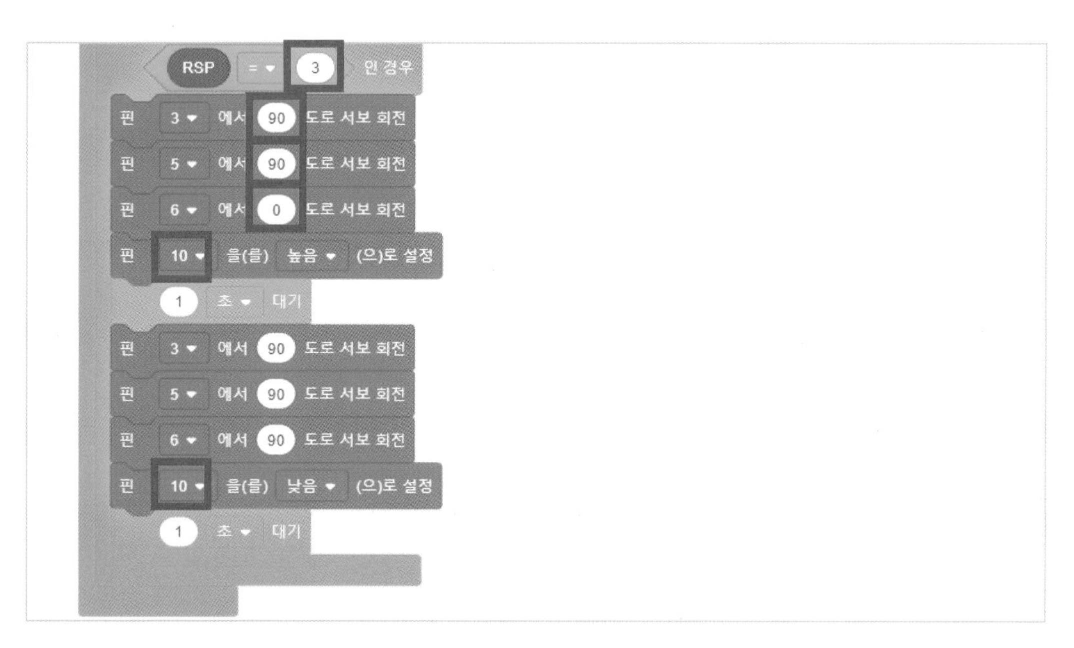

28. 한 번 더 복사, 붙여넣기 하여 숫자 3, 출력의 〈▢ 도로 서보 회전〉 블록은 〈90, 90, 0〉을 차례로 적고 〈핀을 ▢로 설정〉 블록은 핀 번호를 모두 〈10〉으로 설정한다.

블록 코딩은 완성이 되었고 시뮬레이션을 한 번 돌려보자.

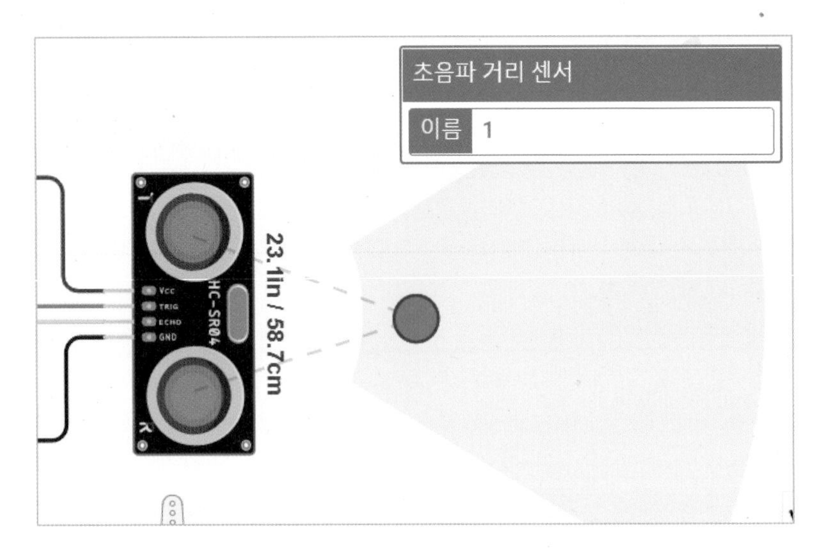

거리 60cm 이내로 공이 들어가면 거리를 인식해 모터가 랜덤으로 돌아간다.

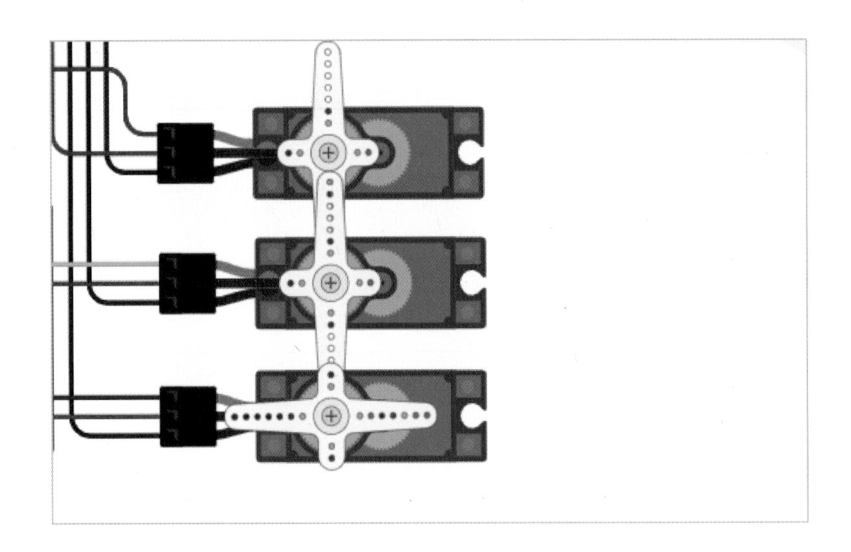

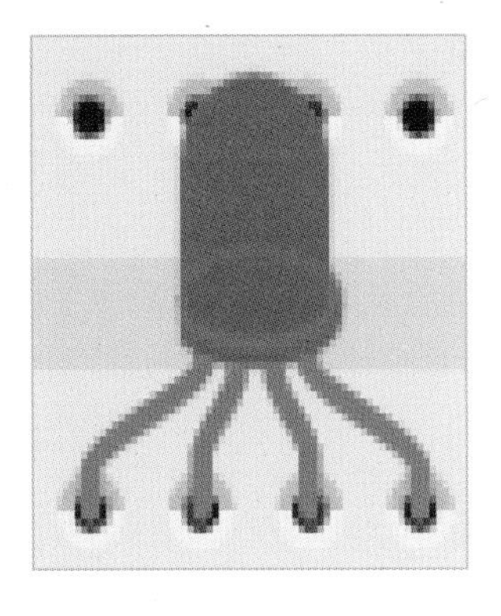

그리고 RGB의 색상도 같이 변하는 것을 볼 수 있다.

이렇게 가위바위보 게임이 완성되었다.

CHAPTER

06

5색을 넘어선 10색과 20색 3D프린터의 개발

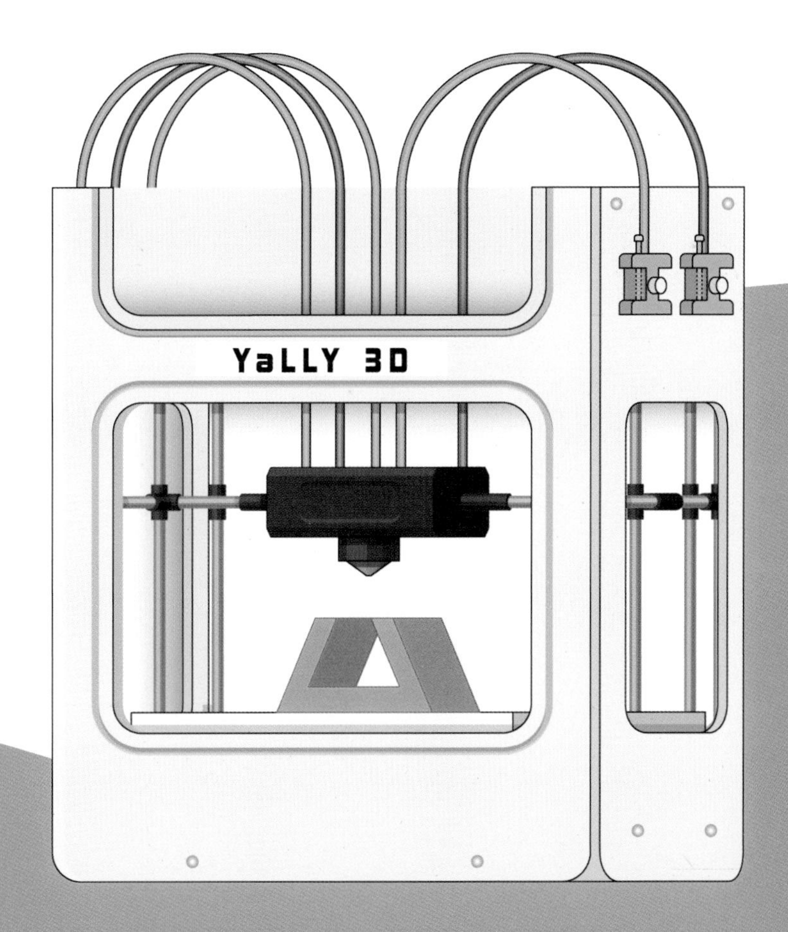
YaLLY 3D

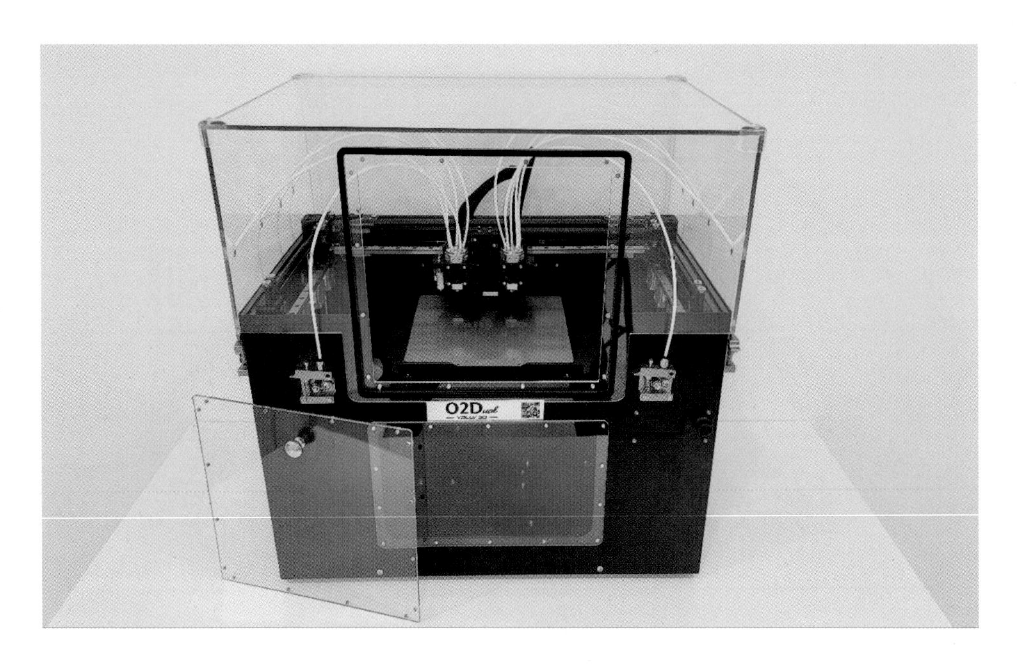

Yally3D는 2021년 초부터 10색 3D프린터와 20색 3D프린터에 대한 개발을 진행하였다.
10색과 20색은 5개의 필라멘트가 들어가는 5Kilo 노즐 뭉치를 각각 2개, 4개를 이용하는 방식을 택했고, 구조적으로나 소프트웨어적으로 구현 가능함을 확인하였다, 2개의 노즐 뭉치를 움직이는 방식의 IDEX(Independent Dual Extruder)와 툴 체인저(Tool changer) 방식으로 프로토타입을 만들고 다양한 테스트를 진행하였다. 최종적으로는 구동의 안정성과 속도 면에서 툴 체인저 방식을 채택해 2022년 초에 정식 출시하게 되었다.

5개의 필라멘트가 각각의 다른 노즐에 의해 출력되므로 한쪽에는 밝은색 계열, 다른 한쪽에는 어두운색 계열을 배치할 수 있다. 그렇게 배치함으로써 어두운색 뒤에 밝은색이 바로 오더라도 서로 다른 노즐인 관계로 필라멘트 교체 시 퍼징 양을 현저하게 줄여 사용할 수 있다. 그리고, 두 색을 출력할 때는 좌, 우 2개의 노즐을 각각 사용하므로 퍼징 양을 최소화하거나 없이도 가능하다. 또한 2개의 노즐을 이용하여 PLA, ABS, PETG 등 서로 다른 이종의 필라멘트를 다른 노즐에 위치시켜서 출력할 수 있다.

20색 3D프린터의 경우 구조적인 테스트와 펌웨어 테스트만 끝내놓은 상태이며, 이후에 10색 3D프린터의 시장 반응 추이를 보고 양산형 제품으로 출시할 계획에 있다.

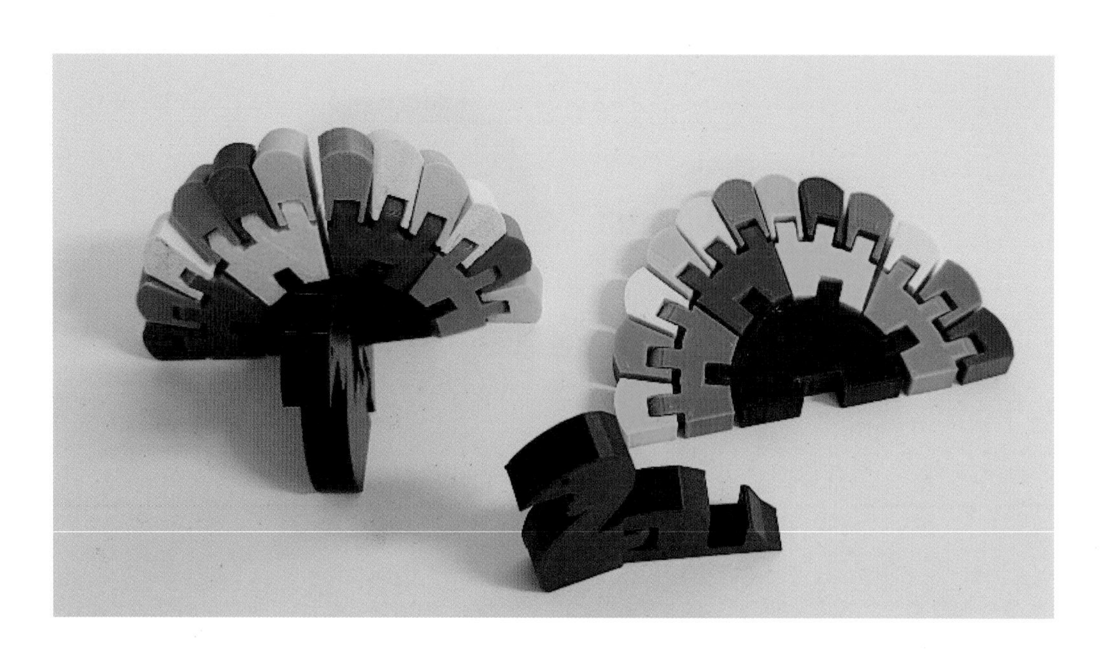

[10 Color 출력물]

MEMO

MEMO

MEMO

멀티컬러 3D프린터 활용백서

발　　행 | 2022년 11월 30일　초판1쇄

공　　저 | 얄리3D 김병각 · 박영민 · 김태리 · 박정윤
발 행 인 | 최영민
발 행 처 | 피앤피북
주　　소 | 경기도 파주시 신촌로 16
전　　화 | 031-8071-0088
팩　　스 | 031-942-8688
전자우편 | pnpbook@naver.com
출판등록 | 2015년 3월 27일
등록번호 | 제406-2015-31호

정가 : 28,000원

ISBN　979-11-92520-11-7 (13500)